高等职业教育土木建筑类专业群
"建业筑新 匠心育才"系列教材

高等职业教育新形态一体化教材

安装工程计价

（第 3 版）

主　编　盛素玲　汤　捷

副主编　乔晓刚　张跃军　胡月莲

　　　　刘建锋　范　荣　韩　烨

中国教育出版传媒集团

高等教育出版社·北京

内容提要

本书是"十二五"职业教育国家规划教材修订版,根据新形势下职业教育教学改革要求,依据国家最新的工程计价、计量规范和地区预算定额,结合编者多年的工学结合及校企合作经验修订而成。 编写团队由经验丰富的高职院校骨干教师和从事工程造价管理的工程技术人员组成。

按照工程计价实际工作任务相对独立的特性,本书分为7个学习情境,包括安装工程计价基础、电气设备安装工程计量与计价、建筑给排水工程计量与计价、消防工程计量与计价、工业管道工程计量与计价、通风空调工程计量与计价、建筑智能化工程计量与计价。

本书将理论知识融于实践教学中,重点介绍定额清单计价法和国标清单计价法。 每一个学习情境开头设置了"教学导航"栏目,有助于引导学生更好地掌握相关知识点和技能点,利于教师教学和学生顶岗实习。

本书根据实际工作任务要求安排学习任务,体现职业教育特点,层次分明,条理清晰,结构合理,重点突出。 编者还承担了国家"双高计划"工程造价专业群"安装工程计价"课程的建设,该课程的内容与本书互为补充,便于学习者线上线下学习。

本书可以作为高等职业院校工程造价、建筑电气工程技术、给排水工程技术、建筑设备工程技术、建筑智能化工程技术等专业的教材,也可供相关工程技术人员、工程管理人员和工程计价人员使用。

授课教师如需要本书配套的教学课件资源,可发送邮件至邮箱 gztj@ pub. hep. cn 获取。

图书在版编目（ＣＩＰ）数据

安装工程计价／盛素玲,汤捷主编．--3 版．--北京：高等教育出版社,2024.4

ISBN 978-7-04-059682-3

Ⅰ.①安… Ⅱ.①盛… ②汤… Ⅲ.①建筑安装-工程造价-高等职业教育-教材 Ⅳ. ①TU723.3

中国国家版本馆 CIP 数据核字(2023)第 008159 号

安装工程计价（第 3 版）

ANZHUANG GONGCHENG JIJIA

| 策划编辑 | 温鹏飞 | 责任编辑 | 温鹏飞 | 特约编辑 | 李 立 | 封面设计 | 于 博 王 洋 |
| 版式设计 | 杨 树 | 责任绘图 | 邓 超 | 责任校对 | 张 薇 | 责任印制 | 高 峰 |

出版发行	高等教育出版社	网 址	http://www.hep.edu.cn
社 址	北京市西城区德外大街 4 号		http://www.hep.com.cn
邮政编码	100120	网上订购	http://www.hepmall.com.cn
印 刷	山东新华印务有限公司		http://www.hepmall.com
开 本	787 mm×1092 mm 1/16		http://www.hepmall.cn
印 张	15.5	版 次	2011 年 11 月第 1 版
			2024 年 4 月第 3 版
字 数	290 千字		
购书热线	010-58581118	印 次	2024 年 4 月第 1 次印刷
咨询电话	400-810-0598	定 价	39.80 元

第 3 版前言

党的二十大报告明确了科教兴国战略在新时代的科学内涵和使命任务。本书紧紧围绕党的二十大精神，将课程思政元素有机融入，贯彻绿色发展理念，为培养造就更多德才兼备的高素质工程造价技术技能人才提供支撑。

本书是国家"双高计划"工程造价专业群建设成果，也是浙江省普通高校"十三五"新形态教材建设项目成果。

本书编写依据的定额与标准主要有《建设工程工程量清单计价规范》（GB 50500—2013）、《通用安装工程工程量计算规范》（GB 50856—2013）、《浙江省通用安装工程预算定额》（2018 版）、《浙江省建设工程计价规则》（2018 版）等。

本书为更好地适应工程造价咨询行业数字化全过程造价管理的新形势与区域工程造价改革的需要，应对建筑业数字化、智能化、信息化、绿色化、生态化发展新趋势，本次修订主要内容为：安装工程基础知识体现了新材料、新工艺的应用；安装工程定额清单计价和国标清单计价两种计价方法；定额清单计价和国标清单计价的规定和应用，全部案例根据最新规范进行了全面更新，并进一步说明两种计价方法。

本次修订在书中重要知识点位置添加了二维码，链接配套教学资源，便于使用者自主学习，使本教材升级为新形态一体化教材。

本书由盛素玲、汤捷任主编并负责统稿，乔晓刚、张跃军、胡月莲、刘建锋、范荣、韩烨任副主编。参加本书编写的有：浙江建设职业技术学院盛素玲、汤捷、乔晓刚、张跃军、胡月莲、詹建益，金华职业技术学院刘建锋，浙江华是科技股份有限公司范荣，浙江省工程咨询有限公司韩烨，五洲工程顾问集团有限公司傅驰峰。本书由浙江建设职业技术学院熊德敏和陈旭平主审。本书在编写过程中得到了浙江省建设工程造价管理总站及五洲工程顾问集团有限公司等校企合作单位的大力支持与帮助，高等教育出版社温鹏飞编辑也对本书的修订做了大量的工作，在此表示衷心感谢。

限于编者水平，书中难免存在疏漏，敬请广大读者批评指正。

编 者
2023 年 9 月

第 2 版前言

在新的国家标准《建设工程工程量清单计价规范》（GB 50500—2013）、《通用安装工程工程量计算规范》（GB 50856—2013）和国家住房和城乡建设部、财政部"关于印发《建筑安装工程费用项目组成》的通知"（建标〔2013〕44 号）等颁布实施之际，我们对本书第 1 版内容进行了全面的修订，以便于将国家新标准、新规范迅速地融入高等职业教学活动中。

本书是国家骨干高职院校项目建设成果。

本书重点修订了安装工程工程量清单计量与计价。全书介绍了新规范对安装工程工程量计算、工程量清单编制的规定和应用，介绍了新规范对安装工程工程量清单计价的规定和应用，全部案例根据新规范进行了全面更新。

参加本书第 2 版编写的人员与第 1 版相同。在编写过程中得到了浙江省建设工程造价管理总站、杭州市设备安装有限公司及兄弟院校的大力支持与帮助，高等教育出版社毛红斌、张玉海对本书的修订做了大量的工作，在此表示衷心感谢。

限于编者水平，书中难免存在疏漏，敬请专家和使用本书的广大师生不吝赐教、指正。

编　者
2015 年 1 月

第1版前言

在工程建设领域，安装工程计价技术发展迅速，加之新规范的颁布、新规则的制定，对高职高专教育提出了更高要求。要求教育参与者要不断促进教学改革，及时更新教学内容，加强工程计价新规范、新规则的应用，以加速培养满足服务社会一线需要的高端技能型专门人才。

本书是在普通高等教育"十五"国家级规划教材、高职高专工程造价管理专业教材《安装工程定额与预算》（熊德敏主编）的基础上，根据国家最新的计价规范和地区预算定额，结合全国众多院校使用后的经验与建议，并结合多年的工学结合以及校企合作经验进行编写的。作者、主审由经验丰富的骨干教师和从事工程造价管理的工程技术人员组成。

本书根据实际工作任务要求安排学习任务，体现职业技术教育特点，注重实用、深入浅出、循序渐进、反复练习，突出职业技能训练。全书将安装工程定额计价与工程量清单计价贯彻始终，并以定额套用与工程量计算、工程量清单编制与清单计价为主线，阐明电气、给排水、采暖、燃气、消防、工业管道、通风空调、建筑智能设备等专业安装工程计价常用的工料单价法与综合单价法的具体应用，所列举的诸多工程案例可作为安装工程计价文件编制时的参考资料，也有助于更好地掌握相关知识点和技能点，便于教师教学和学生顶岗实习与上岗就业。

参加本书编写工作的有：浙江建设职业技术学院熊德敏（学习情境2、8）、陈旭平（学习情境7）、汤捷（学习情境6）、何乐根（学习情境5）、张跃军（学习情境4）、詹建益（学习情境3），浙江省建设工程造价管理总站蔡临申（学习情境1）。此外，杭州市设备安装有限公司孙馥泉、浙江建设职业技术学院应樱也参加了教材编写工作。全书由熊德敏、陈旭平统稿。

本书由浙江省建设工程造价管理总站韩英（副站长、教授级高级工程师、注册造价工程师）主审，他对全书进行了认真仔细审阅，提出了许多宝贵意见，谨在此表示诚挚的感谢。同时也衷心感谢高等教育出版社张玉海、张骁军对本书编写的大力指导和帮助。

本书还参考了参考文献之外的大量书刊资料，在此谨向这些书刊资料的作者表示衷心感谢。

由于编者水平有限，编写时间仓促，书中难免有疏漏之处，敬请读者批评指正。

编　者

2011年9月

目　录

学习情境 1　安装工程计价基础　　　　　　　　　　　　　　1

1.1　安装工程计价认知 ……………………………………… 2
　　1.1.1　基本建设认知 …………………………………… 2
　　1.1.2　安装工程计价的定义与特征 …………………… 2
　　1.1.3　安装工程计价的依据 …………………………… 4
　　1.1.4　安装工程造价的组成 …………………………… 5
1.2　安装工程计价方法 ……………………………………… 10
　　1.2.1　建筑安装工程计价 ……………………………… 10
　　1.2.2　安装工程施工费用计价 ………………………… 11
　　1.2.3　通用安装工程施工取费费率 …………………… 18
　　1.2.4　安装工程费用计算程序 ………………………… 18
1.3　安装工程定额 …………………………………………… 19
　　1.3.1　建设工程定额定义和分类 ……………………… 19
　　1.3.2　《浙江省通用安装工程预算定额》（2018 版）…… 22
1.4　安装工程工程量清单计价 ……………………………… 27
　　1.4.1　建设工程工程量清单计价规范 ………………… 27
　　1.4.2　通用安装工程工程量计算规范 ………………… 28
　　1.4.3　安装工程工程量清单编制 ……………………… 30
思考与练习 …………………………………………………… 32

学习情境 2　电气设备安装工程计量与计价　　　　　　　35

2.1　建筑电气设备安装工程基础知识 ……………………… 36
　　2.1.1　电气设备安装工程的组成 ……………………… 36
　　2.1.2　常用电气材料和设备 …………………………… 38
　　2.1.3　建筑电气设备安装工程施工图 ………………… 38
2.2　电气设备安装工程定额清单计价 ……………………… 40
　　2.2.1　定额的组成内容 ………………………………… 40
　　2.2.2　定额的其他规定 ………………………………… 41
　　2.2.3　定额的套用及定额工程量计算 ………………… 41
2.3　电气设备安装工程国标清单计价 ……………………… 67

　2.3.1　工程量清单计价基础 ································ 67

　2.3.2　工程量清单的编制 ································ 69

　2.3.3　工程量清单计价的编制 ···················· 74

2.4　电气设备安装工程计价案例 ···················· 76

　2.4.1　工程概况 ·· 76

　2.4.2　工程量计算 ·· 83

　2.4.3　定额清单计价 ···································· 83

　2.4.4　国标清单计价 ···································· 83

思考与练习 ·· 83

学习情境 3　建筑给排水工程计量与计价　　　**87**

3.1　建筑给排水工程基础知识 ······················ 88

　3.1.1　建筑给排水工程组成 ······················ 88

　3.1.2　常用给水管材、给水附件和给水设备 ········ 89

　3.1.3　热水专用管材、专用附件 ················ 89

　3.1.4　常用排水管材、管道附件和卫生器具 ········ 90

　3.1.5　常用雨水管材和管道附件 ················ 90

　3.1.6　建筑给排水工程施工图 ·················· 90

3.2　建筑给排水工程定额清单计价 ················ 91

　3.2.1　定额的组成内容 ······························ 91

　3.2.2　定额的其他规定 ······························ 91

　3.2.3　定额的套用及定额工程量计算 ········ 92

3.3　建筑给排水工程国标清单计价 ·············· 117

　3.3.1　工程量清单计价基础 ···················· 117

　3.3.2　工程量清单编制 ···························· 118

　3.3.3　工程量清单计价编制 ···················· 119

3.4　建筑给排水工程计价案例 ···················· 120

　3.4.1　工程概况 ·· 120

　3.4.2　工程量计算 ······································ 123

　3.4.3　定额清单计价 ·································· 123

　3.4.4　国标清单计价 ·································· 123

思考与练习 ·· 123

学习情境 4　消防工程计量与计价　　　**127**

4.1　消防工程基础知识 ································ 128

　4.1.1　水灭火系统 ···································· 128

　4.1.2　火灾自动报警系统 ························ 133

4.2　消防工程定额清单计价 ························ 135

　4.2.1　定额的其他规定 ···························· 135

　4.2.2　水灭火系统定额的组成内容 ·········· 137

4.2.3 水灭火系统预算定额的套用及定额工程量计算 ………… 138
4.2.4 火灾自动报警系统定额的组成内容 ………… 139
4.2.5 火灾自动报警系统预算定额的套用及定额工程量计算 ………… 140
4.2.6 消防系统调试定额的组成内容 ………… 141
4.2.7 消防系统调试预算定额的套用及定额工程量计算 ………… 141
4.3 消防工程国标清单计价 ………… 142
4.3.1 工程量清单计价基础 ………… 142
4.3.2 工程量清单编制 ………… 143
4.3.3 工程量清单计价编制 ………… 144
4.4 消防工程计价案例 ………… 146
4.4.1 消防水系统 ………… 146
4.4.2 火灾自动报警系统 ………… 148
思考与练习 ………… 151

学习情境 5 工业管道工程计量与计价 155

5.1 工业管道工程基础知识 ………… 156
5.1.1 工业管道分类 ………… 156
5.1.2 工业管道常用管材和管件 ………… 156
5.1.3 工业管道常用阀门 ………… 158
5.1.4 法兰 ………… 160
5.1.5 工业管道附件和管架 ………… 161
5.1.6 工业管道工程施工图 ………… 161
5.2 工业管道工程预算定额清单计价 ………… 162
5.2.1 定额的组成内容 ………… 163
5.2.2 定额的其他规定 ………… 163
5.2.3 定额的套用及定额工程量计算 ………… 163
5.3 工业管道工程国标清单计价 ………… 168
5.3.1 工程量清单计价基础 ………… 168
5.3.2 工程量清单编制 ………… 169
5.3.3 工程量清单计价编制 ………… 174
5.4 工业管道工程计价案例 ………… 175
5.4.1 工程概况 ………… 176
5.4.2 工程量计算 ………… 179
5.4.3 定额清单计价 ………… 179
5.4.4 国标清单计价 ………… 180
思考与练习 ………… 180

学习情境 6 通风空调工程计量与计价 183

6.1 通风空调工程基础知识 ………… 184
6.1.1 通风空调系统的组成 ………… 184

6.1.2 通风空调工程施工图 ································ 186

6.2 通风空调工程定额清单计价 ······························ 188
6.2.1 定额的组成内容 ·································· 188
6.2.2 定额的其他规定 ·································· 189
6.2.3 定额的套用及定额工程量计算 ·············· 191

6.3 通风空调工程国标清单计价 ······························ 203
6.3.1 工程量清单计价基础 ·························· 203
6.3.2 工程量清单编制 ································ 204
6.3.3 工程量清单计价编制 ·························· 205

6.4 通风空调工程计价案例 ································ 207
6.4.1 工程概况 ······································ 207
6.4.2 工程量计算 ···································· 209
6.4.3 定额清单计价 ·································· 209
6.4.4 国标清单计价 ·································· 209

思考与练习 ·· 209

学习情境 7 建筑智能化工程计量与计价 213

7.1 建筑智能化工程相关知识 ······························ 214
7.1.1 工程计价基础 ·································· 214
7.1.2 常用材料和设备 ································ 215
7.1.3 建筑智能化工程施工图 ···················· 215

7.2 建筑智能化工程定额清单计价 ·························· 216
7.2.1 定额的组成内容 ································ 216
7.2.2 定额的其他规定 ································ 216
7.2.3 定额的套用及定额工程量计算 ·············· 217

7.3 建筑智能化工程国标清单计价 ·························· 227
7.3.1 工程量清单计价基础 ·························· 227
7.3.2 工程量清单编制 ································ 229
7.3.3 工程量清单计价编制 ·························· 229

7.4 建筑智能化工程计价案例 ······························ 230
7.4.1 工程概况 ······································ 230
7.4.2 工程量计算 ···································· 231
7.4.3 清单计价 ······································ 231

思考与练习 ·· 231

参考文献 ··· 234

学习情境 1

安装工程计价基础

[教学导航]

■ 学习情境

初步学习安装工程计价。

■ 学习目标

通过本情境的学习，使学习者对安装工程计价有初步的了解，熟悉安装工程计价定义、组成和计价依据；了解安装工程定额计价和清单计价的规则。

■ 学习方法

在了解安装工程计价规则的基础上，通过案例分析加深对安装工程计价定义、组成和计价依据的理解。

■ 素养目标

1. 培养学生注重道德与文明修身，树立标准意识，弘扬爱岗敬业精神。
2. 培养学生树立社会主义核心价值观，弘扬工匠精神，争做鲁班传人。

1.1   安装工程计价认知

1.1.1   基本建设认知

基本建设是指国民经济各部门为发展生产而进行的固定资产的扩大再生产，即国民经济各部门为增加固定资产而进行的建筑、购置和安装工作的总称，例如公路、铁路、桥梁和各类工业及民用建筑等工程的新建、改建、扩建、恢复工程，以及机器设备、车辆船舶的购置安装及与之有关的工作。

基本建设的特点是投资多、建设周期长，涉及的专业和部门多，工作环节错综复杂。为了保证工程建设顺利进行，达到预期的目的，在基本建设的实践中，通常将基本建设分为一些阶段。目前，我国基本建设的主要阶段有项目建议书阶段、可行性研究阶段、设计阶段、开工准备阶段、施工阶段、生产准备阶段、竣工投产阶段、后评估阶段等。

安装工程是指各种设备、装置的安装工作过程。通常包括工业、民用设备，电气、智能化控制设备，自动化控制仪表，通风空调，工业、消防、给排水、采暖燃气管道以及通信设备安装等。安装工程属于基本建设范畴。

1.1.2   安装工程计价的定义与特征

一个建设项目是一个工程综合体，它可以分解为许多有内在联系的工程，如图 1-1 所示。

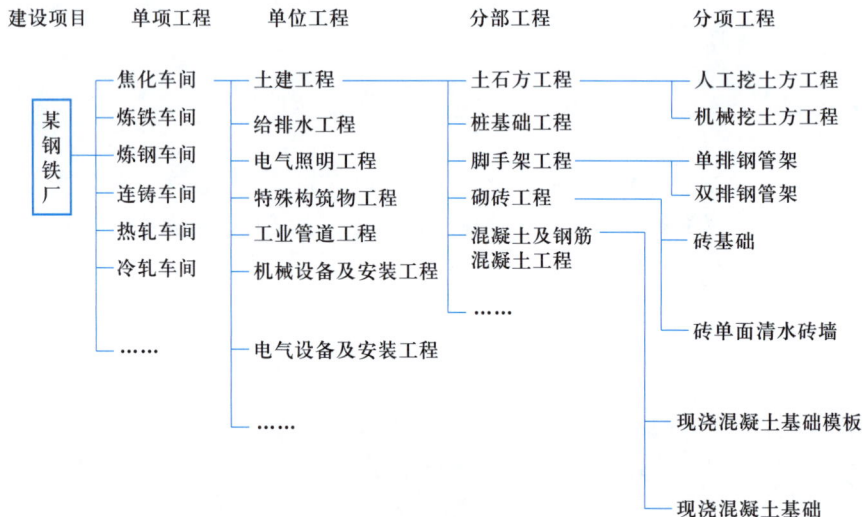

图 1-1   建设项目分解示意图

建设项目的组合性决定了确定建设工程计价的逐步组合过程，同时也反映到合同价款和竣工结算价的确定过程中。工程造价的计算过程：分部分项工程单价→单位工程造价→单项工程造价→建设项目总造价。

1. 安装工程计价的定义

安装工程按建设项目的划分原则均属单位工程，它们具有单独的施工设计文件，有独立的施工条件，是工程造价计算的完整对象。

安装工程计价就是根据安装工程计价依据的要求，按照一定的规则和计算程序来确定安装工程造价的特殊计价活动。具体地说，它属于建设工程计价活动，包括编审安装工程投资估算、设计概算、工程量清单、招标控制价、施工图预算、编制投标价、确定与调整合同价款、工程计量与价款支付、编审竣工结算以及安装工程计价纠纷调解和工程造价鉴定等。

2. 安装工程计价的特征

由工程建设的特点所决定，安装工程计价具有单件性、多次性、组合性、多样性、复杂性等特征。

（1）计价的单件性

产品的单件性决定了每项工程都必须单独计算造价。

（2）计价的多次性

建设工程周期长、规模大、造价高，需要按建设程序决策和实施，工程计价也需要在不同阶段多次进行，以保证工程造价计算的准确性和控制的有效性。多次计价是一个逐步深化、逐步细化和逐步接近实际造价的过程。大型建设工程项目的多次计价过程如图 1-2 所示。

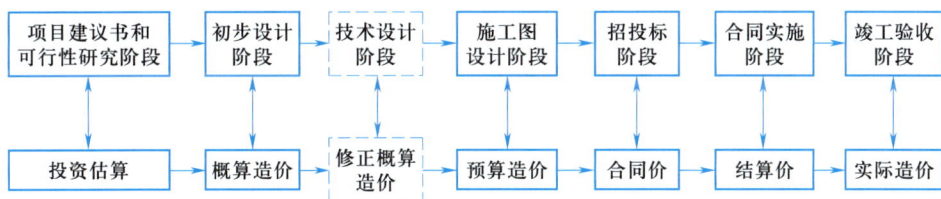

注：竖向的双向箭头表示对应关系，横向的单向箭头表示多次计价流程及逐步深化过程。

图 1-2　大型建设工程项目的多次计价过程

① 投资估算。投资估算是指通过编制估算文件预先测算和确定建设项目投资额的过程。在编制项目建议书和可行性研究阶段，对投资需要量进行估算是一项不可缺少的工作内容。投资估算是决策、筹资和控制造价的主要依据。

② 概算造价。概算造价是指在初步设计阶段，根据设计意图，通过编制工程概算文件预先测算和限定的工程造价。与投资估算造价相比，概算造价的准确性有所提高，但受估算造价的控制。概算造价的层次性十分明显，分为建设项目概算总造价、各个单项工程概算综合造价、各单位工程概算造价。

③ 修正概算造价。修正概算造价是指在三阶段设计中的技术设计阶段，根据技术设计的要求，通过编制修正概算文件预先测算和限定的工程造价。修正概算对初步设计概算进行修正调整，比概算造价准确，但受概算造价控制。

④ 预算造价（招标控制价）。预算造价是指在施工图设计阶段，根据施工图纸，通过编制预算文件预先测算和限定的工程造价。它比概算造价或修正概算造价更为详尽和准确，但同样要受前一阶段所限定的工程造价的控制。

⑤ 合同价。合同价是指在工程招投标阶段通过签订总承包合同、建筑安装工程承包合同、设备材料采购合同，以及技术和咨询服务合同所确定的价格。合同价属于市场价格，但不等同于最终决算的实际工程造价。

⑥ 结算价。结算价是指在合同实施阶段，在工程结算时按合同调价范围和调价方法，对实际发生的工程量增减、设备和材料价差等进行调整后计算和确定的价格。结算价是该结算工程的实际价格。

⑦ 实际造价。实际造价是指竣工决算阶段，通过为建设项目编制竣工决算，最终确定的实际工程造价。

（3）计价的组合性

工程造价的计算是分部组合而成的，这一特征和建设项目的组合性有关。

（4）计价方法的多样性

工程的多次计价有各不相同的计价依据，每次计价的精确度要求也各不相同，由此决定了计价方法的多样性。例如，投资估算的方法有设备系数法、生产能力指数估算法等；计算概算造价、预算造价的方法有单价法和实物法等。不同的方法有不同的适用条件，计价时应根据具体情况加以选择。

（5）计价依据的复杂性

由于影响造价的因素多，决定了计价依据的复杂性。工程计价依据的复杂性不仅使计算过程复杂，而且需要计价人员熟悉各类依据，并加以正确应用。

1.1.3　安装工程计价的依据

1. 安装工程计价依据定义

安装工程计价依据是指运用科学、合理的调查统计和分析测算方法，从安装工程建设经济技术活动和市场交易活动中获取的可用于预测、评估、计算安装工程造价的参数、量值、方法等。

2. 安装工程计价依据分类

安装工程计价依据主要包括由政府设立的有关机构编制的安装工程定额、指标等指导性计价依据，建筑市场信息价格依据，企业（行业）自行编制的经验性计价依据以及其他能够用于科学、合理地确定安装工程造价的计价依据，具体可分为以下七类。

① 设备和定额工程量计算依据，包括项目建议书、可行性研究报告、设计文件、工程量清单等。

② 人工、材料、机械等实物消耗量计算依据，包括投资估算指标、概算定额、预算定额等。

③ 工程单价计算依据，包括人工单价、材料价格、材料运杂费、机械台班费等。

④ 设备单价计算依据，包括设备原价、设备运杂费、进口设备关税等。

⑤ 措施费、间接费和工程建设其他费用计算依据，主要是相关的费用定额和指标。

⑥《建设工程工程量清单计价规范》（GB 50500—2013）。

⑦ 物价指数和工程造价指数。

⑧ 政府规定的税、费。

1.1.4　安装工程造价的组成

1. 建筑安装工程费按照费用构成要素划分

建筑安装工程费按照费用构成要素划分，由人工费、材料费、机械费、企业管理费、利润、规费和税金组成，详见二维码"建筑安装工程费用组成（按费用构成要素划分）"。

（1）人工费

人工费是指按工资总额构成规定，支付给从事建筑安装工程施工的生产工人和附属生产单位工人的各项费用（包含个人缴纳的社会保险费与住房公积金），主要包括以下费用。

① 计时工资或计件工资。按计时工资标准和工作时间或对已做工作按计件单价支付给个人的劳动报酬。

② 奖金。对超额劳动和增收节支支付给个人的劳动报酬。如节约奖、劳动竞赛奖等。

③ 津贴补贴。为了补偿职工特殊或额外的劳动消耗和因其他特殊原因支付给个人的津贴，以及为了保证职工工资水平不受物价影响支付给个人的物价补贴。如流动施工津贴、特殊地区施工津贴、高温（寒）作业临时津贴、高空津贴等。

④ 加班加点工资。按规定支付的在法定节假日工作的加班工资和在法定日工作时间外延时工作的加点工资。

⑤ 特殊情况下支付的工资。根据国家法律、法规和政策规定，因病、工伤、产假、计划生育假、婚丧假、事假、探亲假、定期休假、停工学习、执行国家或社会义务等原因按计时工资标准或计时工资标准的一定比例支付的工资。

⑥ 职工福利费。企业按规定标准计提并支付给生产工人的集体福利费、夏季防暑降温、冬季取暖补贴、上下班交通补贴等。

⑦ 劳动保护费。企业按规定标准发放的生产工人劳动保护用品的支出。如工作服、手套、防暑降温饮料以及在有碍身体健康的环境中施工的保健费用等。

（2）材料费

材料费是指工程施工过程中所耗费的原材料、辅助材料、构配件、零件、半成品或成品和工程设备等的费用，以及周转材料的摊销费用。材料费由下列三项费用组成。

① 材料及工程设备原价。材料、工程设备的出厂价格或商家供应价格。原价包括为方便材料、工程设备的运输和保护而进行必要的包装所需要的费用。

② 运杂费。材料、工程设备自来源地运至工地仓库或指定堆放地点所发生的全部费用，包括装卸费、运输费、运输损耗及其他附加费等费用。

③ 采购及保管费。为组织采购、供应和保管材料、工程设备的过程中所需要的各项费用，包括采购费、仓储费、工地保管费、仓储损耗等费用。

建筑安装工程费用组成（按费用构成要素划分）

（3）机械费

机械费是指施工作业所发生的施工机械、仪器仪表使用费，包括施工机械使用费和仪器仪表使用费。

① 施工机械使用费。施工机械作业所发生的机械使用费。施工机械使用费以施工机械台班耗用量与施工机械台班单价的乘积表示，施工机械台班单价由下列七项费用组成。

a. 折旧费。施工机械在规定的耐用总台班内，陆续收回其原值的费用。

b. 检修费。施工机械在规定的耐用总台班内，按规定的检修间隔进行必要的检修，以恢复其正常功能所需的费用。

c. 维护费。施工机械在规定的耐用总台班内，按规定的维护间隔进行各级维护和临时故障排除所需的费用，包括为保障机械正常运转所需替换设备与随机配备工具附具的摊销费用、机械运转及日常维护所需润滑与擦拭的材料费用及机械停滞期间的维护费用等。

d. 安拆费及场外运费。安拆费是指施工机械（大型机械除外）在现场进行安装与拆卸所需的人工、材料、机械和试运转费用以及机械辅助设施的折旧、搭设、拆除等费用；场外运费是指施工机械（大型机械除外）整体或分体自停放地点运至施工现场或由一施工地点运至另一施工地点的运输、装卸、辅助材料等费用。

e. 人工费。机上司机（司炉）和其他操作人员的人工费。

f. 燃料动力费。施工机械在运转作业中所耗用的燃料及水、电等费用。

g. 其他费用。施工机械按照国家和有关部门规定应缴纳的车船使用税、保险费及年检费用等。

② 仪器仪表使用费。工程施工所需仪器仪表的使用费。仪器仪表使用费以仪器仪表台班耗用量与仪器仪表台班单价的乘积表示，仪器仪表台班单价由折旧费、维护费、校验费和动力费组成。

（4）企业管理费

企业管理费是指建筑安装企业组织施工生产和经营管理所需的费用，主要包括以下几种费用。

① 管理人员工资。按规定支付给管理人员的计时工资、奖金、津贴补贴、加班加点工资，特殊情况下支付的工资及相应的职工福利费、劳动保护费等。

② 办公费。企业管理办公用的文具、纸张、账表、印刷、邮电、书报、办公软件、现场监控、会议、水电、烧水和集体取暖降温（包括现场临时宿舍取暖降温）等费用。

③ 差旅交通费。职工因公出差、调动工作的差旅费、住勤补助费，市内交通费和误餐补助费，职工探亲路费，劳动力招募费，职工退休、退职一次性路费，工伤人员就医路费，工地转移费以及管理部门使用的交通工具的油料、燃料等费用。

④ 固定资产使用费。管理和试验部门及附属生产单位使用的属于固定资产的房屋、设备、仪器（包括现场出入管理及考勤设备、仪器）等的折旧、大修、维修或租赁费。

⑤ 工具用具使用费。企业施工生产和管理使用的不属于固定资产的工具、器具、家具、交通工具和检验、试验、测绘、消防用具等的购置、维修和摊销费。

⑥ 劳动保险费。由企业支付的离退休职工易地安家补助费、职工退职金、六个月以上的病假人员工资、职工死亡丧葬补助费、抚恤费、按规定支付给离休干部的各项经费等。

⑦ 检验试验费。施工企业按照有关标准规定，对建筑以及材料、构件和建筑安装物进行一般鉴定、检查所发生的费用，包括自设试验室进行试验所耗用的材料等费用。不包括新结构、新材料的试验费，对构件做破坏性试验及其他特殊要求检验试验的费用和建设单位委托检测机构进行专项及见证取样检测的费用，对此类检测所发生的费用，由建设单位在工程建设其他费用中列支。但对施工企业提供的具有合格证明的材料进行检测不合格的，该检测费用应由施工企业支付。

⑧ 夜间施工增加费。因施工工艺要求必须持续作业而不可避免的夜间施工所增加的费用，包括夜班补助费、夜间施工降效、夜间施工照明设备摊销及照明用电等费用。

⑨ 已完工程及设备保护费。竣工验收前，对已完工程及工程设备采取的必要保护措施所发生的费用。

⑩ 工程定位复测费。工程施工过程中进行全部施工测量放线和复测工作的费用。

⑪ 工会经费。企业按《中华人民共和国工会法》规定的全部职工工资总额比例计提的工会经费。

⑫ 职工教育经费。按职工工资总额的规定比例计提，企业为职工进行专业技术和职业技能培训、专业技术人员继续教育、职工职业技能鉴定、职业资格认定以及根据需要对职工进行各类文化教育所发生的费用。

⑬ 财产保险费。施工管理用财产、车辆等的保险费用。

⑭ 财务费。企业为施工生产筹集资金或提供预付款担保、履约担保、职工工资支付担保等所发生的各种费用。

⑮ 税费。根据国家税法规定应计入建筑安装工程造价内的城市维护建设税、教育费附加和地方教育附加，以及企业按规定缴纳的房产税、车船使用税、土地使用税、印花税、环保税等。

⑯ 其他。技术转让费、技术开发费、投标费、业务招待费、绿化费、广告费、公证费、法律顾问费、审计费、咨询费、危险作业意外伤害保险费等。

（5）利润

利润是指施工企业完成所承包工程获得的盈利。

（6）规费

规费是指按国家法律、法规规定，由省级政府和省级有关权力部门规定必须缴纳或计取的，应计入建筑安装工程造价内的费用，主要包括以下几种费用。

① 社会保险费。

a. 养老保险费。企业按照规定标准为职工缴纳的基本养老保险费。

b. 失业保险费。企业按照规定标准为职工缴纳的失业保险费。

c. 医疗保险费。企业按照规定标准为职工缴纳的基本医疗保险费。

d. 生育保险费。企业按照规定标准为职工缴纳的生育保险费。

e. 工伤保险费。企业按照规定标准为职工缴纳的工伤保险费。

② 住房公积金。企业按照规定标准为职工缴纳的住房公积金。

（7）税金

税金是指国家税法规定的应计入建筑安装工程造价内的建筑服务增值税。

2. 建筑安装工程费按照造价形成内容划分

建筑安装工程费按照造价形成内容划分，由分部分项工程费、措施项目费、其他项目费、规费和税金组成，详见二维码"建筑安装工程费用组成（按造价形成内容划分）"。

（1）分部分项工程费

分部分项工程费是指根据设计规定，按照施工验收规范、质量评定标准的要求，完成构成工程实体所耗费或发生的各项费用，包括人工费、材料费、机械费、企业管理费和利润。

（2）措施项目费

措施项目费是指为完成建筑安装工程施工，按照安全操作规程、文明施工规定的要求，发生于该工程施工前和施工过程中用作技术、生活、安全、环境保护等方面的各项费用，由施工技术措施项目费和施工组织措施项目费构成。

① 施工技术措施项目费。

a. 通用施工技术措施项目费。

● 大型机械设备进出场及安拆费。机械整体或分体自停放场地运至施工现场或由一个施工地点运至另一个施工地点，所发生的机械进出场运输、转移（含运输、装卸、辅助材料、架线等）费用及机械在施工现场进行安装、拆卸所需的人工费、材料费、机械费、试运转费和安装所需的辅助设施的费用。

● 脚手架工程费。施工需要的各种脚手架搭、拆、运输费用以及脚手架购置费的摊销费用。

b. 专业工程施工技术措施项目费。根据现行国家各专业工程定额工程量计算规范（以下简称"计量规范"）或各省各专业工程计价定额（以下简称"专业定额"）及有关规定，列入各专业工程措施项目的属于施工技术措施的费用。

c. 其他施工技术措施项目费。根据各专业工程特点补充的施工技术措施项目的费用。

施工技术措施项目按实施要求，可分为施工技术常规措施项目和施工技术专项措施项目。其中，施工技术专项措施项目是指根据设计或建设主管部门的规定，需由承包人提出专项方案并经论证、批准后方能实施的施工技术措施项目，如深基坑支护、高支模承重架、大型施工机械设备基础等。

② 施工组织措施项目费。

a. 安全文明施工费。按照国家现行的建筑施工安全、施工现场环境与卫生标准和大气污染防治及城市建筑工地、道路扬尘管理要求等有关规定，购置和更新

建筑安装工程费用组成（按造价形成内容划分）

施工安全防护用具及设施、改善安全生产条件和作业环境、防治并治理施工现场扬尘污染所需要的费用。安全文明施工费主要包括以下几种费用。

- 环境保护费：施工现场为达到环保部门要求所需要的包括施工现场扬尘污染防治、治理在内的各项费用。
- 文明施工费：施工现场文明施工所需要的各项费用。一般包括施工现场的标牌设置，施工现场地面硬化，现场周边设立围护设施，现场安全保卫及保持场貌、场容整洁等发生的费用。
- 安全施工费：施工现场安全施工所需要的各项费用。一般包括安全防护用具和服装，施工现场的安全警示、消防设施和灭火器材，安全教育培训，安全检查及编制安全措施方案等发生的费用。
- 临时设施费：施工企业为进行建筑工程施工所必须搭设的生活和生产用的临时建筑物、构筑物和其他临时设施等发生的费用。临时设施包括临时宿舍、文化福利及公用事业房屋与构筑物、仓库、办公室、加工厂（场）以及在规定范围内道路、水、电、管线等临时设施和小型临时设施。临时设施费用包括临时设施的搭设、维修、拆除费或摊销费。

安全文明施工费按实施标准，可分为安全文明施工基本费和创建安全文明施工标准化工地增加费（以下简称"标化工地增加费"）。

b. 提前竣工增加费。因缩短工期要求发生的施工增加费，包括赶工所需发生的夜间施工增加费、周转材料加大投入量和资金、劳动力集中投入等所增加的费用。

c. 二次搬运费。因施工场地条件限制而发生的材料、构配件、半成品等一次运输不能到达堆放地点，必须进行二次或多次搬运所发生的费用。

d. 冬雨季施工增加费。在冬季或雨季施工需增加的临时设施、防滑、排除雨雪，人工及施工机械效率降低等费用。

e. 行车、行人干扰增加费。边施工边维持行人与车辆通行的市政、城市轨道交通、园林绿化等市政基础设施工程及相应养护维修工程受行车、行人干扰影响而降低工效等所增加的费用。

f. 其他施工组织措施费。根据各专业工程特点补充的施工组织措施项目的费用。

（3）其他项目费

其他项目费的构成内容应视工程实际情况按照不同阶段的计价需要进行列项。其中，编制招标控制价和投标报价时，由暂列金额、暂估价、计日工、施工总承包服务费构成；编制竣工结算时，由专业工程结算价、计日工、施工总承包服务费、索赔与现场签证费以及优质工程增加费构成。

① 暂列金额。招标人在工程量清单中暂定并包括在合同价款中的一笔款项。用于工程合同签订时尚未确定或者不可预见的所需材料、工程设备、服务的采购，施工中可能发生的工程变更、合同约定调整因素出现时的合同价款调整，以及发生的索赔、现场签证确认等的费用和标化工地、优质工程等费用的追加，包括标化工地暂列金额、优质工程暂列金额和其他暂列金额。

②暂估价。招标人在工程量清单中提供的用于支付必然发生但暂时不能确定价格的材料、工程设备的单价以及施工技术专项措施项目、专业工程等的金额。

a. 材料及工程设备暂估价。发包阶段已经确认发生的材料、工程设备，由于设计标准未明确等原因造成无法当时确定准确价格，或者设计标准虽已明确，但一时无法取得合理询价，由招标人在工程量清单中给定的若干暂估单价。

b. 专业工程暂估价。发包阶段已经确认发生的专业工程，由于设计未详尽、标准未明确或者需要由专业承包人完成等原因造成无法当时确定准确价格，由招标人在工程量清单中给定的一个暂估总价。

c. 施工技术专项措施项目暂估价（以下简称"专项措施暂估价"）。发包阶段已经确认发生的施工技术措施项目，由于需要在签约后由承包人提出专项方案并经论证、批准方能实施等原因造成无法当时准确计价，由招标人在工程量清单中给定的一个暂估总价。

③计日工。在施工过程中，承包人完成发包人提出的工程合同范围以外的零星项目或工作所需的费用。

④施工总承包服务费。施工总承包人为配合、协调发包人进行的专业工程发包，对发包人自行采购的材料、工程设备等进行保管以及施工现场管理、竣工资料汇总整理等服务所需的费用，包括发包人发包专业工程管理费（以下简称"专业发包工程管理费"）和发包人提供材料及工程设备保管费（以下简称"甲供材料设备保管费"）。

⑤专业工程结算价。发包阶段招标人在工程量清单中以暂估价给定的专业工程，竣工结算时发承包双方按照合同约定计算并确定的最终金额。

⑥索赔与现场签证费。

a. 索赔费用。在工程合同履行过程中，合同当事人一方因非己方的原因而遭受损失，按合同约定或法律法规规定应由对方承担责任，从而向对方提出补偿的要求，经双方共同确认需补偿的各项费用。

b. 现场签证费用（以下简称"签证费用"）。发包人现场代表（或其授权的监理人、工程造价咨询人）与承包人现场代表就施工过程中涉及的责任事件所作的签认证明中的各项费用。

⑦优质工程增加费。建筑施工企业在生产合格建筑产品的基础上，为生产优质工程而增加的费用。

（4）规费、税金

规费、税金的定义及包括内容同"1. 建筑安装工程费按照费用构成要素划分"中相关内容。

1.2　安装工程计价方法

1.2.1　建筑安装工程计价

①建筑安装工程统一按照综合单价法进行计价，包括国标工程量清单计价

（以下简称"国标清单计价"）和定额项目清单计价（以下简称"定额清单计价"）两种。采用国标清单计价和定额清单计价时，除分部分项工程费、施工技术措施项目费分别依据"计量规范"规定的清单项目和"专业定额"规定的定额项目列项计算外，其余费用的计算原则及方法应当一致。

② 建筑安装工程计价可采用一般计税法和简易计税法计税。如选择采用简易计税法计税的，应符合税务部门关于简易计税的适用条件；建筑安装工程概算应采用一般计税法计税。

③ 采用一般计税法计税时，其税前工程造价（或税前概算费用）的各费用项目均不包含增值税的进项税额，相应价格、费率及取费基数均按"除税价格"计算或测定；采用简易计税法计税时，其税前工程造价的各费用项目均应包含增值税的进项税额，相应价格、费率及取费基数均按"含税价格"计算或测定。

1.2.2 安装工程施工费用计价

安装工程施工费用（即工程造价）由税前工程造价和税金（增值税销项税或征收率，下同）组成，计价内容包括分部分项工程费、措施项目费、其他项目费、规费和税金。

1. 分部分项工程费

分部分项工程费按分部分项工程数量乘以综合单价以其合价之和进行计算。

（1）工程数量

① 采用国标清单计价的工程，分部分项工程数量应根据"计量规范"中清单项目（含本省补充清单项目）规定的定额工程量计算规则和各省有关规定进行计算。

② 采用定额清单计价的工程，分部分项工程数量应根据预算"专业定额"中定额项目规定的定额工程量计算规则进行计算。

③ 编制招标控制价和投标报价时，工程数量应统一按照招标人在发承包计价前依据招标工程设计图纸和有关计价规定计算并提供的工程量确定；编制竣工结算时，工程数量应以承包人完成合同工程应予计量的工程量进行调整。

（2）综合单价

综合单价是指完成一个规定清单项目所需的人工费、材料和工程设备费、施工机具使用费和企业管理费、利润以及一定范围内的风险费用。

① 工料机费用。

编制招标控制价时，综合单价所含人工费、材料费、机械费应按照预算"专业定额"中的人工、材料、施工机械（仪器仪表）台班消耗量以相应"基准价格"进行计算。遇未发布"基准价格"的，可通过市场调查以询价方式确定价格；因设计标准未明确等原因造成无法当时确定准确价格，或者设计标准虽已明确但一时无法取得合理询价的材料，应以"暂估单价"计入综合单价。

编制投标报价时，综合单价所含人工费、材料费、机械费可按照企业定额或参照预算"专业定额"中的人工、材料、施工机械（仪器仪表）台班消耗量以当时当地相应市场价格由企业自主确定。其中，材料的"暂估单价"应与招标控制价保持一致。

编制竣工结算时，综合单价所含人工费、材料费、机械费除"暂估单价"直接以相应"确认单价"替换计算外，应根据已标价清单综合单价中的人工、材料、施工机械（仪器仪表）台班消耗量，按照合同约定计算因价格波动所引起的价差。计补价差时，应以分部分项工程所列项目的全部差价汇总计算，或直接计入相应综合单价。

② 企业管理费、利润。

编制招标控制价时，采用国标清单计价的工程，综合单价所含企业管理费、利润应以清单项目中的"定额人工费+定额机械费"乘以企业管理费、利润的相应费率分别进行计算；采用定额清单计价的工程，综合单价所含企业管理费、利润应以定额项目中的"定额人工费+定额机械费"乘以企业管理费、利润的相应费率分别进行计算。其中，企业管理费、利润的费率应按相应施工取费费率的中值计取。

编制投标报价时，采用国标清单计价的工程，综合单价所含企业管理费、利润应以清单项目中的"人工费+机械费"乘以企业管理费、利润的相应费率分别进行计算；采用定额清单计价的工程，综合单价所含企业管理费、利润应以定额项目中的"人工费+机械费"乘以企业管理费、利润的相应费率分别进行计算。其中，企业管理费、利润的费率可参考相应施工取费费率由企业自主确定。

编制竣工结算时，采用国标清单计价的工程，综合单价所含企业管理费、利润应以清单项目中依据已标价清单综合单价确定的"人工费+机械费"乘以企业管理费、利润的相应费率分别进行计算；采用定额清单计价的工程，综合单价所含企业管理费、利润应以定额项目中依据已标价清单综合单价确定的"人工费+机械费"乘以企业管理费、利润的相应费率分别进行计算。其中，企业管理费、利润的费率按投标报价时的相应费率保持不变。

③ 风险费用。

综合单价应包括风险费用，风险费用是指隐含于综合单价之中用于化解发承包双方在工程合同中约定风险内容和范围（幅度）内人工、材料、施工机械（仪器仪表）台班的市场价格波动风险的费用。以"暂估单价"计入综合单价的材料不考虑风险费用。

2. 措施项目费

措施项目费按施工技术措施项目费、施工组织措施项目费之和进行计算。

① 施工技术措施项目费。施工技术措施项目费应以施工技术措施项目工程数量乘以综合单价以其合价之和进行计算。施工技术措施项目工程数量及综合单价的计算原则参照分部分项工程费相关内容处理。

② 施工组织措施项目费。施工组织措施项目费分为安全文明施工基本费、标化工地增加费、提前竣工增加费、二次搬运费、冬雨季施工增加费和行车、行人

干扰增加费，除安全文明施工基本费属于必须计算的施工组织措施费项目外，其余施工组织措施费项目可根据工程实际需要进行列项，工程实际不发生的项目不应计取其费用。

编制招标控制价时，施工组织措施项目费应以分部分项工程费与施工技术措施项目费中的"定额人工费+定额机械费"乘以各施工组织措施项目相应费率以其合价之和进行计算。其中，安全文明施工基本费费率应按相应基准费率（即施工取费费率的中值）计取，其余施工组织措施项目费（标化工地增加费除外）费率均按相应施工取费费率的中值确定。

编制投标报价时，施工组织措施项目费应以分部分项工程费与施工技术措施项目费中的"人工费+机械费"乘以各施工组织措施项目相应费率以其合价之和进行计算。其中，安全文明施工基本费费率应以不低于相应基准费率的90%（即施工取费费率的下限）计取，其余施工组织措施项目费（标化工地增加费除外）可参考相应施工取费费率由企业自主确定。

编制竣工结算时，施工组织措施项目费应以分部分项工程费与施工技术措施项目费中依据已标价清单综合单价确定的"人工费+机械费"乘以各施工组织措施项目相应费率以其合价之和进行计算。其中，除法律、法规等政策性调整外，各施工组织措施项目的费率均按投标报价时的相应费率保持不变。

a. 安全文明施工基本费。

安全文明施工基本费分为非市区工程和市区工程。其中，市区工程是指城区、城镇等人流、车流集聚区的工程；非市区工程是指乡村等人流、车流非集聚区的工程。

对于工程规模变化较大的房屋建筑与装饰工程，应根据其取费基数额度（合同标段分部分项工程费与施工技术措施项目费所含"人工费+机械费"）大小，采用分档累进方式计算费用。

对于安全防护、文明施工有特殊要求和危险性较大的工程，需增加安全防护、文明施工措施所发生的费用可另列项目计算或要求投标报价的施工企业在费率中考虑。

安全文明施工基本费费率不包括市政、城市轨道交通高架桥（高架区间）及道路绿化等工程在施工区域沿线搭设的临时围挡（护栏）费用，发生时应按施工技术措施项目费另列项目进行计算。

施工现场与城市道路之间的连接道路硬化，是发包人向承包人提供正常施工所需的交通条件，属工程建设其他费用中"场地准备及临时设施费"的包含内容。如由承包人负责实施的，其费用应按实并经现场签证后另行计算。

b. 标化工地增加费。

标化工地施工费的基本内容已在安全文明施工基本费中综合考虑，但获得国家、省、设区市、县市区级安全文明施工标准化工地的，应计算标化工地增加费。

由于标化工地一般在工程竣工后进行评定，且不一定发生或达到预期要求的等级，编制招标控制价和投标报价时，标化工地增加费可按其他项目费的暂列金额计列；编制竣工结算时，标化工地增加费应以施工组织措施项目费计算。其中，合同约定有创安全文明施工标准化工地要求而实际未创建的，不计算标化工地增加费；实际创建等级与合同约定不符或合同无约定而实际创建的，按实际创建等级相应费率标准的75%～100%计算标化工地增加费（实际创建等级高于合同约定等级的，应不低于合同约定等级原有费率标准），并签订补充协议。

标化工地增加费分为非市区工程和市区工程，划分方法同安全文明施工基本费。

c. 提前竣工增加费。提前竣工增加费以工期缩短的比例计取，工期缩短比例按下式确定

$$工期缩短比例=\frac{定额工期-合同工期}{定额工期}\times100\%$$

缩短工期比例在30%以上者，应按审定的措施方案计算相应的提前竣工增加费。实际工期比合同工期提前的，应根据合同约定另行计算。

d. 二次搬运费。二次搬运费适用于因施工场地狭小等特殊情况一次到不了施工现场而需要再次搬运发生的费用，不适用于上山及过河发生的费用。上山及过河所发生的费用应另列项目以现场签证进行计算。

e. 冬雨季施工增加费。冬雨季施工增加费不包括暴雪、强台风、暴雨、高温等异常恶劣气候所引起的费用，发生时应另列项目以现场签证进行计算。

f. 行车、行人干扰增加费。行车、行人干扰增加费已综合考虑按要求进行交通疏导、设置导行标志需发生的费用。

行车、行人干扰增加费适用对象主要包括：边施工边维持路面通车的市政道路、桥梁、隧道及排水（含污水、给水、燃气、供热、电力、通信等的管道和开挖施工的综合管廊及相应构筑物）、路灯、交通设施等的改造和养护维修工程；占用交通道路进行施工的城市轨道交通高架桥工程及相应轨道工程；道路绿化（含景观）的改造与养护工程。

3. 其他项目费

其他项目费按照不同计价阶段结合工程实际确定计价内容。其中，编制招标控制价和投标报价时，按暂列金额、暂估价、计日工和施工总承包服务费中实际发生项的合价之和进行计算；编制竣工结算时，按专业工程结算价、计日工、施工总承包服务费、索赔与现场签证费和优质工程增加费中实际发生项的合价之和进行计算。

（1）暂列金额

暂列金额按标化工地暂列金额、优质工程暂列金额、其他暂列金额之和进行计算。招标控制价与投标报价的暂列金额应保持一致；竣工结算时，暂列金额应予以取消，另根据工程实际发生项目增加相应费用。

① 标化工地暂列金额。标化工地暂列金额应以招标控制价中分部分项工程费与施工技术措施项目费的"定额人工费+定额机械费"乘以标化工地增加费的相应费率进行计算。其中，招标文件有创安全文明施工标准化工地要求的，按要求等级对应费率计算。

② 优质工程暂列金额。优质工程暂列金额应以招标控制价中除暂列金额外的税前工程造价乘以优质工程增加费的相应费率进行计算。其中，招标文件有创优质工程要求的，按要求等级对应费率计算。

③ 其他暂列金额。其他暂列金额应以招标控制价中除暂列金额外的税前工程造价乘以相应估算比例进行计算，估算比例一般不高于5%。

（2）暂估价

暂估价按专业工程暂估价和专项措施暂估价之和进行计算。招标控制价与投标报价的暂估价应保持一致；竣工结算时，专业工程暂估价以专业工程结算价取代，专项措施暂估价以专项措施结算价格取代并计入施工技术措施项目费及相关费用。材料及工程设备暂估价按其暂估单价列入分部分项工程项目的综合单价计算。

① 专业工程暂估价。专业工程暂估价按各专业工程的暂估金额之和进行计算。各专业工程的暂估金额应由招标人在发承包计价前，根据各专业工程的具体情况和有关计价规定以除税金以外的全部费用分别进行估算。

专业工程暂估价分为按规定必须招标并纳入施工总承包管理范围的发包人发包专业工程暂估价和按规定无须招标属于施工总承包人自行承包内容的专业工程暂估价。

② 专项措施暂估价。专项措施暂估价按各专项措施的暂估金额之和进行计算。各专项措施的暂估金额应由招标人在发承包计价前，根据各专项措施的具体情况和有关计价规定以除税金以外的全部费用分别进行估算。

（3）计日工

计日工按计日工数量乘以计日工综合单价以其合价之和进行计算。

a. 计日工数量。编制招标控制价和投标报价时，计日工数量应统一以招标人在发承包计价前提供的"暂估数量"进行计算；编制竣工结算时，计日工数量应按实际发生并经发承包双方签证认可的"确认数量"进行调整。

b. 计日工综合单价。计日工综合单价应以除税金以外的全部费用进行计算。编制招标控制价时，应按有关计价规定并充分考虑市场价格波动因素计算；编制投标报价时，可由企业自主确定；编制竣工结算时，除计日工特征内容发生变化应予以调整外，其余按投标报价时的相应价格保持不变。

（4）施工总承包服务费

施工总承包服务费按专业发包工程管理费和甲供材料设备保管费之和进行计算。

① 专业发包工程管理费。发包人对其发包工程中的相关专业工程进行单独发包的，施工总承包人可向发包人计取专业发包工程管理费。专业发包工程管理费按各专业发包工程金额乘以专业发包工程管理费相应费率以其合价之和进行计算。

编制招标控制价和投标报价时，各专业发包工程金额应统一按专业工程暂估价内相应专业发包工程的暂估金额取定；编制竣工结算时，各专业发包工程金额应以专业工程结算价内相应专业发包工程的结算金额进行调整。

编制招标控制价时，专业发包工程管理费费率应根据要求提供的服务内容，按相应区间费率的中值计算；编制投标报价时，专业发包工程管理费费率可参考相应区间费率由企业自主确定；编制竣工结算时，除服务内容和要求发生变化应予以调整外，其余按投标报价时的相应费率保持不变。

发包人仅要求施工总承包人对其单独发包的专业工程提供现场堆放场地、现场供水供电管线（水电费用可另行按实计收）、施工现场管理、竣工资料汇总整理等服务而进行的施工总承包管理和协调时，施工总承包人可按专业发包工程金额的1%~2%向发包人计取专业发包工程管理费。施工总承包人完成其自行承包工程范围内所搭建的临时道路、施工围挡（围墙）、脚手架等措施项目，在合理的施工进度计划期间应无偿提供给专业工程分包人使用，专业工程分包人不得重复计算相应费用。

发包人要求施工总承包人对其单独发包的专业工程进行施工总承包管理和协调，并同时要求提供垂直运输等配合服务时，施工总承包人可按专业发包工程金额的2%~4%向发包人计取专业发包工程管理费，专业工程分包人不得重复计算相应费用。

发包人未对其单独发包的专业工程要求施工总承包人提供垂直运输等配合服务的，专业承包人应在投标报价时，考虑其垂直运输等相关费用。如施工时仍由总承包人提供垂直运输等配合服务的，其费用由总、分包人根据实际发生情况自行商定。

当专业发包工程经招标实际由施工总承包人承包的，专业发包工程管理费不计。

② 甲供材料设备保管费。发包人自行提供材料、工程设备的，对其所提供的材料、工程设备进行管理、服务的单位（施工总承包人或专业工程分包人）可向发包人计取甲供材料设备保管费。甲供材料设备保管费按甲供材料金额、甲供设备金额分别乘以各自的保管费费率以其合价之和进行计算。

编制招标控制价和投标报价时，甲供材料金额和甲供设备金额应统一以招标人在发承包计价前按暂定数量和暂估单价（含税价）确定并提供的暂估金额取定；编制竣工结算时，甲供材料和甲供设备应按发承包双方确定的金额进行调整。

编制招标控制价时，甲供材料和甲供设备保管费费率应按相应区间费率的中值计算；编制投标报价时，甲供材料和甲供设备保管费费率可参考相应区间费率由企业自主确定；编制竣工结算时，除服务内容和要求发生变化应予以调整外，其余按投标报价时的相应费率保持不变。

（5）专业工程结算价。专业工程结算价按各专业工程的结算金额之和进行计算。各专业工程的结算金额应根据各自的合同约定，按不包括税金在内的全部费用分别进行计价，计价方法及原则参照单位工程相应内容。

专业工程结算价分为按规定必须招标并纳入施工总承包管理范围的发包人发包专业工程结算价和按规定无须招标属于施工总承包人自行承包内容的专业工程结算价。其中，属于施工总承包人自行承包内容的专业工程，可按工程变更直接列入分部分项工程费、措施项目费及相关费用进行计算。

（6）索赔与现场签证费。索赔与现场签证费按索赔费用和签证费用之和进行计算。

① 索赔费用。索赔费用按各索赔事件的索赔金额之和进行计算。各索赔事件的索赔金额应根据合同约定和相关计价规定，可参照索赔事件发生当期的市场信息价格以除税金以外的全部费用进行计价。涉及分部分项工程、施工技术措施项目的数量、价格确认及其项目改变的索赔内容，其相应费用可分别列入分部分项工程费和施工技术措施项目费进行计算。

② 签证费用。签证费用按各签证事项的签证金额之和进行计算。各签证事项的签证金额应根据合同约定和相关计价规定，可参照签证事项发生当期的市场信息价格以除税金以外的全部费用进行计价。遇签证事项的内容列有计日工的，可直接并入计日工计算；涉及分部分项工程、施工技术措施项目的数量、价格确认及其项目改变的签证内容，其相应费用可分别列入分部分项工程费和施工技术措施项目费进行计算。

（7）优质工程增加费。浙江省"专业定额"的消耗量水平按合格工程考虑，获得国家、省、设区市、县市区级优质工程的，应计算优质工程增加费。优质工程增加费以获奖工程除本费用之外的税前工程造价乘以优质工程增加费的相应费率进行计算。

由于优质工程是在工程竣工后进行评定，且不一定发生或达到预期要求的等级，遇发包人有优质工程要求的，编制招标控制价和投标报价时，优质工程增加费可按暂列金额方式列项计算。

合同约定有工程获奖目标等级要求而实际未获奖的，不计算优质工程增加费；实际获奖等级与合同约定不符或合同无约定而实际获奖的，按实际获奖等级的相应费率标准的75%～100%计算优质工程增加费（实际获奖等级高于合同约定等级的，应不低于合同约定等级原有费率标准），并签订补充协议。

4. 规费

① 规费应根据国家法律、法规所测定的费率计取。

② 规费费率包括养老保险费、失业保险费、医疗保险费、生育保险费、工伤保险费和住房公积金等"五险一金"。

③ 编制招标控制价时，规费应以分部分项工程费与施工技术措施项目费中的"定额人工费+定额机械费"乘以规费的相应费率进行计算；编制投标报价时，投标人应根据本企业实际缴纳"五险一金"情况，自主确定规费的费率，规费应以分部分项工程费与施工技术措施项目费中的"人工费+机械费"乘以自主确定的规费费率进行计算；编制竣工结算时，规费应以分部分项工程费与施工技术措施项目费中依据已标价清单综合单价确定的"人工费+机械费"乘以规费的相应费率进行计算。

5. 税金

① 税金应根据国家税法所规定的计税基数和税率计取，不得作为竞争性费用。

② 税金按税前工程造价乘以增值税的相应税率进行计算。遇税前工程造价包

含甲供材料、甲供设备金额的，应在计税基数中予以扣除；增值税税率应根据计价工程按规定选择的适用计税方法，分别以增值税销项税税率或增值税征收率取定。

6. 建筑安装工程造价

建筑安装工程造价按税前工程造价、税金之和进行计算。

1.2.3　通用安装工程施工取费费率

以《浙江省建设工程计价规则》（2018版）（以下简称"2018版《浙江省计价规则》"）为例，通用安装工程企业管理费费率、通用安装工程利润费率、通用安装工程施工组织措施项目费费率、通用安装工程其他项目费费率、通用安装工程规费费率、通用安装工程税金税率均详见二维码"通用安装工程施工取费费率"。

1.2.4　安装工程费用计算程序

安装工程费用计算程序按照不同阶段的计价活动分别进行设置，包括概算费用计算程序和施工费用计算程序。本节重点介绍的施工费用计算程序分为招投标阶段和竣工结算阶段两种。

① 招投标阶段，详见二维码"招投标阶段安装工程费用计算程序"。

② 竣工结算阶段，详见二维码"竣工结算阶段安装工程费用计算程序"。

【例1-1】某住宅给排水安装工程，市区工程，分部分项工程费为500000元，其中人工费为60000元、机械费为20000元。施工技术措施项目费为80000元，其中人工费为30000元、机械费为10000元。施工组织措施项目费仅计取安全文明施工基本费、二次搬运费，其他项目费仅计取优质工程增加费（省级优质工程）。计算该安装工程的招标控制价［增值税按一般计税法，根据《关于增值税调整后我省建设工程计价依据增值税税率及有关计价调整的通知》（浙建建发〔2019〕92号）的规定执行］，计算过程取整数。

【解】根据编制招标控制价要求采用招投标阶段安装工程费用计算程序。

分部分项工程费=500000（元）

其中人工费+机械费=60000+20000=80000（元）

施工技术措施项目费：

施工技术措施项目费=80000（元）

其中人工费+机械费=30000+10000=40000（元）

施工组织措施项目费：

安全文明施工基本费=（80000+40000）×7.10%=8520（元）

二次搬运费=（80000+40000）×0.26%=312（元）

施工组织措施项目费合计=8520+312=8832（元）

因其他项目费仅计取优质工程增加费（省级优质工程），根据2018版《浙江省计价规则》规定，通用安装工程其他项目费费率要求计算基数为"除优质工程增加费外税前工程造价"，所以先行计算规费。

规费=（80000+40000）×30.63%=36756（元）

其他项目费：

优质工程增加费（省级优质工程）＝（500000＋80000＋8832＋36756）×1.80%＝11261（元）

税前工程造价＝500000＋80000＋8832＋36756＋11261＝636849（元）

税金＝636849×9%＝57316（元）

招标控制价＝636849＋57316＝694165（元）

计算结果汇总如表1-1所示。

表1-1   计算结果汇总

序号	费用名称	计 算 式	金额/元
一	分部分项工程费	—	500000
二	措施项目费	80000＋8832	88832
（一）	施工技术措施项目费	—	80000
（二）	施工组织措施项目费	8520＋312	8832
1	安全文明施工基本费	（60000＋20000＋30000＋10000）×7.10%	8520
2	二次搬运费	（60000＋20000＋30000＋10000）×0.26%	312
三	其他项目费	—	11261
（一）	暂列金额	（500000＋88832＋36756）×1.80%	11261
四	规费	（60000＋20000＋30000＋10000）×30.63%	36756
五	税前工程造价	500000＋88832＋36756＋11261	636849
六	税金	636849×9%	57316
七	招标控制价	636849＋57316	694165

1.3   安装工程定额

1.3.1   建设工程定额定义和分类

1. 建设工程定额定义

定额就是某种既定之额，即一种规定的数量标准额度。在现代经济生活和社会生活中，定额几乎无处不在。例如，分配领域的工资标准；生产和流通领域的原料消耗限额；技术方面的设计标准和规范等。

建设工程定额就是指工程建设时，在正常生产条件下，完成单位合格产品所消耗的人工、材料、机械设备、资金的数量标准。

建设工程定额是根据国家一定时期的管理体制和管理制度，根据不同定额的用途和适用范围，由指定的机构按照一定的程序制定的，并按照一定规定的程序审批和颁发执行。它属于技术经济范畴，具有生产消费定额的性质。

2. 建设工程定额的分类

建设工程定额是工程建设中各类定额的总称，它包括许多种类定额。

（1）按定额反映的生产要素消耗内容分类

① 劳动消耗定额。劳动消耗定额简称劳动定额，是指完成一定的合格产品（工程实体或劳务）规定活劳动消耗的数量标准。为了便于综合和核算，劳动定额大多采用工作时间消耗量来计算劳动消耗的数量。所以劳动定额主要表现形式是时间定额，但同时也表现为产量定额。时间定额与产量定额互为倒数。

② 机械消耗定额。机械消耗定额又称机械台班定额，是指为完成一定合格产品（工程实体或劳务）所规定的施工机械消耗的数量标准。机械消耗定额的表现形式是机械时间定额，但同时也表现为产量定额。

③ 材料消耗定额。材料消耗定额简称材料定额，是指完成一定合格产品所需消耗材料的数量标准。

（2）按定额的编制程序和用途分类

① 施工定额。施工定额是以同一性质的施工过程——工序作为研究对象，表示生产产品数量与时间消耗综合关系的定额。施工定额由人工、材料和机械台班三部分组成。

定额人工部分要比劳动定额粗，步距大些，工作内容有适当的扩大，但施工定额要比预算定额细，考虑到了劳动组合。

施工定额主要用于施工企业内部经济核算，编制施工预算、施工作业计划，组织劳动竞赛，节约活劳动和物化劳动的消耗，实行计件、包工、签发施工任务书，限额领料，计算劳动报酬和奖励的依据，也是编制预算定额的基础。施工定额是工程建设定额中分项最细、定额子目最多的一种定额，也是工程建设定额中的基础性定额。

② 预算定额。预算定额是一种计价性定额；是由国家主管机关或其授权单位组织编制，并审批颁发执行的；是规定消耗在单位工程基本构造要素上的劳动力（工日）、材料的消耗数量和机械（台班）使用量的标准。

预算定额是在施工定额基础上的综合和扩大，它不仅考虑了施工定额未包含的多种因素（如材料在施工现场超运距、人工幅度差的用工等），而且包括为完成该分项工程的工作内容。

预算定额是编制施工图预算、竣工结算，确定工程造价的基础；是工程设计单位对设计方案进行技术经济分析的依据；是建设工程进行招标、投标活动，编制标底和投标报价的基础；是建筑安装企业进行施工管理、经济核算和考核工程成本的依据；是编制概算定额和概算指标的基础。

③ 概算定额。概算定额也是一种计价性定额，是国家及其授权机关为了编制设计概算，规定生产一定计量单位的建筑安装工程扩大结构构件、分部或扩大分面工程所需用的人力、材料及施工机械台班需要量的数量标准。其项目划分粗细与扩大初步设计的深度相适应，一般是在预算定额的基础上综合扩大而成的，每一综合分项概算定额都包含了数项预算定额。

概算定额是编制扩大初步设计概算、确定建设项目投资额的依据，也是编制概算指标的基础。

④ 概算指标。概算指标是概算定额更加综合扩大的指标，是国家或其授权机

关按整个建筑物以平方米、设备重量等为单位，或以设备原价为基数，规定完成扩大分项工程合格产品所需人工、材料、机械的数量标准或金额指标。由于各种性质建设定额所需要的劳动力、材料和机械台班数量不一样，概算指标通常按工业建筑和民用建筑分别编制。工业建筑中又按各工业部门类别、企业大小、车间结构编制，民用建筑按照用途性质、建筑层高、结构类别编制。

概算指标的设定和初步设计的深度相适应。一般是在概算定额和预算定额的基础上编制的，比概算定额更加综合扩大。它是设计单位编制工程概算或建设单位编制年度任务计划、施工准备期间编制材料和机械设备供应计划的依据，可供国家编制年度建设计划参考。

⑤ 投资估算指标。投资估算指标是国家或其授权机关在项目建议书和可行性研究阶段根据现行的技术经济政策、典型工程设计、相应的概算定额、概算指标和竣工决算资料等，确定建设项目单位综合生产能力或使用效益所需费用标准的文件。它非常概略，与可行性研究阶段相适应，往往以独立的单项工程或完整的工程项目为计算对象，编制内容是所有项目费用之和。投资估算指标往往根据历史的预、决算资料和价格变动等资料编制，但其编制基础仍然离不开预算定额、概算定额。

（3）按照适用范围分类

工程建设定额分为全国通用定额、行业通用定额和专业专用定额三种。全国通用定额是指在部门之间和地区之间都可以使用的定额；行业通用定额是指具有专业特点在行业部门内可以通用的定额；专业专用定额是特殊专业的定额，只能在指定的范围内使用。

（4）按主编单位和管理权限分类

① 全国统一定额。由国家建设行政主管部门，综合全国工程建设中技术和施工组织管理的情况编制，并在全国范围内执行的定额。

② 行业统一定额。考虑到各行业部门专业工程技术特点，以及施工生产和管理水平编制的。一般是只在本行业和相同专业性质的范围内使用。

③ 地区统一定额。地区统一定额包括省、自治区、直辖市定额。地区统一定额主要是考虑地区性特点和全国统一定额水平作适当调整和补充编制的。

④ 企业定额。由施工企业考虑本企业具体情况，参照国家、部门或地区定额的水平制定的定额。企业定额只在企业内部使用，是企业素质的一个标志。企业定额水平一般应高于国家现行定额，才能满足生产技术发展、企业管理和市场竞争的需要。

⑤ 补充定额。随着设计、施工技术的发展，在现行定额不能满足需要的情况下，为了补充缺陷所编制的定额。补充定额只能在制定的范围内使用，可以作为以后修订定额的基础。

上述各种定额虽然适用于不同的情况和用途，但是它们是一个互相联系的、有机的整体，在实际工作中配合使用。

1.3.2 《浙江省通用安装工程预算定额》(2018版)

《浙江省通用安装工程预算定额》(2018版)(以下简称"2018版《浙江安装定额》")是在《通用安装工程消耗量定额》(TY 02-31—2015)、《通用安装工程工程量计算规范》(GB 50856—2013)(以下简称"2013版《通用安装工程计算规范》")、《浙江省安装工程预算定额》(2010版)的基础上,依据国家、省有关现行产品标准、设计规范、施工验收规范、技术操作规程、质量评定标准和安全操作规程,同时参考行业、地方标准,以及有代表性的工程设计、施工资料和其他相关资料,结合浙江省实际情况编制的。

1. 编制依据

① 《通用安装工程工程量计算规范》(GB 50586—2013)。

② 《通用安装工程消耗量定额》(TY 02-31—2015)。

③ 《建设工程劳动定额 安装工程》(LD/T 74.1~4—2008)。

④ 《浙江省安装工程预算定额》(2010版)。

⑤ 《浙江省建设工程施工机械台班费用定额》(2018版)。

⑥ 《浙江省建筑安装材料基期价格》(2018版)。

⑦ 现行建筑设计标准图集,国家及浙江省发布的现行设计规范、施工验收规范和质量评定标准,建设工程安全操作规程以及新材料、新工艺、新技术、新结构等先进技术资料。

2. 定额适用范围

① 定额适用于浙江省行政区域范围内新建、扩建、改建项目中的安装工程。

② 定额未包括的项目,可按浙江省其他相应工程计价定额计算,如仍缺项的,应编制地区性补充定额或一次性补充定额,并按规定履行申报手续。

3. 定额作用

① 定额是完成规定计量单位分部分项工程所需的人工、材料、施工机械台班的消耗量标准,反映了浙江省区域的社会平均消耗量水平。

② 定额是统一浙江省建筑工程预算定额工程量计算规则、项目划分、计量单位的依据。

③ 定额是编制施工图预算、招标控制价的依据;是确定合同价、结算价、调解工程价款争议、工程造价鉴定以及编制浙江省建设工程概算定额、估算指标与技术经济指标的基础;是企业投标报价或编制企业定额的参考依据。

④ 全部使用国有资金或国有资金投资为主的工程建设项目,编制招标控制价应执行本定额。

4. 定额内容

2018版《浙江安装定额》共分13册14307个子目,其中:

第一册   机械设备安装工程:共1339个子目。

第二册   热力设备安装工程:共864个子目。

第三册   静置设备与工艺金属结构制作安装工程:共1916个子目。

第四册   电气设备安装工程:共1805个子目。

第五册　建筑智能化工程：共843个子目。

第六册　自动化控制仪表工程：共874个子目。

第七册　通风空调工程：共504个子目。

第八册　工业管道工程：共2289个子目。

第九册　消防工程：共220个子目。

第十册　给排水、采暖、燃气工程：共1284个子目。

第十一册　通信设备及线路工程：共187个子目。

第十二册　刷油、防腐蚀、绝热工程：共1935个子目。

第十三册　通用项目和措施项目工程：共247个子目。

5. 定额人工、材料、机械的确定

（1）人工工日消耗量及单价的确定

① 定额的人工工日不分列工种和技术等级，一律以综合工日表示，内容包括基本用工、超运距用工、辅助用工和人工幅度差。

② 综合工日的单价按二类日工资单价135元计。

（2）材料消耗量及单价的确定

① 定额中的材料消耗量包括直接消耗在安装工作内容中的主要材料、辅助材料和零星材料等，并计入了相应损耗，其内容和范围包括：从工地仓库、现场集中堆放地点或现场加工地点到操作或安装地点的运输损耗、施工操作损耗、施工现场堆放损耗。

② 定额基价不包括主材价格，主材价格应根据括号内所列的用量，按实际价格结算。

③ 对用量很少，影响基价很小的零星材料合并为其他材料费，计入材料费内。

④ 施工措施性消耗部分，周转性材料按不同施工方法、不同材质分别列出一次使用量和一次摊销量。

⑤ 材料单价按《浙江省建筑安装材料基期价格》（2018版）编制。

⑥ 除另有说明外，施工用水、电（包括试验、空载、试车用水和用电）已全部进入基价，建设单位在施工中应装表计量，由施工单位自行支付水、电费。

（3）施工机械台班消耗量及单价的确定

① 定额的机械台班消耗量是按正常合理的机械配备和大多数施工企业的机械化装备程度综合取定的。

② 施工机械台班单价按《浙江省建设工程施工机械台班费用定额》（2018版）编制。

③ 定额的施工仪器仪表消耗量是按正常施工工效综合取定的。

6. 其他说明

① 关于水平和垂直运输的说明。

设备：包括自安装现场指定堆放地点运至安装地点的水平和垂直运输，取定水平运距为100 m，垂直运距为±10 m。

材料、成品、半成品：包括自施工单位现场仓库或指定堆放地点运至安装地

点的水平运距为300 m，垂直运距±10 m。

垂直运输基准面：室内以室内地平面为基准面，室外以安装现场地平面为基准面。

设备的"超高"：这里的超高是指所安装的设备，其底座的安装标高（不是指操作高度），定额规定为±10 m。

②定额是按下列正常的施工条件编制的。

a. 设备、材料、成品、半成品、构件完整无损，符合质量标准和设计要求，附有合格证书和试验记录。

b. 安装工程和土建工程之间的交叉作业正常。

c. 安装地点、建筑物、设备基础、预留孔洞等均符合安装要求。

d. 水、电供应均能满足安装施工正常使用。

e. 正常的气候、地理条件和施工环境。

③定额的工作内容扼要地说明了主要工序，次要工序虽未一一列出，定额均已考虑。

④定额各项技术措施费除定额另有说明外，按定额第十三册《通用项目和措施项目工程》（以下简称《第十三册定额》）的相关规定执行。

7. 定额组成

定额各分册的内容一般由总说明、册说明、定额章节和附录四部分组成。

（1）总说明

各分册的总说明内容都是一样的，它是对定额的综合说明。

（2）册说明

册说明是对本册定额共同性问题所作的综合性说明和规定，包括：本册定额的作用和适用范围；本册定额与相邻定额册的分界线；定额的编制依据；有关人工、材料和机械台班定额的说明；本册定额系数的使用方法。

（3）定额章节

定额章节是定额的主体部分，它由章说明和定额项目表组成。

每一定额册根据本册内容，分门别类地划分为若干个定额章，每一定额章按照本章产品特性划分为若干定额节，每一定额节又按照本节产品的不同规格分解为若干项目和子目，使全册定额由安装工程基本构成要素有机组列，并按章—节（项）—分项（类型）—子目（工程基本要素）等次序排列起来，以定额项目表的具体形式列出，以便检索应用。

章说明是对本章定额共同性问题所作的说明与规定，包括：本章适用范围及与相邻各章的分界线；编制定额所依据的标准图集及使用不同设计时的调整和补充方法；定额调整与换算的规定。

定额项目表是显示定额的基本表式，每一定额项目表均由工作内容、计量单位、项目、子目、定额编号、工料定额、附注及基价等部分组成（表1-2）。

（4）附录

附录是定额册的有机组成部分，其内容根据各册特点编列，一般包括主要材料损耗率表、零件价格组成表、各种材料重量表等。

表1-2 定额项目表

工作内容：开箱检查、测位、划线、打眼、固定吊钩、安装调速开关、接焊包头、开关接线、调试、接地。

计量单位：台

定 额 编 号				4-4-138	4-4-139
项　　　目				风扇安装	
				换气扇	吊扇带灯
基价/元				29.57	61.47
其中	人工费/元			28.35	56.30
	材料费/元			1.22	5.17
	机械费/元			—	—
名　　　称		单位	单价/元	消　耗　量	
人工	二类人工	工日	135.00	0.210	0.417
材料	风扇	台	—	(1.000)	(1.000)
	木螺钉 $d2-4\times6\sim65$	个	0.07	4.200	—
	金属膨胀螺栓 M8	套	0.31	—	3.060
	塑料胀管 $\phi6\sim8$	个	0.04	4.400	—
	风扇吊钩	个	3.45	—	1.020
	冲击钻头 $\phi6\sim8$	个	4.48	0.022	—
	冲击钻头 $\phi10$	个	4.14	—	0.021
	铜芯塑料绝缘线 BV2.5	m	1.29	0.488	0.410
	其他材料费	元	1.00	0.02	0.09

8. 定额的使用

（1）主材费计算

定额中的主要材料一般有三种表现形式。

① 定额未计价材料。未计价材料在定额中的含量用加括号方式表示，其价值未计入定额基价。定额中的主材大都为未计价材料。

计算未计价主材有多种方法，常用的方法是将定额含量（包括损耗量）化为定额计量单位价值，计算式如下：

未计价主材单位价值=带括号的定额含量×主材预算价格（市场信息价）

【例1-2】室内钢塑给水管（螺纹连接）DN25，套用2018版《浙江安装定额》10-1-184，每10 m钢塑给水管定额含量（9.91）m为未计价主材。设钢塑给水管信息价为24.10元/m，试求该钢塑给水管主材单位价值。

【解】按照上述所列公式，每10 m钢塑给水管DN25主材单位价值为

$$9.91\times24.10=238.83（元/10 m）$$

编制此项定额清单计价时按上式计算的主材单位价值可以直接与定额基价中材料费合并组成综合单价。

② 定额未列含量的主材。计算定额未编列含量的主材可按照设计图示用量，按

例 1-2 讲解
与学习

定额规定的施工损耗率计算出定额含量，然后再计算出主材的价值，计算公式如下：

$$定额未编列的主材定额含量=设计用量×(1+施工损耗率)$$

$$主材价值=定额未编列的主材定额含量×主材预算价格(市场信息价)$$

③ 定额已计价主材。定额含量不带括号的材料，其价值已计入定额基价内，编制定额清单计价时不应另行计算。

（2）常用施工技术措施项目

2018版《浙江安装定额》在全国统一安装工程预算定额的基础上将施工辅助工作，如脚手架搭拆费、建筑物超高增加费、操作高度增加费等工作根据浙江省实际作了一些调整："本定额各项技术措施费除定额另有说明外，按《第十三册定额》的相关规定执行。"

① 脚手架搭拆费。脚手架搭拆费是指施工需要的各种脚手架搭、拆、运输费用及脚手架的摊销（或租赁）费用。

定额中的机械设备安装工程（如起重设备安装、起重机轨道安装），热力设备安装工程，静置设备与工艺金属结构制作安装工程，电气设备安装工程（10 kV以下架空线路除外），建筑智能化工程，自动化控制仪表工程，通风空调工程，工业管道工程，消防工程，给排水、采暖、燃气工程，刷油、防腐蚀、绝热工程的脚手架搭拆费可按《第十三册定额》相应定额子目计算，以"工日"为计量单位。

单独承担的埋地管道工程，不计取脚手架搭拆费。

脚手架搭拆费执行以主册为主的原则。

② 建筑物超高增加费。建筑物超高增加费是指施工中施工高度超过6层或20 m的人工降效，以及材料垂直运输增加的费用。

层数：设计的层数（含地下室、半地下室的层数）。阁楼层、面积小于标准层30%的顶层或层高在2.2 m以下的地下室或技术设备层不计算层数。

高度：建筑物从地下室设计标高至建筑物檐口底的高度，不包括突出屋面的电梯机房、屋顶亭子间及屋顶水箱高度等。

定额中的电气设备安装工程，建筑智能化工程，自动化控制仪表安装工程，通风空调工程，消防工程，给排水、采暖、燃气工程的建筑物超高增加费可按《第十三册定额》相应定额子目计算，以"工日"为计量单位。

建筑物超高增加费执行以主册为主的原则。

③ 操作高度增加费。操作高度增加费是指操作物高度超过定额规定的高度时所发生的人工降效的费用。

定额中的机械设备安装工程，电气设备安装工程，建筑智能化工程，自动化控制仪表安装工程，通风空调工程，消防工程，给排水、采暖、燃气工程，刷油、防腐蚀、绝热工程的操作高度增加费可按《第十三册定额》相应定额子目计算，以"工日"或"元"为计量单位。

操作高度增加费执行以主册为主的原则。

【例1-3】某15层建筑电气安装工程，分部分项工程费为800000元，其中人工费为135000元、机械费为30000元。本题分部分项工程费的人材机单价均按2018版《浙江安装定额》取定的基价考虑。管理费费率21.72%，利润率10.40%，

风险不计，计算取整数。试计算该工程的施工技术措施项目费。

【解】2018 版《浙江安装定额》规定：综合工日的单价按二类日工资单价 135 元计。

① 计算工日数 = 135000÷135 = 1000（工日）

② 脚手架搭拆费套用定额编号 13-2-4，计量单位为 100 工日。

基价 515.70 元，其中人工费 135 元、机械费 0 元。

脚手架搭拆费 = [515.7+135×(21.72+10.4)%]×10 = 5591（元）

③ 建筑物超高增加费套用定额编号 13-2-16，计量单位为 100 工日。

基价 1178.55 元，其中人工费 607.5 元、机械费 571.05 元。

脚手架搭拆费 = [1178.55+(607.5+571.05)×(21.72+10.4)%]×10 = 15571（元）

④ 施工技术措施项目费 = 5591+15571 = 21162（元）

1.4 安装工程工程量清单计价

1.4.1 建设工程工程量清单计价规范

为统一建设工程计价规则和方法，完善工程造价市场形成机制，推动工程造价管理高质量发展，根据《中华人民共和国民法典》《中华人民共和国建筑法》《中华人民共和国招标投标法》《中华人民共和国价格法》等法律法规，制定《建设工程工程量清单计价规范》（GB 50500—2013）（以下简称《清单计价规范》）。

《清单计价规范》适用于建设工程发承包及实施阶段的计价活动。

工程量清单计价是一种主要由市场定价的计价模式，由建设产品的买方和卖方在建设市场上根据供求状况、信息状况进行自由竞价，从而最终签订工程合同价格的方法。可以说工程量清单计价是建设市场建立、发展、完善过程中的必然产物。在工程量清单计价过程中，工程量清单向建设市场的交易双方提供了一个平等的平台，是建设工程造价计价活动公正、公平、公开竞争的重要基础。

1.《清单计价规范》的规定

① 使用国有资金投资的建设工程发承包，必须采用工程量清单计价。

② 非国有资金投资的建设工程，宜采用工程量清单计价。

③ 不采用工程量清单计价的建设工程，应执行本规范除工程量清单等专门性规定外的其他规定。

④ 工程量清单应采用综合单价计价。

⑤ 措施项目中的安全文明施工费必须按国家或省级、行业建设主管部门的规定计算，不得作为竞争性费用。

⑥ 规费和税金必须按国家或省级、行业建设主管部门的规定计算，不得作为竞争性费用。

2. 工程量清单的概念

工程量清单是建设工程实行工程量清单计价的专用名词，表示拟建工程的分部分项工程、措施项目的名称及其相应数量和其他项目、规费项目和税金项目的明细清单。"招标工程量清单""已标价工程量清单"是在工程发承包的不同阶段对工程量清单的进一步具体化。

3.《清单计价规范》的主要内容

《清单计价规范》包括正文和附录两大部分,二者具有同等效力。

(1) 正文

正文包括总则、术语、一般规定、工程量清单编制、招标控制价、投标报价、合同价款约定、工程计量等内容,涵盖了建设工程发承包及实施阶段的计价活动,包括:招标工程量清单、招标控制价、投标报价的编制,工程合同价款的约定,竣工结算的办理以及施工过程中的工程计量、合同价款支付、施工索赔与现场签证、合同价款调整和合同价款争议的解决、工程计价资料和档案等活动。

(2) 附录

附录包括:附录 A　物价变化合同价款调整方法;附录 B　工程计价文件封面;附录 C　工程计价文件扉页;附录 D　工程计价总说明;附录 E　工程计价汇总表;附录 F　分部分项工程和措施项目计价表;附录 G　其他项目计价表;附录 H　规费、税金项目计价表;附录 J　工程计量申请(核准)表;附录 K　合同价款支付申请(核准)表;附录 L　主要材料、工程设备一览表。

1.4.2　通用安装工程工程量计算规范

1. 计算规范编制

为进一步适应建设市场计量、计价的需要,对《清单计价规范》附录 C 进行修订并增加新项目,同时为规范通用安装工程造价计量行为,统一通用安装工程定额工程量计算规则、工程量清单的编制方法,制定 2013 版《通用安装工程计算规范》,是"定额工程量计算规范"之三,代码 03。

适用于工业、民用、公共设施建设安装工程的计量和工程量清单编制。

通用安装工程计价必须按计算规范规定的定额工程量计算规则进行工程计量。

定额工程量计算是指建设工程项目以工程设计图纸、施工组织设计或施工方案及有关技术经济文件为依据,按照相关工程国家标准的计算规则、计量单位等规定,进行工程数量的计算活动,在工程建设中简称工程计量。

工程计量时每一项目汇总的有效位数应遵守下列规定:

① 以"t"为单位,应保留小数点后三位数字,第四位小数四舍五入。

② 以"m""m^2""m^3""kg"为单位,应保留小数点后两位数字,第三位小数四舍五入。

③ 以"台""个""件""套""根""组""系统"等为单位,应取整数。

2. 计算规范的主要内容

计算规范也包括正文和附录两大部分,二者具有同等效力。

(1) 正文

正文包括总则、术语、工程计量、工程量清单编制等内容。

① 工程量清单的项目编码,应采用十二位阿拉伯数字表示,一至九位应按附录的规定设置,十至十二位应根据拟建工程的工程量清单项目名称和项目特征设

置，同一招标工程的项目编码不得有重码。

② 各级编码代表的含义如下。

a. 第一级表示工程分类顺序码（分二位）：建筑工程为 01、装饰装修工程为 02、安装工程为 03、市政工程为 04、园林绿化工程为 05、矿山工程为 06。

b. 第二级表示专业工程顺序码（分二位）。

c. 第三级表示分部工程顺序码（分二位）。

d. 第四级表示分项工程项目顺序码（分三位）。

e. 第五级表示工程量清单项目顺序码（分三位）。

工程量清单项目编码结构如图 1-3 所示，电缆安装（编码：030408）见表 1-3。

```
03 — 04 — 08 — 001 — ×××
                         └──── 第五级为工程量清单项目顺序码
                  └───────── 第四级为分项工程项目顺序码
             └────────────── 第三级为分部工程顺序码
        └─────────────────── 第二级为专业工程顺序码
   └────────────────────── 第一级为工程分类顺序码
```

图 1-3　工程量清单项目编码结构

表 1-3　电缆安装（编码：030408）

项目编码	项目名称	项目特征	计量单位	计算规则	工程内容
030408001	电力电缆	① 名称 ② 型号 ③ 规格 ④ 材质 ⑤ 敷设方式 ⑥ 电压等级（kV） ⑦ 地形	m	按设计图示尺寸以长度计算（含预留长度及附加长度）	① 电缆敷设 ② 揭（盖）盖板
030408002	控制电缆				
030408003	电缆保护管	① 名称 ② 材质 ③ 规格 ④ 敷设方式		保护管敷设	
030408004	电缆槽盒	① 名称 ② 材质 ③ 规格 ④ 型号		按设计图示尺寸以长度计算	槽盒安装
030408005	铺砂、盖保护板（砖）	① 种类 ② 规格			① 铺砂 ② 盖板（砖）

（2）附录

附录 A　机械设备安装工程。

附录 B　热力设备安装工程。

附录 C　静置设备与工艺金属结构制作安装工程。

附录 D　电气设备安装工程。

附录 E　建筑智能化工程。

附录 F　自动化控制仪表安装工程。

附录 G　通风空调工程。

附录 H　工业管道工程。

附录 J　消防工程。

附录 K　给排水、采暖、燃气工程。

附录 L　通信设备及线路工程。

附录 M　刷油、防腐蚀、绝热工程。

附录 N　措施项目。

① 工程量清单应根据附录规定的项目编码、项目名称、项目特征、计量单位和定额工程量计算规则进行编制。

② 工程量清单的项目名称应按附录的项目名称结合拟建工程的实际确定。

③ 工程量清单项目特征应按附录中规定的项目特征，结合拟建工程项目的实际予以描述。

④ 分部分项工程量清单中所列工程量应按附录中规定的定额工程量计算规则计算。

⑤ 分部分项工程量清单的计量单位应按附录中规定的计量单位确定。

规范附录中有两个或者两个以上计量单位的，应结合拟建工程项目的实际情况，确定其中一个为计量单位，同一工程项目的计量单位应一致。

⑥ 补充项目的编码由本规范的代码03与B和三位阿拉伯数字组成，并应从03B001起顺序编制，同一招标工程的项目不得重码。

⑦ 补充的工程量清单需附有补充项目的名称、项目特征、计量单位、定额工程量计算规则、工程内容。不能计量的措施项目，需附有补充的项目名称、工作内容及包含范围。

1.4.3　安装工程工程量清单编制

1. 工程量清单内容

工程量清单由分部分项工程量清单、措施项目清单、其他项目清单、规费项目清单、税金项目清单组成。在工程量清单计价中起到基础性作用，是整个工程量清单计价活动的重要依据之一，贯穿于整个施工过程中。工程量清单应由具有编制能力的招标人或受其委托，具有相应资质的工程造价咨询人或招标代理机构，依据清单计价规范，国家或省级、行业建设主管部门颁发的计价依据和办法，建设工程设计文件，与建设工程项目有关的标准、规范、技术资料、招标文件及其补充通知，答疑纪要，施工现场情况，工程特点及常规施工方案及其他相关资料编制。

2. 安装工程工程量清单编制

计价规范规定工程计价表宜采用统一格式。各省、自治区、直辖市建设行政主管部门和行业建设主管部门可根据本地区、本行业的实际情况，在《清单计价规范》中规定的附录 B 至附录 L 计价表格的基础上补充完善。

工程计价表格的设置应满足工程计价的需要，方便使用。

计价规范规定的工程计价表格包括：附录 B 工程计价文件封面，附录 C 工程计价文件扉页，附录 D 工程计价总说明，附录 E 工程计价汇总表，附录 F 分部分项工程和措施项目计价表，附录 G 其他项目计价表，附录 H 规费、税金项目计价表，附录 J 工程计量申请（核准）表，附录 K 合同价款支付申请（核准）表，附录 L 主要材料、工程设备一览表。

3. 2018 版《浙江省计价规则》相关规定

2018 版《浙江省计价规则》第 10 章标准（示范）格式，为浙江省工程建设各阶段计价统一的标准格式，包括：第 10.1 节 工程前期（概算）计价表式，建设项目概算书按所列表式编制，编制工程估算时，其格式可参照概算编制有关表式，结合编制阶段工程资料的形成程度及计价依据的使用可作适当调整及补充；第 10.2 节 工程建设实施期计价表式，工程建设实施期计价表式包括工程发承包至工程竣工结算各阶段有关计价表式，工程实施相应阶段计价表式的使用详见其导则，工程造价鉴定除封面及扉页以外，其他有关计价表式根据鉴定工程的计价阶段参照使用本节有关表式；第 10.3 节 其他表式，适用于工程建设计价、全过程管理中的工程变更、签证、价款支付、索赔等计价活动。

4. 工程建设实施期计价表式导则

① 工程建设实施阶段计价活动应采用本规则有关附表统一格式，具体工程可根据计价需要在本规则表式的基础上予以补充完善。

② 工程计价表式的设置应满足工程计价的需要，方便使用。

③ 各表式应按规定的内容填写、签字、盖章。受委托编制的计价文件，应有造价工程师签字、盖章以及工程造价咨询人盖章。

④ 工程计价表式中，除有注明外，均为通用表式。

⑤ 招标人编制的工程量清单应在编制说明中明确以下事项。

a. 工程概况：建设规模、工程特征、计划工期、施工现场实际情况、自然地理条件、环境保护要求等。

b. 工程招标和专业工程发包范围。

c. 工程量清单编制依据。

d. 工程质量、材料、施工等特殊要求。

e. 其他需要说明的问题。

⑥ 各阶段编制的计价文件应在编制说明中明确以下事项。

a. 工程概况：建设规模、工程特征、计划工期、合同工期、实际工期、施工现场及变化情况、施工组织设计特点、自然地理条件、环境保护要求等。

b. 编制依据。

各阶段设计价文件表式选用表

c. 工程计价、计税方法。

d. 有关计价标准（费率、价格）的取定及计算方法。

e. 有关计价内容列项、计量需要说明的问题。

f. 其他需要说明的问题。

⑦ 投标人应按招标文件的要求，附工程量清单综合单价分析表。

⑧ 各阶段计价表式的使用详见二维码"各阶段计价文件表式选用表"。

5. 工程计价表式

详见二维码"计价表式"。

计价表式

思考与练习

一、单选题

1. 根据我国现行建筑安装工程费用项目构成的规定，下列费用中属于安全文明施工费的是（   ）。

A. 夜间施工时，临时可移动照明灯具的设置、拆除费用

B. 工人的安全防护用品的购置费用

C. 地下室施工时所采用的照明设施拆除费

D. 建筑物的临时保护设施费

2. 建筑安装工程造价构成中不包括（   ）。

A. 利润   B. 分部分项工程费

C. 设备购置费   D. 规费

3. 建设用地费属于（   ）。

A. 建筑安装工程费用   B. 企业管理费

C. 工程建设其他费用   D. 场地准备及临时设施费

4. 按照我国的现行规定，建设单位所需的临时设施搭建费属于（   ）。

A. 直接工程费   B. 措施费

C. 企业管理费   D. 工程建设其他费

5. 根据《清单计价规范》，下列费用项目中需纳入分部分项工程项目综合单价中的是（   ）。

A. 工程设备暂估价   B. 专业工程暂估价

C. 暂列金额   D. 计日工费

6. 规费是按国家法律、法规规定，由省级政府和省级有关权力部门规定施工单位必须缴纳，应计入建筑安装工程造价的费用，下列费用中（   ）不属于规费。

A. 养老保险   B. 劳动保险费

C. 失业保险   D. 医疗保险

7. 作为取费基数的机械费中不包括（   ）。

A. 折旧费   B. 维护费

C. 检修费   D. 大型机械设备安拆费

8. 在计算施工机械的台班单价时，不需要考虑（　　）。

A. 台班折旧费   B. 台班维护费

C. 原材料费   D. 台班人工费

9. 下列材料损耗，应计入预算定额材料损耗量的是（　　）。

A. 场外运输损耗   B. 工地仓储损耗

C. 一般性检验鉴定损耗   D. 施工加工损耗

10. 下列定额分类中按生产要素消耗内容分类的是（　　）。

A. 材料消耗定额、机械消耗定额、工器具消耗定额

B. 劳动消耗定额、机械消耗定额、材料消耗定额

C. 机械消耗定额、材料消耗定额、建筑工程定额

D. 资金消耗定额、劳动消耗定额、机械消耗定额

11. 建设项目是一个从抽象到实际的建设过程，工程造价从投资估算阶段的投资预计到竣工结算的实际投资，期间经历以下阶段：① 设计概算；② 中标价；③ 施工图预算；④ 结算价；⑤ 合同价。最终形成建设工程的实际造价，它们的形成顺序是（　　）。

A. ①→②→③→④→⑤   B. ②→③→①→④→⑤

C. ②→①→③→⑤→④   D. ①→③→②→⑤→④

12. 根据浙江省 2018 版建筑安装工程费用项目构成的规定，下列费用中属于安全文明施工费的是（　　）。

A. 临时宿舍的搭设、维修、拆除费用

B. 竣工验收前，对已完工程及设备采取的必要保护措施发生的费用

C. 施工需要的各种脚手架搭设、拆除费用

D. 夜间施工时所发生的照明设备摊销费用

13. 建筑安装工程费按工程造价形成由分部分项工程费、措施项目费、其他项目费、规费、增值税组成。下列费用中应计入暂列金额的是（　　）。

A. 对建设单位自行采购的材料进行保管所发生的费用

B. 现场施工用电、用水的开办费用

C. 施工过程中所搭设的生产和生活用的临时建筑物、构筑物和其他临时设施费用

D. 施工过程中可能发生的工程变更以及索赔、现场签证确认等费用

14. 某类建筑材料本身的价值或生产价格并不高，但所需的运输费却很高，该类建筑材料的价格信息体现了工程造价信息的（　　）特点。

A. 区域性   B. 专业性

C. 动态性   D. 季节性

15. 根据《清单计价规范》，下列关于工程量清单的说法，错误的是（　　）。

A. 招标工程量清单是招标文件的重要组成部分，招标人对编制的招标工程量清单的准确性和完整性负责，投标人依据招标工程量清单进行投标报价。

B. 某分部分项工程量清单项目编码为 010101003001，其中 003 为分项工程项

目名称顺序码。

C. 根据计量单位有效位数的规定，以"t"为单位，应保留两位小数，第三位小数四舍五入。

D. 根据计量单位有效位数的规定，以"kg"为单位，应保留两位小数，第三位小数四舍五入。

二、多选题

1. 根据现行建筑安装工程费用项目组成规定，下列费用项目中，属于建筑安装工程企业管理费的有（　　　）。

A. 仪器仪表使用费　　　　　　　　B. 工具用具使用费

C. 建筑安装工程一切险　　　　　　D. 地方教育附加费

E. 劳动保险费

2. 工程量清单计价中分部分项工程量清单计价表中有综合单价一项，该综合单价应包括完成一个规定计量单位工程所需的（　　　）。

A. 人工费　　　　　　　　　　　　B. 材料费

C. 机械使用费　　　　　　　　　　D. 间接费

E. 管理费

3. 工程造价计价依据必须满足的要求包括（　　　）。

A. 准确可靠，符合实际　　　　　　B. 定性描述清晰，便于正确利用

C. 社会平均合理水平高　　　　　　D. 可信度高，有权威性

E. 数据化表达，便于计算

4. 按费用性质划分，工程定额分为（　　　）。

A. 行业通用定额　　　　　　　　　B. 建筑工程定额

C. 设备安装工程定额　　　　　　　D. 建筑安装工程费用定额

E. 工程建设其他费用定额

5. 安拆费及场外运费根据施工机械不同分为计入台班单价、单独计算和不需计算三种类型。下列应计入台班单价的费用是（　　　）。

A. 安拆简单的轻型机械的安拆费及场外运费

B. 移动需要起重及运输的轻型机械的安拆费及场外运费

C. 重型机械的安拆费及场外运费

D. 辅助设施的折旧费

E. 固定在车间的施工机械

答案

电气设备安装工程计量与计价

[教学导航]

■ 学习情境

在对安装工程计价有初步了解的基础上，对电气设备安装工程展开专业工程计价的学习。

■ 学习目标

通过本情境的学习，使学习者对电气设备安装工程计价有深入地了解，掌握电气设备安装工程定额清单计价和国标清单计价方法。

■ 学习方法

在了解工程计价规则的基础上，熟悉电气设备安装工程定额清单计价和国标清单计价的理论知识，通过案例分析学习，加深对电气设备安装工程定额清单计价和国标清单计价方法的理解。

■ 素养目标

1. 培养学生尊重科学、实事求是，严谨、细致的工作作风。
2. 培养学生具有良好的口头和文字表达能力，并具备团队合作精神。

2.1　建筑电气设备安装工程基础知识

2.1.1　电气设备安装工程的组成

一般的电气设备安装工程是以接受电能，经变换、分配电能，到使用电能；或从接受电能经过分配到用电设备及其保护设备所形成的系统工程。通常称之为"强电"工程。

电力系统一般由发电厂、输电线路、变电所、配电线路及用电设备构成。通常将 35 kV 及以上电压的线路称为送电线路，10 kV 及以下电压的线路称为配电线路，380 V 电压用于民用建筑内部动力设备供电或工业生产设备供电，220 V 电压多用于向生活设备、小型生产设备及照明设备供电。习惯上，将 1 kV 以上电压称为高压，1 kV 以下电压称为低压，电压低于 36 V 为安全电压。

电气设备安装工程可以包括整个电力系统，也可以是其中的一部分。一般有变配电工程、动力工程、照明工程和防雷接地工程。

1. 变配电工程

变配电工程是用来变换和分配电能的电气装置的总称。其范围为电力网接入电源点到分配电能的输出点，同时还包括工程内的照明、防雷接地等设施。变配电工程由变电设备和配电设备两部分组成，包括变压器、高（低）压开关设备、电抗器、电容器、避雷器、控制保护设备、连接母线、绝缘子等。

2. 动力工程

动力工程是用电能作用于电动机来拖动各种设备和以电能为能源用于生产的电气装置。其范围是电源引入→控制设备→配电线路（包括二次线路）→电动机或用电设备以及接地、调试等。由各种控制设备（如动力开关柜、箱、屏及电控开关等）、保护设备、测量仪表、母线架设、配管、配线、接地装置等组成。动力用电通常采用三相四线制，即三根相线一根零线，相线之间电压为 380 V。

3. 照明工程

照明工程是通过电光源将电能转换为光能的电气装置。其范围是电源引入→控制设备→配电线路→照明灯（器）具，照明为单相用电，相线与零线之间的电压为 220 V。

民用多层、高层公共建筑照明、动力、消防及其他防灾用电负荷为三相低压配电系统供电，而按保护接地形式的不同，低压配电系统常用有 TN-C、TN-S、TN-C-S 系统。其干线根据负荷大小、重要程度采用封闭母线和电缆引至各自对应配电箱，再通过分区树干式布线至各负荷用电。

以上工程用电，通常根据供电可靠性及中断供电所造成的损失或影响程度，分为一级供电负荷、二级供电负荷和三级供电负荷。对特别重要负荷应增设应急电源，如独立于正常电源的柴油发电机组、带自动投入装置的独立于正常电源的专用馈电线路、不间断供电装置（UPS）、应急电源装置（EPS）等。

4. 防雷接地工程

建筑物防雷装置一般由接闪器、引下线、接地装置、电浪涌保护器 SPD 及其他连接导体（其他连接导体是指规范要求的防雷电感应措施的连、跨接）等组成。其作用原理是：将雷电引向自身并安全导入地内，从而使被保护的建筑物免遭雷击。

接闪器包括避雷针、避雷带和避雷网。引下线利用建筑钢筋混凝土中钢筋引下或专设镀锌圆钢、扁钢明敷作为引下线，也可利用建筑物的金属构件如金属爬梯作为引下线等。接地装置是接地体和接地母线（或利用混凝土基础钢筋连成的接地网）的总称。

（1）接闪器

接闪器是专门用来接受雷击的金属导体。其形式可分为避雷针、避雷带（网）、避雷线及兼作接闪的金属屋面和金属构件（如金属烟囱、风管）等。所用接闪器都必须经过接地引下线与接地装置相连接。

① 避雷针。避雷针是在建筑物突出部位或独立装设的针形导体，可吸引改变雷电的放电电路，通过引下线和接地体将雷电流导入大地。

② 避雷带和避雷网。避雷带是利用小型截面圆钢或扁钢装于建筑物易遭雷击的部位，如屋脊、屋檐、屋角、女儿墙和山墙等条形长带。避雷网相当于纵横交错的避雷带叠加在一起形成多个网孔，它既是接闪器，又是防感应雷的装置，因此是接近全部保护的方法，一般用于重要的建筑物。

③ 避雷器。避雷器是用来防护雷电产生的过电压波沿线路侵入变电所或其他建筑物内，以免危及被保护设备绝缘的电气元件。正常时，避雷器的间隙保持绝缘状态，不影响系统的运行；当因雷击有高压波沿线路袭来时，避雷器间隙被击穿，强大的雷电流导入大地；当雷电流通过以后，避雷器间隙又恢复绝缘状态，供电系统正常运行。

（2）引下线

引下线是指连接接闪器和接地装置的金属导体。一般采用圆钢或扁钢，优先采用圆钢。

① 引下线的选择和设置。引下线应沿建筑物外墙明敷，并经最短路径接地；建筑物要求较高者可明敷，但其圆钢直径不应小于 10 mm，扁钢截面积不应小于 80 mm^2。建筑物的金属构件（如消防梯等）、金属烟囱、烟囱的金属爬梯、混凝土柱内钢筋、钢柱等都可以作为引下线，但其所有部件之间均应连成电气通路。

② 断接卡子。设置断接卡子的目的是便于运行、维护和检测接地电阻。采用多根专设引下线时，为了便于测量接地电阻以及检查引下线、接地线的连接状况，宜在各引下线上与距地面 0.3~1.8 m 设置断接卡子。断接卡子应有保护措施。

（3）接地装置

接地装置是指接地体（又称为接地扱）和接地线的总合。它的作用是将引下线引下的雷电流迅速流散到大地土壤中去。

① 接地线。接地线是指从引下线断接卡子或换线处至接地体的连接导体，也

是接地体与接地体之间的连接导体。

② 接地体。接地体是指埋入土壤中或混凝土基础中作散流用的金属导体，可分为自然接地和人工接地。

在高层建筑中，利用柱子和基础内的钢筋作为引下线和接地体，这种引下线和接地体具有经济、美观和有利于雷电流流散以及不必维护和寿命长等优点。将设在建筑物钢筋混凝土桩基和基础内的钢筋作为接地体，这种接地体通常称为基础接地体。利用基础接地体的接地方式称为基础接地。基础接地体可分为以下两类。

a. 自然基础接地体。利用钢筋混凝土中的钢筋或混凝土基础中的金属结构作为接地体，这种接地体称为自然基础接地体。

b. 人工基础接地体。把人工接地体敷设在没有钢筋的混凝土基础内，这种接地体称为人工基础接地体。有时候，在混凝土基础内虽有钢筋，但由于不能满足利用钢筋作为自然基础接地体要求（如由于钢筋直径太小或钢筋总截面积太小），也会在这种钢筋混凝土基础内加设人工接地体的情况，这时所加入的人工接地体也称为人工基础接地体。

2.1.2　常用电气材料和设备

1. 材料

常用电气材料包括：电缆、电线、母线、管材、型钢、桥架、立柱、托臂、线槽、灯具、开关、插座、按钮、电扇、铁壳开关、电笛、电铃、电表；刀型开关、保险器、杆上避雷针、绝缘子、金具、电线杆、铁塔、锚固件、支架等金属构件；照明配电箱、电度表箱、插座箱、户内端子箱的壳体；防雷及接地导线；一般建筑、装饰照明装置和灯具，景观亮化装饰灯。

2. 设备

常用电气设备包括：发电机、电动机、变频调速装置；变压器、互感器、调压器、移相器、电抗器、高压断路器、高压熔断器、稳压器、电源调整器、高压隔离开关、油开关；装置式（万能式）空气开关、电容器、接触器、继电器、蓄电池、主令（鼓型）控制器、磁力启动器、电磁铁、电阻器、变阻器、快速自动开关、交直流报警器、避雷器；成套供应高低压、直流、开关柜、动力控制柜、屏、箱、盘及随设备带来的母线、支持瓷瓶；太阳能光伏装置、封闭母线、35 kV及以上输电线路工程电缆；舞台灯光、专业灯具等特殊照明装置。

2.1.3　建筑电气设备安装工程施工图

1. 建筑电气设备安装工程施工图组成

建筑电气施工图分为电气照明施工图（图2-1）、动力配电施工图和变配电系统施工图（图2-2）等，一般由基本图和电气详图两部分组成。其中，基本图包括图纸目录、设计说明、材料表、图例、平面图、系统图等。电气详图多为某些安装部件的大样图。有的电气工程详图就是国家、地区标准图集中的内容，因此不会重复绘制，而是说明引用的国家、地区标准图集编号。

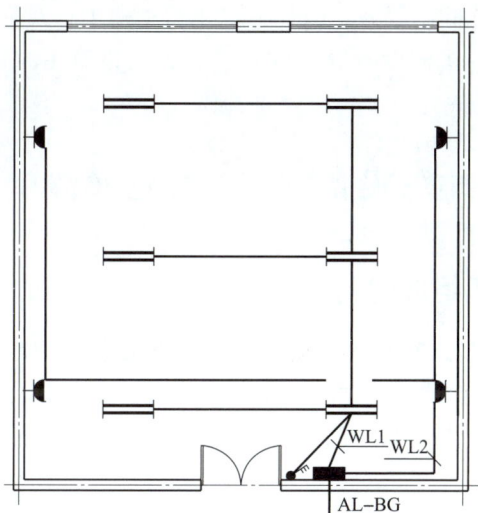

图 2-1　某建筑局部房间照明平面布置图

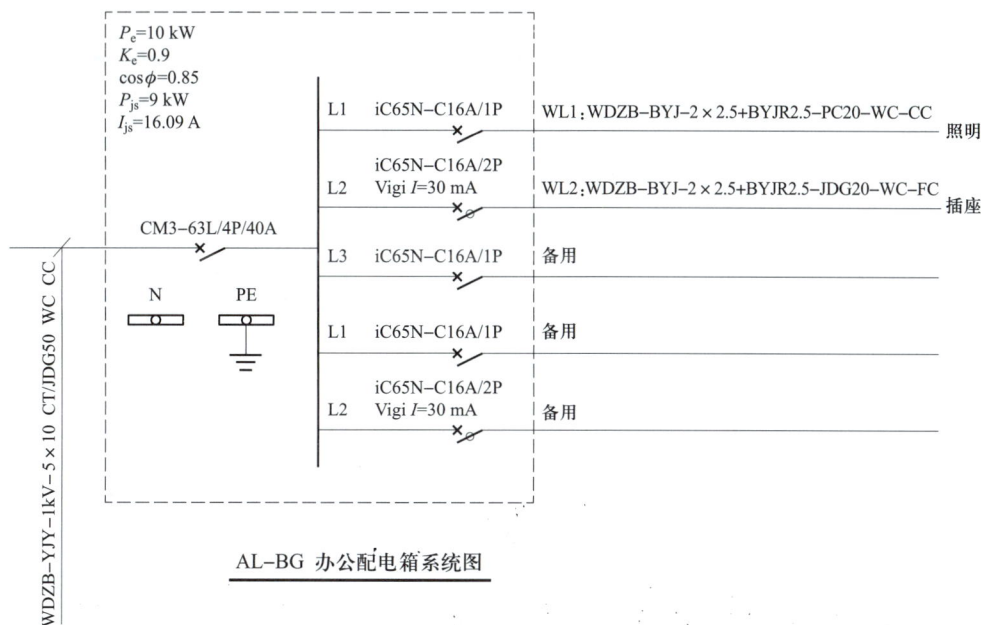

图 2-2　某建筑局部房间照明系统图

2. 建筑电气设备安装工程施工图识读方法

识读建筑电气施工图，应熟悉电气安装工程基本知识，如表达形式、通用画法、图形符号、文字符号等，同时掌握一定的识读方法，才能迅速全面地读懂图纸，以完全实现识图的意图和目的。

编制工程计价文件，看图应有所侧重，要仔细地弄清楚每种电气设备及管线的名称、型号、规格、敷设方式等，以便能够正确进行工程量计算和套用定额。识图时，一般可按进户线→总配电箱→干线→分配电箱→支线→用电设备这条脉络来识读。把电气照明平面图和电气系统图及施工图说明放在一起识读，把整体图和局部图一起识读。一般来说是通过电气平面图找安装、敷设位置，通过电气系统图找设备、线路之间的联系。电气施工要与土建工程及其他工程（工业管道、给排水、采暖、通风、机械设备等）配合进行，所以看图时还必须查看有关土建工程图和其他工程图。

2.2 电气设备安装工程定额清单计价

2.2.1 定额的组成内容

2018 版《浙江安装定额》第四册《电气设备安装工程》（以下简称《第四册定额》）适用于新建、扩建、改建项目中 10 kV 以下变配电设备及线路安装、车间动力电气设备及电气照明器具、防雷及接地装置安装、配管配线、电气调整试验等安装工程。

《第四册定额》由 14 个定额章和一个附录组成。各定额章、附录的名称和排列顺序，以及各定额章所涵盖的子目编号如表 2-1 所示。

表 2-1 电气设备安装工程预算定额组成内容

定额章	名　称	子 目 编 号	定额章	名　称	子 目 编 号
一	变压器安装工程	4-1-1～4-1-32	九	防雷与接地装置安装工程	4-9-1～4-9-70
二	配电装置安装工程	4-2-1～4-2-90	十	10 kV 以下架空线路输电工程	4-10-1～4-10-72
三	绝缘子、母线安装工程	4-3-1～4-3-134	十一	配管工程	4-11-1～4-11-218
四	控制设备及低压电器安装工程	4-4-1～4-4-144	十二	配线工程	4-12-1～4-12-300
五	蓄电池安装工程	4-5-1～4-5-74	十三	照明器具安装工程	4-13-1～4-13-360
六	发动机、发电机检查接线工程	4-6-1～4-6-60	十四	电气设备调试工程	4-14-1～4-14-138
七	滑触线安装工程	4-7-1～4-7-43	附录	主要材料损耗率表	
八	电缆敷设工程	4-8-1～4-8-210			

《第四册定额》编制的主要依据：

①《建筑照明设计标准》（GB 50034—2013）。

②《电气装置安装工程 高压电器施工及验收规范》（GB 50147—2010）。

③《电气装置安装工程 电力变压器、油浸电抗器、互感器施工及验收规范》（GB 50148—2010）。

④《电气装置安装工程 母线装置施工及验收规范》（GB 50149—2010）。

⑤《电气装置安装工程 电气设备交接试验标准》（GB 50150—2016）。

⑥《电气装置安装工程 电缆线路施工及验收规范》（GB 50168—2006）。

⑦《电气装置安装工程 接地装置施工及验收规范》（GB 50169—2016）。

⑧《电气装置安装工程 旋转电机施工及验收规范》（GB 50170—2006）。

⑨《电气装置安装工程　盘、柜及二次回路接线施工及验收规范》（GB 50171—2012）。

⑩《电气装置安装工程　蓄电池施工及验收规范》（GB 50172—2012）。

⑪《电气装置安装工程　66 kV 及以下架空电力线路施工及验收规范》（GB 50173—2012）。

⑫《电气装置安装工程　低压电器施工及验收规范》（GB 50254—2014）。

⑬《电气装置安装工程　电力变流设备施工及验收规范》（GB 50255—2014）。

⑭《电气装置安装工程　爆炸和火灾危险环境电气装置施工及验收规范》（GB 50257—2014）。

⑮《建筑电气工程施工质量验收规范》（GB 50303—2015）。

⑯《建筑物防雷工程施工与质量验收规范》（GB 50601—2010）。

⑰《通用安装工程工程量计算规范》（GB 50856—2013）。

⑱《民用建筑电气设计规范》（JGJ 16—2008）。

⑲《全国统一安装工程基础定额》（GJD 201—2006～GJD 209—2006）。

⑳《通用安装工程消耗量定额》（TY 02-31—2015）。

㉑《建设工程劳动定额　安装工程》（LD/T 74.1～4—2008）。

㉒《浙江省安装工程预算定额》（2010 版）。

㉓《浙江省建设工程施工机械台班费用定额》（2018 版）。

㉔《浙江省建筑安装材料基期价格》（2018 版）。

㉕相关标准图集和技术手册。

2.2.2　定额的其他规定

①《第四册定额》除各章另有说明外，均包括施工准备、设备与器材及工器具的场内运输、开箱检查、安装、设备单体调整试验、结尾清理、配合质量检验、不同工种之间交叉配合、临时移动水源与电源等工作内容。

②《第四册定额》不包括下列内容。

a. 电压等级大于 10 kV 的配电、输电、用电设备及装置安装。

b. 电气设备及装置配合机械设备进行单体试运和联合试运工作内容。

③《第四册定额》与市政定额的界限划分。

a. 厂区、住宅小区的道路路灯安装工程、庭院艺术喷泉等电气设备安装工程执行 2018 版《浙江安装定额》的相应项目。

b. 涉及市政道路、市政庭院等电气安装工程的项目，执行《浙江省市政工程预算定额》（2018 版）（以下简称《浙江市政定额》）的相应项目。

2.2.3　定额的套用及定额工程量计算

在编制电气安装工程施工图预算时，为了不使工程项目套错定额和工程量漏算，应对整个电气工程按功能分为若干系统，分系统套用定额及计算工程量。

（一）电气照明系统

电气照明工程计价编制，主要应用《第四册定额》第四章"控制设备及低压电器安装工程"、第十一章"配管工程"、第十二章"配线工程"、第十三章"照明器具安装工程"等章的有关项目。

1. 照明控制设备

（1）成套配电箱安装

① 定额项目划分。成套配电箱安装是指成套定型配电箱或箱内元器件、配线已组装好的配电箱，定额不分型号，只按安装方式和箱体半周长（箱的高+宽）划分子目。成套配电箱落地式安装时，套用定额 4-4-13；悬挂式安装时，按箱体半周长的不同，分别套用定额 4-4-14~4-4-18。

② 定额工程量计算。成套配电箱安装，根据箱体半周长，按照设计安装数量计算工程量，以"台"为计量单位。

③ 定额使用说明。

a. 嵌入式成套配电箱执行相应悬挂式安装定额，基价乘以系数 1.2；插座箱的安装执行相应的"成套配电箱"安装定额基价乘以系数 0.5。

b. 配电柜、箱安装定额未包括支架和基础槽钢、角钢的制作与安装，若发生应按相应定额另行计算。

常见槽钢规格型号详见二维码"常见槽钢规格型号表"。

【例 2-1】某建筑有配电箱高×宽＝300 mm×600 mm，除税信息价 800 元/台，按定额清单计价法计算"嵌入式配电箱安装"的综合单价。管理费和利润的费率按定额中值计取，管理费费率 21.72%，利润率 10.40%，风险费不考虑，计算结果保留两位小数。

【解】查定额：嵌入式配电箱安装应套用定额编码 4-4-15H，计量单位为台，基价需乘以系数 1.2。

① 计算工程量。

工程量＝1

② 计算综合单价各组成费用。

人工费：126.77×1.2＝152.12（元）

材料费：

其中，计价材料费：21.55×1.2＝25.86（元）

　　　未计价主要材料费：800×1＝800（元）

材料费合计：25.86+800＝825.86（元）

机械费：0 元

管理费：（152.12+0）×21.72%＝33.04（元）

利润：（152.12+0）×10.4%＝15.82（元）

综合单价＝152.12+825.86+0+33.04+15.82＝1026.84（元）

将计算结果填入综合单价计算表，见表 2-2。

表 2-2　综合单价计算表

定额编码	定额项目名称	计量单位	数量	综合单价/元						合计/元
				人工费	材料费	机械费	管理费	利润	小计	
4-4-15H	嵌入式配电箱安装	台	1	152.12	825.86	0	33.04	15.82	1026.84	1026.84

常见槽钢规格型号表

例 2-1 讲解与学习

（2）金属构件制作与安装

① 定额项目划分。金属构件制作与安装定额分为基础槽钢、角钢制作与安装和金属箱、盒制作定额，定额编号 4-4-68～4-4-71。

② 定额工程量计算。

a. 基础槽钢、角钢制作与安装，根据设备布置，按照设计图示数量分别以"kg"及"m"为计量单位。

b. 金属箱、盒制作按照设计图示安装成品质量计算工程量，以"kg"为计量单位。计算质量时，计算制作螺栓及连接件质量，不计算制作损耗量、焊条质量。

（3）小电器安装

① 定额项目划分。

a. 电铃安装，套用定额 4-4-130。

b. 门铃安装，根据安装方式分为明装和暗装，套用定额 4-4-132、4-4-133。

c. 风扇安装，定额分为吊风扇、壁扇、换气扇和吊扇带灯四个子目，套用定额 4-4-136～4-4-139。

d. 浴霸安装，定额按光源个数分为≤3 灯、≤6 灯两个子目，套用定额 4-4-140、4-4-141。

② 定额工程量计算。小电器安装根据类型与规模，按照设计图示安装数量计算工程量，以"台"或"个"或"套"为计量单位。

③ 定额使用说明。吊扇预留吊钩安装执行本章"吊风扇安装"定额，人工乘以系数 0.2。

2. 配管工程

配管工程包括套接紧定式镀锌钢导管（JDG）敷设、镀锌钢管敷设、焊接钢管敷设、防爆钢管敷设、可挠金属套管敷设、塑料管敷设、金属软管敷设、金属线槽敷设、塑料线槽敷设，以及接线箱和接线盒安装、沟槽恢复等内容。

（1）配管

① 定额项目划分。配管工程是指电气设备安装工程中配电线路保护管的敷设。定额项目按以下因素划分：管子材质、建筑物结构、安装方式、管子口径。使用时按上述因素套用相应定额项目 4-11-1～4-11-195。

② 定额工程量计算。配管敷设根据配管材质与直径，区别敷设位置敷设方式，按照设计图示安装数量以"m"为计量单位。计算长度时，不扣除管路中间的接线箱、接线盒、灯头盒、开关盒、插座盒、管件等所占长度。

配管工程量计算可以从配电箱开始，按其进线和出线的各个回路进行计算；或按建筑物自然层划分计算；或按建筑平面形状特点及电气系统图的组成特点分区划块计算，然后逐级合并汇总。

水平方向敷设的线管应以施工平面图的管线走向、敷设部位和设备安装位置的中心点为依据，并借用平面图上所标墙、柱轴线尺寸进行线管长度的计算，若没有轴线尺寸可利用，则应运用比例尺或直尺直接在平面图上量取线管长度，如图 2-3 所示。

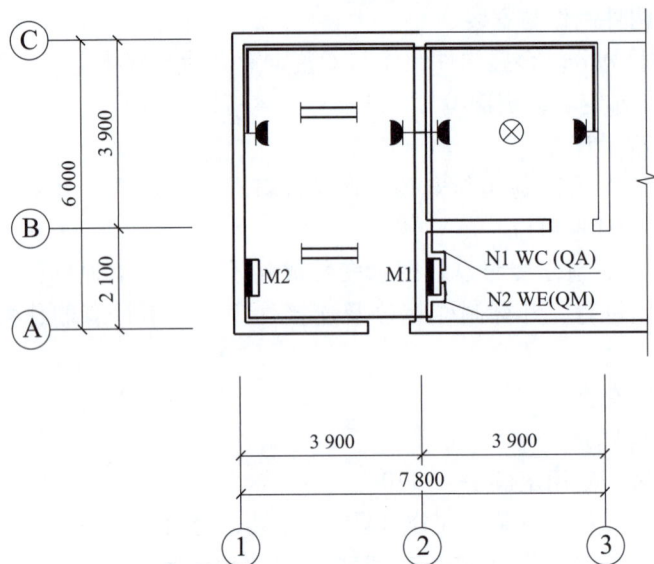

图 2-3   线管水平长度计算示意图

当线管沿墙暗敷设时,可按相关墙轴线尺寸计算其配管长度。如图 2-3 中 N1 回路沿 C 轴的水平长度,就等于①轴至③轴的轴间距离 7.8 m;而沿①轴的水平长度由于没有轴线尺寸可利用,此时应用比例尺或直尺直接在图上量取,测量时需注意,应从①、C 轴的交叉点起,沿①轴量至插座图形符号中心位置的墙上对应点。

当线管沿墙明敷设时,应按相关墙面净空长度计算其配管长度。如配电箱 M1 至 M2 之间的明配管 N2 回路,它在 A 轴墙面的水平长度应从②轴的右墙面计算到①轴的右墙面,即等于①、②轴轴距 3.9 m。垂直方向敷设的线管(沿墙、柱引上或引下),其配管长度一般应根据楼层高度和箱、柜、盘、板、开关、插座等的安装高度进行计算,如图 2-4 所示。

垂直方向敷设的配管长度=楼层高度-电气设备距楼地面安装高度-设备自身高度

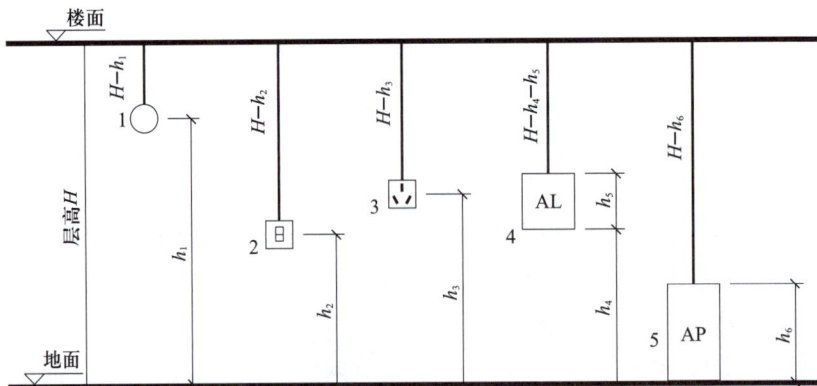

图 2-4   线管垂直长度计算示意图

1-拉线开关;2-板式开关;3-插座;4-墙上配电箱;5-落地配电柜

当配管埋地敷设时，水平方向的配管仍按墙、柱轴线尺寸及设备定位尺寸进行计算，穿出地面至地面设备或至墙上电气设备的配管，应按配电线管的埋设深度和由地面引上至设备的高度进行计算。一般配管在楼地面埋深按 0.1 m 考虑；设备落地式安装，其基础高度按 0.2 m 考虑。

图 2-5 为配管埋地敷设示意图。

设图 2-5 中配电箱安装高度底边距地 1.5 m，插座距地 0.3 m；配电箱至插座配管为沿墙、地面暗敷设，设埋地深度 0.1 m；则整个配管长度计算如下。

图 2-5　埋地敷设配管长度计算平面示意图

1.5 m（箱底垂直至地面）+0.1 m（垂直入地深）+L_1（配电箱与中间墙左插座水平距离，可用比例尺在图上量出）+0.1 m（垂直出地面）+0.3 m（垂直入插座）+0.4 m（垂直出插座入地）+L_2（中间墙两插座水平距离，可用比例尺在图上量出）+0.4 m（垂直出地入插座）+0.4 m（垂直出插座入地）+L_3（至右墙插座水平距离，可用比例尺在图上量出）+0.4 m（垂直出地面入插座）。

配管工程计价需要注意的问题：配管工程中均未包括接线箱、盒、支架制作、安装（钢结构配管支架安装除外），未包括钢索架设及拉紧装置的制作、安装，未包括灯头盒、开关盒的安装，应另套铁构件制作定额和接线盒定额。

配管工程中的接地是指金属类管子以及管路中的各种铁箱、盒等按规范要求连接成一个电气通路并与接地装置相连接，但不包括接地装置部分。

【例 2-2】某电气安装工程焊接钢管 SC20 在砖、混凝土结构中暗敷，按施工图已计算出配管长度为 680 m。已知焊接钢管 SC20 单位长度质量为 1.63 kg/m，除税信息价为 5290 元/t。按定额清单计价法计算该项目的分部分项工程费。管理费和利润的费率按定额中值计取，管理费费率 21.72%，利润率 10.40%，风险费不考虑，计算结果保留两位小数。

【解】查定额：焊接钢管 SC20 在砖、混凝土结构中暗敷应套用定额编码 4-11-78，计量单位为 100 m。

① 计算工程量。

工程量 = 680÷100 = 6.8

② 计算综合单价各组成费用。

人工费：506.93 元

材料费：

其中，计价材料费：57.46 元

　　　　未计价主要材料费：5.29×1.63×103 = 888.14（元）

材料费合计：57.46+888.14 = 945.60（元）

机械费：23.34 元

管理费：（506.93+23.34）×21.72% = 115.17（元）

利润：（506.93+23.34）×10.4% = 55.15（元）

综合单价 = 506.93+945.60+23.34+115.17+55.15 = 1646.19（元）

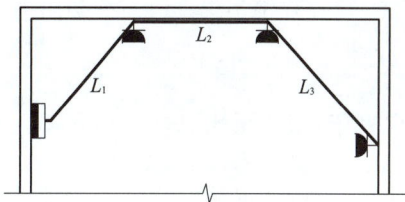

微课

例 2-2 讲解与学习

分部分项工程费 = 1646.19×6.8 = 11194.09（元）

将计算结果填入综合单价计算表，见表2-3。

表2-3   综合单价计算表

定额编码	定额项目名称	计量单位	数量	综合单价/元						合计/元
				人工费	材料费	机械费	管理费	利润	小计	
4-11-78	砖、混凝土结构暗配焊接钢管 SC20	100 m	6.80	506.93	945.60	23.34	115.17	55.15	1646.19	11194.09

③ 定额使用说明

a. 配管定额不包括支架的制作与安装。支架的制作与安装执行《第十三册定额》相应定额。

b. 镀锌电线管安装执行镀锌钢管安装定额。

c. 扣压式薄壁钢导管（KBG）执行套接紧定式镀锌钢导管（JDG）定额。

d. 可挠金属套管定额是指普利卡金属管（PULLKA），主要应用于砖、混凝土结构暗配及吊顶内的敷设，可挠金属套管规格详见二维码"可挠金属套管规格表"。

e. 金属软管敷设定额适用于顶板内接线盒至吊顶上安装的灯具之间的保护管，电动机与配管之间的金属软管已经包含在电动机检查接线定额内。

f. 凡在吊平顶安装前采用支架、管卡、螺栓固定管子方式的配管执行"砖、混凝土结构明配"相应定额；其他方式（如在上层楼板内预埋，吊平顶内用铁丝绑扎，电焊固定管子等）的配管执行"砖、混凝土结构暗配"相应定额。

g. 配管刷油漆、防火漆或涂防火涂料、管外壁防腐保护执行2018版《浙江安装定额》第十二册《刷油、防腐蚀、绝热工程》（以下简称《第十二册定额》）相应定额。

（2）金属、塑料线槽敷设

采用塑料、薄形钢板制成各种形状、规格的槽形板，并配以活动盖板的配线器材，称为线槽。将线槽逐段连接成实际需要的长度，并固定在车间墙壁上或支架上，然后在线槽内配线，称为线槽配线。

① 定额项目划分。线槽敷设根据材质分为金属线槽和塑料线槽，又根据线槽的不同规格进行子目划分，使用时套用定额4-11-196~4-11-202。

② 定额工程量计算。线槽敷设根据线槽材质与规格，按照设计图示安装数量计量工程量，以"m"为计量单位。计算长度时，不扣除管路中间的接线箱、接线盒、灯头盒、开关盒、插座盒管件等所占长度。

③ 定额有关说明。定额未包括线槽、绝缘导线的价值。线槽固定支架及吊杆另计。

（3）接线箱、接线盒安装

① 定额项目划分。接线箱定额按明装、暗装及接线箱的不同规格（半周长）划分项目，使用时套用定额4-11-203~4-11-210；接线盒按开关盒、插座盒、普通接线盒、防爆接线盒、钢索上接线盒及明装、暗装划分子目，使用时套用定额

4-11-211~4-11-216。

线路接线盒（分线盒）产生在管线的分支处或管线的转弯处。暗装的开关、插座应有开关接线盒和插座接线盒，暗配管线到灯位处应有灯头接线盒。钢管配钢质接线盒，塑料管配塑料接线盒。电气接线盒安装平面示意图如图2-6所示。

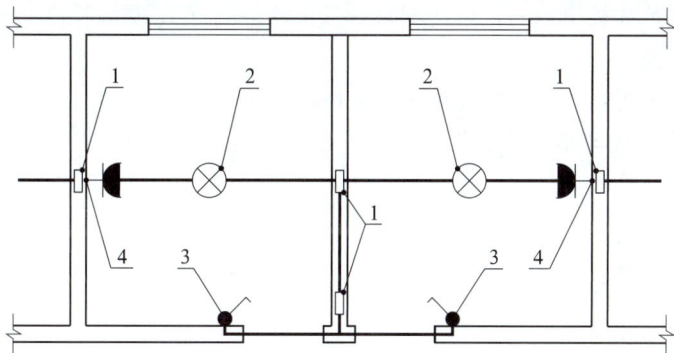

图2-6　电气接线盒安装平面示意图
1—线路接线盒；2—灯头接线盒；3—开关接线盒；4—插座接线盒

线路长度超过下列范围时，应按规范要求装增设分线箱和接线盒：管子全长超过40m，无弯曲；管子全长超过30m，有1个弯曲；管子全长超过20m，有2个弯曲；管子全长超过10m，有3个弯曲。

② 定额工程量计算。接线箱、接线盒安装根据规格和安装方式，按照设计图示安装数量计算工程量，以"个"为计量单位。

（4）沟槽恢复

① 定额项目划分。沟槽恢复定额根据配管数量进行划分子目，使用时套用定额4-11-217、4-11-218。

② 定额工程量计算。沟槽恢复按照设计图示安装数量计算工程量，以"m"为计量单位。

③ 定额有关说明。沟槽恢复定额仅适用于二次精装修工程。

3. 配线工程

配线工程包括管内穿线、绝缘子配线、线槽配线、塑料护套线明敷设、车间配线，以及盘、柜、箱、板配线内容。

电气照明工程中常用的配线方式有管内穿线和线槽配线。

（1）管内穿线

① 定额项目划分。管内穿线定额分为穿照明线、穿动力线、穿多芯线、管内穿铁丝。穿照明线套用定额4-12-1~4-12-7；穿动力线套用定额4-12-8~4-12-37，穿多芯线套用定额4-12-38~4-12-56，管内穿铁丝套用定额4-12-57。

② 定额工程量计算。

a. 管内穿线根据导线材质与截面面积，区别照明线与动力线，按照设计图示安装数量计算工程量，以"m"为计量单位；管内穿多芯软导线根据软导线芯数与单芯软导线截面面积，按照设计图示安装数量以"m"为计量单位。管内穿线的线路分支接头线长度已综合考虑在定额中，不得另行计算。

b. 灯具、开关、插座、按钮等预留线，已分别综合在定额内，不再另行计算以上预留线工程量。

c. 管内穿线工程量的计算可利用配管工程量进行，计算式如下：

管内穿线单线长度（m）=（配管长度+规定的导线预留长度）×管内所穿同型号规格导线根数

管内穿线工程量=管内穿线单线长度(m)÷100

图2-7为导线与柜、箱、设备等相连预留长度示意图。

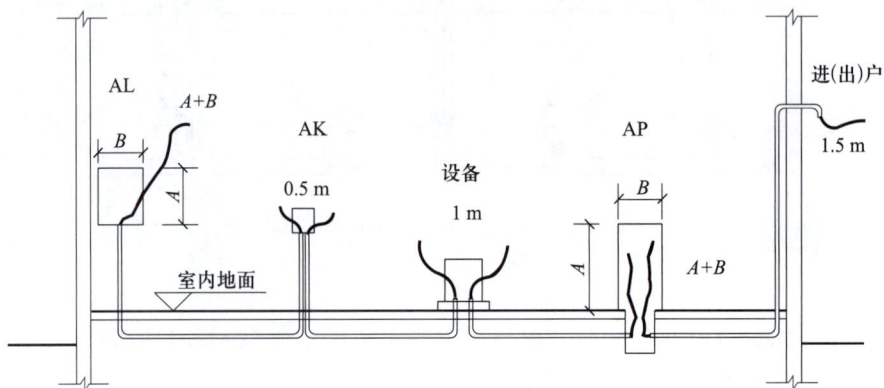

图2-7   导线与柜、箱、设备等相连预留长度示意图

盘、柜、箱、板配线根据导线截面面积，按照设计图示配线数量计算工程量，以"m"为计量单位。配线进入盘、柜、箱、板时，每根线的预留长度按照设计规定计算，设计无规定时按照表2-4规定计算。

表2-4   配线进入盘、柜、箱、板的预留线长度

序号	项　　目	预留长度/m	说　　明
1	各种箱、柜、盘、板	宽+高	盘面尺寸
2	单独安装（无箱、盘）的铁壳开关、闸刀开关、启动器、母线槽进出线盒	0.3	从安装对象中心算起
3	由地面管子出口引至动力接线箱	1.0	从管口计算
4	电源与管内导线连接（管内穿线与软、硬母线接头）	1.5	从管口计算
5	出户线	1.5	从管口计算

③ 定额有关说明。

a. 管内穿线定额包括扫管、穿引线、穿线、焊接包头。

b. 照明线路中导线截面积大于6mm²时，执行"穿动力线"相应定额。

（2）线槽配线

① 定额项目划分。线槽配线根据导线截面面积，套用定额4-12-96~4-12-103。

② 定额工程量计算。根据导线截面面积，按照设计图示安装数量计算线槽配线工程量，以"m"为计量单位。

③ 定额有关说明。多芯软导线线槽配线按芯数不同套用"管内穿多芯软导线"相应定额乘以系数 1.2。

4. 照明器具安装工程

照明器具安装定额由照明灯具安装，以及开关、按钮、插座安装两部分组成。

（1）照明灯具安装

① 定额项目划分。定额按灯具种类及安装形式划分项目，编有普通灯具、装饰灯具、荧光灯具、嵌入式地灯、工厂灯、医院灯具、霓虹灯、路灯、景观灯九大类型。应用时应按灯具的种类、型号规格，套用定额 4-13-1～4-13-286。

a. 普通灯具安装套用定额 4-13-1～4-13-10。普通灯具安装定额适用范围可参照定额规定的适用范围表执行，详见二维码"普通灯具安装定额适用范围表"。

b. 装饰灯具安装套用定额 4-13-11～4-13-197。装饰灯具安装定额适用范围可参照定额规定的适用范围表执行，详见二维码"装饰灯具安装定额适用范围表"。

c. 荧光灯具安装应按灯具的安装形式、灯具种类、灯管数量，套用定额 4-13-198～4-13-210。荧光灯具安装定额适用范围可参照定额规定的适用范围表执行。

d. 嵌入式地灯安装应区别不同安装形式，套用定额 4-13-211～4-13-212。嵌入式地灯安装定额适用范围可参照定额规定的适用范围表执行。

e. 工厂灯安装应区别不同灯具类型、安装形式、安装高度，套用定额 4-13-213～4-13-241。工厂灯安装定额适用范围可参照定额规定的适用范围表执行。

f. 医院灯具安装应区别灯具种类，套用定额 4-13-242～4-13-245。医院灯具安装定额适用范围，详见二维码"医院灯具安装定额适用范围表"。

g. 霓虹灯安装应区别不同种类、不同臂长、不同灯数，套用定额 4-13-246～4-13-262。

h. 路灯安装应区别不同种类、不同臂长、不同灯柱高度，套用定额 4-13-263～4-13-276。

i. 景观灯安装应区别不同种类、不同安装方式、不同直径，套用定额 4-13-277～4-13-286。

② 定额工程量计算

a. 普通灯具安装。根据灯具种类、规格，按照设计图示安装数量计算工程量，以"套"为计量单位。

b. 吊式艺术装饰灯具安装。根据装饰灯具示意图所示，区别不同装饰物以及灯体直径和灯体垂吊长度，按照设计图示安装数量计算工程量，以"套"为计量单位。

c. 荧光艺术装饰灯具安装。根据装饰灯具示意图所示，区别不同安装形式和计量单位计算。灯具主材根据实际安装数量加损耗量计算工程量，以"套"另行计算。

• 组合荧光灯带安装。根据灯管数量，按照设计图示安装数量计算工程量，以

普通灯具安装定额适用范围表

装饰灯具安装定额适用范围表

医院灯具安装定额适用范围表

灯带"m"为计量单位。

● 内藏组合式灯安装。根据灯具组合形式，按照设计图示安装数量计算工程量，以"m"为计量单位。

● 发光棚荧光灯安装。按照设计图示发光棚数量计算工程量，以"m²"为计量单位。

● 立体广告灯箱、天棚荧光灯带安装。按照设计图示安装数量计算工程量，以"m"为计量单位。

d. 标志、诱导装饰灯具安装。根据装饰灯具示意图所示，区别不同的安装形式，按照设计图示安装数量计算工程量，以"套"为计量单位。

e. 点光源艺术装饰灯具安装。根据装饰灯具示意图所示，区别不同安装形式、不同灯具直径按照设计图示安装数量计算工程量，以"套"为计量单位。

f. 歌舞厅灯具安装。根据装饰灯具示意图所示，区别不同安装形式，按照设计图示安装数量计算工程量，以"套"或"m"或"台"为计量单位。

g. 荧光灯具安装。根据灯具安装形式、灯具种类、灯管数量按照设计图示安装数量计算工程量，以"套"为计量单位。

h. 霓虹灯具安装。根据灯管直径，按照设计图示延长米数量计算工程量，以"m"为计量单位。

③ 定额使用说明

a. 灯具引导线是指灯具吸盘到灯头的连线，除注明者外，均按照明灯具自备考虑。如引导线需要另行配置时，其安装费不变，主材费另行计算。

b. 小区路灯、投光灯、氙气灯、烟囱或水塔指示灯的安装定额，考虑了超高安装（操作高度）因素。

c. 照明灯具安装除特殊说明外，均不包括支架制作、安装。工程实际发生时，执行《第十三册定额》相应定额。

d. 定额包括灯具组装、安装、利用摇表测量绝缘及一般灯具的试亮工作。

e. 航空障碍灯根据安装高度不同执行"烟囱、水塔、独立式塔架标志灯"相应定额。

f. 荧光灯具安装定额按照成套荧光灯考虑，工程实际采用组合式荧光灯时，执行相应的成套型荧光灯安装定额乘以系数1.1。

g. 灯具安装定额包括灯具和灯泡（管）的安装，灯具和灯泡（管）为未计价材料，它们的价值应另行计算。

（2）开关、按钮、插座安装

① 定额项目划分。

a. 开关、按钮安装定额分为普通开关、按钮安装，空调温控开关、请勿打扰灯安装，带保险盒开关安装，声控延时开关、柜门触动开关安装，床头柜集控板安装。使用时应区别开关安装形式、开关种类、开关极数以及单控与双控，套用定额4-13-299~4-13-316。

b. 插座安装定额分为普通插座安装，防爆插座安装，带保险盒插座安装，多联组合开关插座安装，多线插座连插头安装，须刨插座、钥匙取电器安装。使用时应区别插座种类、插座安装形式、电源相数、额定电流，套用定额 4-13-317~4-13-344。

② 定额工程量计算。开关、按钮安装应根据安装形式与种类、开关极数及单控与双控，按照设计图示安装数量计算工程量，以"套"为计量单位。

5. 电气调整试验

（1）送配电装置系统调试

照明工程送配电装置系统调试，套用定额 4-14-12"1 kV 以下交流供电（综合）"。1 kV 以下交流供电（综合）系统调试定额适用于从变电所低压配电装置输出的供电回路，送配电设备系统调试包括系统内的电缆试验、瓷瓶耐压等全套调试工作。

只有从变电所低压配电装置输出的供电回路才能计算 1 kV 以下交流供电系统调试。

（2）事故照明切换装置调试

事故照明切换装置调试套用定额 4-14-37。

应急电源装置（EPS）切换调试套用"事故照明切换"定额。

低压双电源自动切换装置调试参照"备用电源自动投入装置"定额，基价乘以系数 0.2。

【例 2-3】某办公楼照明工程局部平面布置如图 2-8 所示。建筑物为砖、混凝土结构，层高 3.3 m。灯具为成套型，开关安装距楼地面 1.4 m；配电线路导线为 BV-2.5，穿套接紧定式镀锌钢导管（JDG）沿天棚、墙暗敷设，其中 2~3 根穿 DN15，4 根穿 DN20。试按定额计价规则，计算该房间轴线内的所有电气安装项目的分部分项工程量。

例 2-3 讲解
与学习

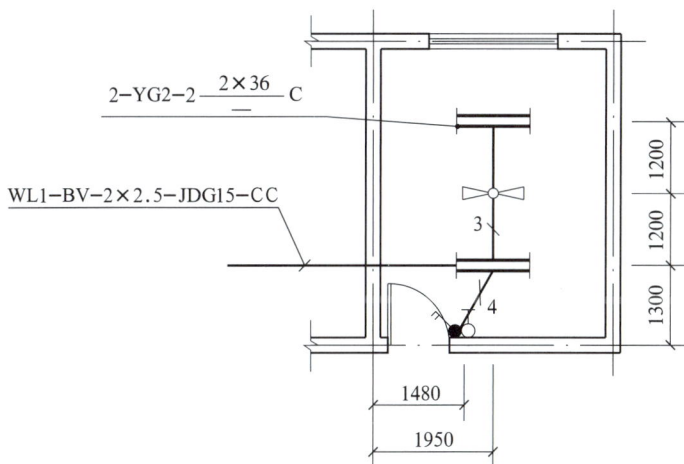

图 2-8　办公楼照明工程局部平面布置图

【解】根据定额套用与工程量计算规则，按照电气照明工程系统组成，可按照明控制设备、配管、配线、照明器具、接线盒等顺序计算并汇总工程量，某办公楼照明工程局部工程量计算如表 2-5 所示。

表 2-5   某办公楼照明工程局部工程量计算表

序号	定额编码	定额项目名称	单位	工程计算式	工程量
1	4-11-7	JDG 管砖混结构暗配 DN15	100 m	1.95（进线至灯水平）+1.20（灯至风扇水平）+1.20（风扇至灯水平）=4.35（m） 4.35÷100=0.044	0.044
		① DN15，管内穿线 BV-2.5	m	3.15×2（两线）+1.20×3（局部三线）=9.90（m）	9.90
2	4-11-8	JDG 管砖混结构暗配 DN20	100 m	$\sqrt{1.30^2+(1.95-1.48)^2}$（灯至开关水平）+（3.30-1.40）（灯至开关垂直） =1.38+1.90=3.28（m） 3.28÷100=0.033	0.033
		② DN20，管内穿线 BV-2.5	m	3.28×4（四线）=13.12（m）	13.12
3	4-12-5	管内穿线 BV-2.5	100 m	①+②=9.90+13.12=23.02（m） 23.02÷100=0.230	0.230
4	4-13-205	吸顶式双管荧光灯安装	10 套	2÷10	0.2
5	4-4-136	吊风扇安装	台	1（定额已包含调试开关面板安装）	1
6	4-13-301	双联板式暗开关安装	10 套	1（即开关面板安装）÷10	0.1
7	4-11-212	暗装钢质灯头盒安装	10 个	3（双管荧光灯2+吊风扇1）÷10	0.3
8	4-11-211	暗装钢质开关盒安装	10 个	2（暗开关1+吊风扇开关1）÷10	0.2

注：吊风扇安装定额（4-4-136）工作内容里明确包含安装调速开关，因此调速开关不应单独列项计算。

（二）防雷及接地系统

防雷及接地系统计价的编制，主要应用《第四册定额》第九章"防雷与接地装置安装工程"的有关项目，该章定额适用于建筑物与构筑物的防雷接地、变配电系统接地、设备接地以及避雷针（塔）接地等装置安装。

1. 避雷针制作与安装

（1）定额项目划分

定额项目分为避雷针制作、避雷针安装及独立避雷针塔安装。避雷针制作按钢管、圆钢及针长划分子目，避雷针安装按安装地点、安装高度、针长划分子目。使用时避雷针制作套用定额 4-9-1~4-9-7；避雷针安装套用定额 4-9-8~4-9-33。

（2）定额工程量计算

以"根"为计量单位，按施工图设计数量计算工程量，装置本身主材费另行计算。

（3）定额有关说明

① 避雷针安装定额综合考虑了高空作业因素，执行定额时不作调整。避雷针安装在木杆和水泥杆上时，包括其避雷引下线安装。

② 圆钢避雷小针制作安装定额，如避雷小针为成品供应，则其定额基价乘以系数 0.4。

2. 避雷网安装

（1）定额项目划分

定额按沿混凝土块敷设、沿折板支架敷设、混凝土块制作、利用圈梁钢筋均压环敷设和柱主筋与圈梁钢筋焊接划分子目。使用时套用定额 4-9-42~4-9-46。

（2）定额工程量计算

避雷网敷设以"m"为计量单位，工程量按照设计图示水平和垂直规定长度另加 3.9% 的附加长度（包括转弯、上下波动、避绕障碍物、搭接头所占长度）计算：

避雷网敷设长度(m)= 施工图设计长度(m)×(1+3.9%)

混凝土块制作以"块"为计量单位，工程量按施工图图示数量计算，施工图未说明时，避雷网直线段可按 1~1.5 m/块、转弯段可按 0.5~1 m/块考虑。

均压环敷设以"m"为计量单位，主要考虑利用圈梁内钢筋作均压环接地连线，焊接按两根主筋考虑，超过两根时，可按比例调整。长度按设计需要作均压接地的圈梁中心线长度，以延长米计算。

柱子主筋与圈梁钢筋焊接计量单位为处，每处按两根主筋与两根圈梁钢筋焊接连接考虑，超过两根时，可按比例调整，需要连接的柱子主筋和圈梁钢筋"处"数，按施工图规定的设计计算。

（3）定额有关说明

① 如果采用单独扁钢或圆钢明敷作防雷均压环时，可执行接地母线敷设"沿砖混结构明敷"定额子目。

② 避雷网安装沿折板支架敷设定额包括支架制作、安装，不得另行计算。

③ 坡屋面避雷网安装人工乘以系数 1.3。

④ 镀锌管避雷带区分明敷、暗敷，按公称直径套用第四册定额第十一章"配管工程"中钢管敷设的相应定额。

⑤ 在混凝土内暗敷扁钢或圆钢避雷网，套用"接地母线敷设沿砖混结构暗敷"定额 4-9-57。

3. 避雷引下线敷设

（1）定额项目划分

定额按不同敷设方式划分子目，有利用金属构件引下，沿建筑物、构筑物引下，利用建筑结构钢筋引下和断接卡子制作安装，使用时分别套用定额 4-9-38~4-9-41。

（2）定额工程量计算

避雷引下线敷设按施工图图示延长米计算工程量，以"m"为计量单位。

（3）定额有关说明

① 利用建筑结构钢筋作为接地引下线，定额是按每根柱子内焊接两根主筋编

制的,当焊接主筋超过两根时,可按照比例调整定额安装费。

② 利用建筑结构钢筋作为接地引下线且主筋采用钢套筒连接的,执行"利用建筑结构钢筋引下线"定额,基价乘以系数2,其跨接不再另外计算工程量。

③ 利用铜绞线作接地引下线时,其配管、穿铜绞线执行《第四册定额》配管、配线的相应定额,但不得重复套用避雷引下线敷设的相应定额。

4. 接地极(板)制作与安装

(1)定额项目划分

定额项目分为钢管、角钢、圆钢接地极和接地极板(铜板、钢板),分为普通土、坚土,使用时套用定额4-9-47~4-9-54。

(2)定额工程量计算

接地极制作、安装应根据材质与土质,按照设计图示安装数量计算工程量,以"根"为计量单位。接地极长度按照设计长度计算,设计无规定时,每根按照2.5 m计算。

5. 接地母线敷设

(1)定额项目划分

定额按埋地敷设、沿砖混结构明敷、沿砖混结构暗敷,沿桥架支架(电缆沟支架)敷设、户外铜接地绞线敷设划分子目。使用时套用定额4-9-55~4-9-59。

(2)定额工程量计算

接地母线敷设以"m"为计量单位,工程量按照设计图示水平和垂直规定长度另加3.9%的附加长度(包括转弯、上下波动、避绕障碍物、搭接头所占长度)计算:

接地母线敷设长度(m)=施工图设计长度(m)×(1+3.9%)

(3)定额有关说明

① 接地母线埋地敷设定额是按照室外整平标高和一般土质综合编制的,包括地沟挖填土和夯实,执行定额时不再计算土方工程量。当地沟开挖的土方量,每米沟长土方量大于0.34 m³时,其超过部分可以另计。

② 利用基础(或地梁)内两根主筋焊接连通作为接地母线时,执行"均压环敷设"定额。卫生间接地中的底板钢筋网焊接无论跨接或点焊,均执行"均压环敷设"定额,基价乘以系数1.2。工程量按卫生间周长计算敷设长度。

③ 等电位箱箱体安装,箱体半周长在200 mm以内参照接线盒定额,其他按箱体大小参照相应接线箱定额。

6. 接地跨接线安装

(1)定额项目划分

接地线遇有障碍时,需跨越而相连的接头线称为跨接线。接地跨接一般出现在建筑物伸缩缝、沉降缝等处。定额分为接地跨接线、构架接地及钢铝窗接地,使用时套用定额4-9-60~4-9-62。

(2)定额工程量计算

工程量计算时,接地跨接线、钢铝窗接地以"处"为计量单位,构架接地以"处"为计量单位,工程量按照设计图示安装数量计算。

电动机接线、配电箱、管子接地、桥架接地等均不应计算"接地跨接线安装"

工程量。户外配电装置构架按照设计要求需要接地时，每组构架计算一处；钢窗、铝合金窗按照设计要求需要接地时，每一樘金属窗计算一处。

7. 桩承台接地

桩承台接地应根据桩连接根数，按照设计图示数量计算工程量，以"基"为计量单位。

利用建（构）筑物桩承台接地时，柱内主筋与桩承台跨接不另行计算，其工作量已经综合在相应的项目中。

8. 接地装置调试

定额分为独立接地装置调试和接地网调试，使用时分别套用定额 4-14-47、4-14-48。

按照设计图示安装数量计算工程量，独立接地装置调试以"组"为计量单位，接地网以"系统"为计量单位。

【例 2-4】某住宅楼防雷接地工程平面布置图如图 2-9 所示。避雷网在平屋顶四周沿檐沟外折板支架敷设，其余在混凝土内暗敷。折板上口高出屋面 1 m，折板上口距室外地坪 19 m，避雷引下线均沿外墙引下，并在距室外地坪 0.45 m 处设置接地电阻测试断接卡子，土壤为普通土。试按定额计价规则，计算该楼防雷接地工程的分部分项工程量。

例 2-4 讲解与学习

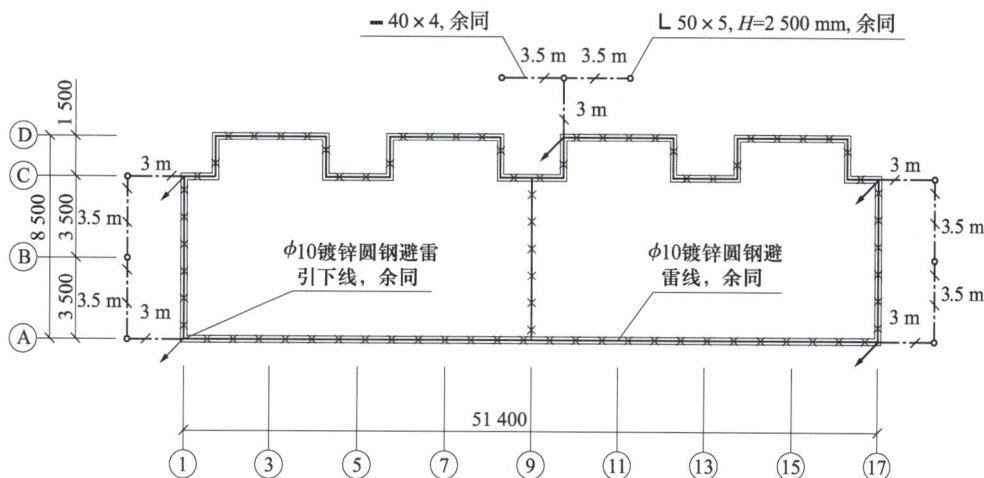

图 2-9　某住宅楼防雷接地工程平面布置图

【解】根据定额工程量计算规则，按照防雷及接地工程系统组成，可按接闪器、引下线、接地装置、接地调试的顺序计算并汇总工程量，如表 2-6 所示。

表 2-6　某住宅楼防雷接地工程工程量计算表

序号	定额编码	定额项目名称	单位	工程计算式	工程量
1	4-9-43	避雷网沿折板支架安装镀锌圆钢 $\phi10$	10 m	51.4（A 轴全长）+51.4（D 轴全长）+1.5×8（D 轴凹凸部分）+7（1 轴全长）+7（17 轴全长）=128.8（m） 128.8×（1+3.9%）÷10＝13.382	13.382

续表

序号	定额编码	定额项目名称	单位	工程计算式	工程量
2	4-9-57	避雷网沿混凝土暗敷镀锌圆钢 $\phi10$	10 m	8.5-1.5（9轴全长减去凹凸部分）+1.0（垂直）×2=9.0（m） 9.0×(1+3.9%)÷10=0.935	0.935
3	4-9-39	避雷引下线沿外墙引下镀锌圆钢 $\phi10$	10 m	19×5（楼总高×引下线根数）-0.45×5（断接卡子距室外地坪高）=92.75（m） 92.75×(1+3.9%)÷10=9.637	9.637
4	4-9-41	断接卡子制作、安装	10套	5套（每根引下线一套） 5÷10=0.5	0.5
5	4-9-49	接地极制作、安装∟50×5，H=2500	根	9根（按图示数量计算）	9
6	4-9-55	接地母线埋地敷设-40×4	10 m	［0.45（断接点高）+0.7（埋深）+3（距墙）］×5（5处）+3.5（地极间距）×6（6段）=41.75（m） 41.75×(1+3.9%)÷10=4.338	4.338
7	4-14-47	独立接地装置调试	组	3组（≤6根接地极）	3

(三) 动力系统

动力系统计价的编制，主要应用《第四册定额》第四章"控制设备及低压电器安装工程"，第六章"发电机、发电机检查接线工程"，第八章"电缆敷设工程"，第十一章"配管工程"，第十二章"配线工程"，第十四章"电气设备调试工程"等章的有关项目。

1. 控制设备及低压电器安装

（1）控制、继电、模拟屏安装

控制、继电、模拟屏安装应根据设备性能和规格，按照设计图示安装数量计算工程量，以"台"为计量单位，套用定额4-4-1~4-4-6。

（2）控制台、控制箱安装

控制台、控制箱安装应根据设备性能和规格，按照设计图示安装数量计算工程量，以"台"为计量单位，套用定额4-4-7~4-4-10。

（3）低压成套配电柜、箱安装

① 定额项目划分。低压成套配电柜安装，套用定额4-4-11~4-4-12，定额适用于配电房内低压成套配电柜的安装。

动力配电箱、随机械设备配套的一般操作箱安装，落地式安装不分型号、规格套用定额4-4-13；悬挂嵌入式安装不分型号、按配电箱半周长分别套用定额4-4-14~4-4-18。

硅整流柜安装，按硅整流柜的额定电流大小分别套用定额4-4-53~4-4-57；可控硅柜安装，按可控硅柜的电流大小分为100 A、800 A、2000 A以内三个项目，并分别套用定额4-4-58~4-4-60，低压电容器柜套用定额4-4-61。

控制屏（如大型机床随带的需落地式安装的控制柜）安装，不分规格及内部组装元件多少，套用定额 4-4-1。

② 定额工程量计算。控制设备安装根据设备性能和规格，按照设计图示安装数量计算工程量，以"台"为计量单位。

成套配电箱安装根据箱体半周长，按照设计图示安装数量计算工程量，以"台"为计量单位。

③ 定额使用说明。

a. 嵌入式成套配电箱执行相应悬挂式安装定额，基价乘以系数 1.2；插座箱的安装执行相应的"成套配电箱"安装定额基价乘以系数 0.5。

b. 配电柜、箱安装定额未包括支架和基础槽钢、角钢的制作与安装，若发生应按相应定额另行计算。

（4）接线端子安装

① 定额项目划分。定额编有焊铜接线端子、压铜接线端子和压铝接线端子，按导线截面积划分项目，使用时焊铜接线端子、压铜接线端子套用定额 4-4-26~4-4-41；压铝接线端子套用定额 4-4-42~4-4-49。

② 定额工程量计算。接线端子安装应按照设计图示安装数量计算工程量，以"个"为计量单位。

③ 定额使用说明。焊铜、压铜、铝接线端子等工程通常在工程图上均无具体表示，需按实际情况进行计算和套用定额，防止少算或漏项。接线端子定额只适用于导线，电力电缆终端头制作与安装定额工作内容中包括压接线端子，控制电缆终端头制作安装定额中包括终端头制作及接线至端子板，不得重复计算。

（5）控制开关安装

① 定额项目划分。控制开关安装是指将各种自动空气开关、刀型开关、组合控制开关、漏电保护开关等单独安装在配电箱或配电柜中。定额按开关种类及特征划分项目，使用时分别套用定额 4-4-81~4-4-97。

② 定额工程量计算。控制开关安装应根据开关形式与功能及电流量，按照设计图示安装数量计算工程量，以"个"为计量单位。

（6）熔断器、限位开关安装

① 定额项目划分。

a. 熔断器安装是指单独安装的瓷插螺旋式、管式和防爆式三种熔断器，定额不分熔断器的规格大小，使用时分别套用定额 4-4-98~4-4-100。

b. 限位开关安装，定额分为普通式和防爆式两种，定额不分限位开关的型号及安装方式，使用时分别套用定额 4-4-101、4-4-102。

② 定额工程量计算。熔断器、限位开关安装应根据类型，按照设计图示安装数量计算工程量，以"个"为计量单位。

③ 定额使用说明。控制装置安装定额中，除限位开关及水位电气信号装置安装定额外，其他安装定额均未包括支架制作与安装，工程实际发生时，可执行《第十三册定额》相关定额。

（7）用电控制装置安装

① 定额项目划分。控制器安装，定额分为主令，鼓型、凸轮型两种，使用时

不分型号、规格，分别套用定额 4-4-103、4-4-104。

启动器安装，定额分为接触器、磁力启动器，Y-△自耦减压启动器两种。接触器、磁力启动器是一种用电磁力作操作动力的开关，两者的区别在于磁力启动器附有热继电器保护元件。使用时不分型号、规格，均套用定额 4-4-105；Y-△自耦减压启动器是一种降低电动机启动电流的电动机控制开关，使用时不分启动器的型号、规格及功率大小，均套用定额 4-4-106。

快速自动开关安装，定额根据电流量分为≤1000 A、≤2000 A、≤4000 A，套用定额 4-4-108~4-4-110。

按钮安装，定额分为普通型和防爆型两种，但不分按钮的型号及安装方式，使用时按普通型按钮和防爆型按钮分别套用定额 4-4-111、4-4-112。

② 定额工程量计算。用电控制装置安装根据类型与容量，按照设计图示安装数量以"台"为计量单位。

（8）安全变压器、仪表安装

① 定额项目划分。安全变压器安装定额根据容量分为≤500 V·A、≤1000 V·A、≤3000 V·A，套用定额 4-4-116~4-4-118。

测量表计安装定额不分测量仪表的品种、类型和规格大小，使用时套用定额 4-4-119。

继电器安装定额不分型号、规格，均套用定额 4-4-120。

② 定额工程量计算。安全变压器安装应根据类型与容量，按照设计图示安装数量计算工程量，以"台"为计量单位。

仪表、分流器安装应根据类型与容量，按照设计图示安装数量计算工程量，以"个"或"套"为计量单位。

（9）低压电器装置接线

① 定额项目划分。低压电器装置接线定额分为电动阀门检查接线 4-4-142、自动冲洗感应器接线 4-4-143、风机盘管检查接线 4-4-144。

② 定额工程量计算。低压电器装置接线是指电器安装不含接线的电器接线，应按照设计图示安装数量计算工程量，以"台"或"个"为计量单位。

③ 定额使用说明。低压电器安装定额适用于工业低压用电装置、家用电器的控制装置及电器的安装。已带插头不需要在现场接线的电器，不能套用"低压电器装置接线"定额。

2. 小型电动机检查接线

（1）定额项目划分

小型电动机检查接线定额按其额定功率划分项目，如小型交流异步电动机检查接线套用定额 4-6-17~4-6-21；小型交流同步电动机检查接线套用定额 4-6-22~4-6-26；小型交流防爆电动机检查接线套用定额 4-6-27~4-6-31。

微型电动机检查接线套用定额 4-6-41，变频机组检查接线其额定功率划分项目，套用定额 4-6-42~4-6-45。

（2）定额工程量计算

电动机检查接线应根据设备容量，按照设计图示安装数量计算工程量，以

"台"为计量单位。单台电机质量在 30 t 以上时，按照质量计算检查接线工程量。

（3）定额使用说明

① 电动机定额的界线划分：单台电动机质量在 3 t 以下的为小型电动机；单台电动机质量在 3 t 以上至 30 t 以下的为中型电动机；单台电动机质量在 30 t 以上的为大型电动机。小型电动机按照电动机类别和功率大小执行相应定额，大、中型电动机安装不分类别一律按电动机质量执行相应定额。

② 功率小于或等于 0.75 kW 电动机检查接线均执行微型电动机检查接线定额，但一般民用小型交流电风扇安装执行第四章"风扇安装"相应定额。

③ 各种电动机的检查接线，按规范要求均需配有相应的金属软管，设计有规定的按设计材质、规格和数量计算，设计没有规定时，平均每台电动机配相应规格的金属软管 0.824 m 和与之配套的专用活接头。实际未装或无法安装金属软管的，不得计算工程量。

④ 电动机检查接线定额不包括控制装置的安装和接线。

⑤ 电动机控制箱安装执行第四章"成套配电箱"相应定额。

3. 电缆敷设工程

电缆敷设工程计价应套用第四册定额第八章定额，该定额同样也适用于照明、变配电等系统的所有 10 kV 以下的电力电缆和控制电缆敷设。

（1）开挖与修复路面、人工挖填沟槽

① 定额项目划分。

a. 开挖路面、修复路面、沟槽挖填等执行《第十三册定额》相应定额。

b. 开挖路面、修复路面根据不同路面及开挖、修复厚度，套用定额 4-13-1~4-13-16。

c. 人工挖填沟槽根据不同土质类别，套用定额 4-13-17~4-13-20。如为机械开挖的，执行《浙江市政定额》。

② 定额工程量计算。

a. 开挖路面、修复路面按照不同路面及开挖、修复厚度计算工程量，以"m²"为计量单位。

b. 人工挖填沟槽土方，按照不区分挖土深度计算工程量，以"m³"为计量单位。

（2）直埋电缆辅助设施

① 定额项目划分。定额编有铺砂、保护和揭、盖、移动盖板。铺砂、保护按保护的措施、电缆的根数不同，套用定额 4-8-1~4-8-4；揭、盖、移动盖板按盖板的长度不同，套用定额 4-8-5~4-8-7。

② 定额工程量计算。电缆沟揭、盖、移动盖板根据施工组织设计，以揭一次或盖一次为计算基础，按照实际揭或盖次数乘以其长度计算工程量，以"m"为计量单位，如又揭又盖，则按两次计算。

（3）电缆保护管铺设

① 定额项目划分。电缆保护管按敷设位置、管材材质、规格等不同，套用定额 4-8-8~4-8-26。

② 定额工程量计算。电缆保护管地下铺设以"m"为计量单位，地上铺设以"根"为计量单位，按照设计图示敷设数量计算工程量。

电缆保护管长度，除按设计规定长度计算外，遇有下列情况时，应按规定增加保护管长度：横穿马路时，按照路基宽度两端各增加2m；保护管需要出地面时，弯头管口距地面增加2m；穿过建（构）筑物外墙时，从基础外缘起增加1m；穿过沟（隧）道时，按沟（隧）道壁外缘起增加1m。

电缆保护管地下敷设，其土石方量施工有设计图纸的，按照设计图纸计算；无设计图纸的，沟深按照0.9m计算，沟宽按照保护管边缘每边各增加0.3m工作面计算。未能达到上述标准时，则按实际开挖尺寸计算。

③ 定额使用说明。

a. 地下铺设不分人工或机械铺设、铺设深度，均执行本定额，不做调整。

b. 地下铺设电缆（线）保护管公称直径小于或等于25mm时，参照DN50的相应定额，基价乘以系数0.7。

c. 地上铺设保护管定额不分角度与方向，综合考虑了不同壁厚与长度，执行定额时不做调整。

d. 入室后需要敷设电缆保护管时，执行《第四册定额》第十一章"配管工程"的相应定额。

（4）缆桥架、槽盒安装

① 定额项目划分。电缆桥架安装根据桥架材质与规格不同，编有钢制桥架安装，区分槽式、梯式、托盘式，套用定额4-8-27~4-8-46；玻璃钢桥架安装，区分槽式、梯式、托盘式，套用定额4-8-47~4-8-63；铝合金桥架安装，区分槽式、梯式、托盘式，套用定额4-8-64~4-8-81；组合式桥架及电缆桥架支撑架套用定额4-8-82、4-8-83。

② 定额工程量计算。电缆桥架安装根据桥架材质与规格，以"m"或"片"为计量单位，按施工图设计数量计算工程量，不扣除弯头、三通、四通等所占长度；组合桥架以每片长度2m作为一个基础片计算。

③ 定额使用说明。

a. 梯式桥架安装定额是按照不带盖考虑的，若梯式桥架带盖，则执行相应的槽式桥架定额。

b. 钢制桥架主结构设计厚度大于3mm时，执行相应安装定额的人工、机械乘以系数1.2。

c. 不锈钢桥架安装执行相应钢制桥架定额乘以系数1.1。

d. 防火桥架执行钢制槽式桥架相应定额，耐火桥架执行钢制槽式桥架相应定额人工和机械乘以系数2.0。

e. 桥架安装定额不包括桥架支撑架安装。电缆桥架支撑架安装定额适用于随桥架成套供应的成品支撑架安装。

（5）电缆敷设

① 定额项目划分。定额项目按电缆芯线材料、电缆的用途不同，编有电力电缆敷设，区分铝芯、铜芯，以及电缆截面积大小的不同，套用定额4-8-84~4-8-98。

矿物绝缘电缆敷设，区分芯数以及电缆截面积大小的不同，套用定额 4-8-145~4-8-155；控制电缆敷设，区分电缆种类、芯数不同，套用定额 4-8-178~4-8-182、4-8-191~4-8-194；加热电缆敷设，套用定额 4-8-203。

② 定额工程量计算。电缆敷设工程量以"m"为计量单位，工程量按施工图设计敷设路径的水平和垂直延长米长度，加上规定的附加（预留）长度计算，详见二维码"电缆敷设附加长度计算表"。

单根电缆长度=（水平长度+垂直长度+预留长度)×(1+2.5%)

公式中电缆敷设长度组成情况如图 2-10 所示。L_1 为电缆水平长度；H_1、H_2 为垂直长度；h_1、h_2 为电缆终端头预留长度；l_1 为电缆进入沟内预留长度；l_2、l_3 为电缆中间接头盒两端预留长度；l_4 为电缆进入建筑物预留长度。

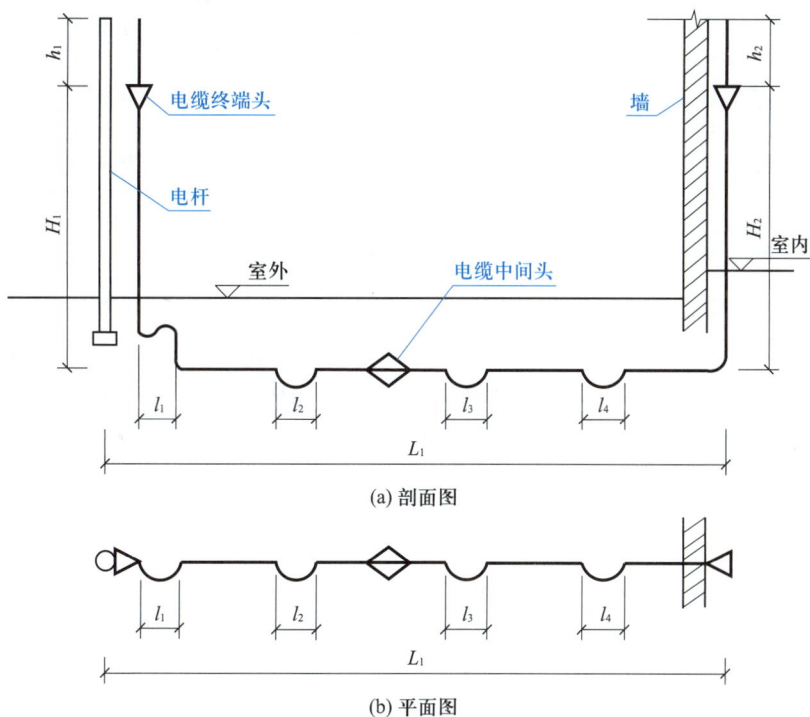

电缆敷设附加长度计算表

(a) 剖面图

(b) 平面图

图 2-10　电缆敷设长度组成示意图

竖井通道内敷设电缆长度按照穿过竖井通道的长度计算工程量。

（6）定额使用说明

① 电缆敷设定额适用于 10 kV 以下的电力电缆和控制电缆敷设。

② 电缆在一般山地地区敷设时，其定额人工和机械乘以系数 1.6，在丘陵地区敷设时，其定额人工和机械乘以系数 1.15。该地段所需的施工材料（如固定桩、夹具等）按实另计。

③ 电缆敷设定额综合了除排管内敷设以外的各种不同敷设方式，包括土沟内、穿管、支架、沿墙卡设、钢索、沿支架卡设等方式，定额将各种方式按一定的比例进行了综合，因此在实际工作中不论采取上述何种方式（排管内敷设除外），一律不做换算和调整。

④ 电力电缆敷设及电力电缆头制作、安装定额均是按三芯及三芯以上电缆考虑的，单芯、双芯电力电缆敷设及电缆头制作、安装系数调整见表2-7，截面 $400 \sim 800 \ mm^2$ 的单芯电力电缆敷设按 $400 \ mm^2$ 电力电缆定额执行。截面 $800 \sim 1000 \ mm^2$ 的单芯电力电缆敷设按 $400 \ mm^2$ 电力电缆定额乘以系数 1.25 执行；$400 \ mm^2$ 以上单芯电缆头制作安装系数，可按同材质 $240 \ mm^2$ 电力电缆头制作、安装定额执行。$240 \ mm^2$ 以上的电缆头的接线端子为异型端子，需要单独加工，可按实际加工价格计补差价（或调整定额价格）。

表2-7　单芯、双芯电力电缆敷设及电缆头制作、安装系数调整

规格名称		35 mm² 及以上			25 mm² 及以下		10 mm² 及以下	
		三芯及以上	双芯	单芯	三芯及以上	双芯、单芯	三芯及以上	双芯、单芯
电缆头制作、安装	铜芯	1.00	0.40	0.30	0.40	0.20	0.30	0.15
	铝芯以铜芯为基数	0.80	0.32	0.24	0.32	0.16	0.24	0.12
电缆敷设	铜芯	1.00	0.50	0.30	0.50	0.30	0.40	0.25
	铝芯	1.00	0.50	0.30	0.50	0.30	0.40	0.25

⑤ 除矿物绝缘电力电缆和矿物绝缘控制电缆外，电缆在竖井内桥架中竖直敷设，按不同材质及规格套用相应电缆敷设定额，基价乘以系数 1.2，在竖直通道内采用支架固定直接敷设，按不同材质及规格套用相应电缆敷设定额，基价乘以系数 1.6。竖井内敷设是指单段高度大于 3.6 m 的竖井，单段高度小于或等于 3.6 m 的竖井内敷设时，定额不做调整。

⑥ 预制分支电缆敷设分别以主干和分支电缆的截面执行"电缆敷设"的相应定额，分支器按主电缆截面套用干包式电缆头制作、安装定额，定额除其他材料费保留外，其余计价材料全部扣除。分支器主材另计。

⑦ 电缆敷设定额中不包括支架的制作与安装，工程应用时，执行《第十三册定额》的相应定额。

⑧ 排管内铝芯电缆敷设参照排管内铜芯电缆相应定额，人工乘以系数 0.7。

⑨ 矿物绝缘电缆敷设定额适用于铜或铜合金护套的矿物绝缘电缆；截面 $70 \ mm^2$ 以下（三芯及三芯以上）的铜或铜合金护套的矿物绝缘电缆敷设，执行 $35 \ mm^2$ 以下（三芯及三芯以上）的矿物绝缘电缆敷设定额，基价乘以系数 1.2，其电缆头制作、安装执行 $35 \ mm^2$ 以下的矿物绝缘电缆头制作安装的相应定额。

⑩ 波纹铜护套的矿物绝缘电缆执行铜芯电力电缆敷设的相应定额，人工乘以系数 1.3，其电缆头制作、安装执行铜芯电力电缆头制作、安装的相应定额。

⑪ 其他护套的矿物绝缘电缆执行铜芯电力电缆敷设的相应定额，人工乘以系数 1.1，其电缆头制作、安装执行铜芯电力电缆头制作、安装的相应定额。

【例2-5】电力电缆 YJV-5×10 除税信息价 39 元/m，按定额清单计价法计算"电力电缆 YJV-5×10 敷设"的综合单价。管理费和利润的费率按定额中值计取，管理费费率 21.72%，利润率 10.40%，风险费不考虑，计算结果保留两位小数。

【解】 查定额：铜芯电力电缆敷设应套用定额编码4-8-88H，计量单位为100m，基价需乘以系数0.4。

计算综合单价各组成费用：

人工费：425.79×0.4＝170.32（元）

材料费：

其中，计价材料费：39.18×0.4＝15.67（元）

未计价主要材料费：39×101＝3939（元）

材料费合计：15.67＋3939＝3954.67（元）

机械费：10.31×0.4＝4.12（元）

管理费：（170.32＋4.12）×21.72%＝37.89（元）

利润：（170.32＋4.12）×10.4%＝18.14（元）

综合单价＝170.32＋3954.67＋4.12＋37.89＋18.14＝4185.14（元）

上述数据填入综合单价计算表，见表2-8。

表2-8　综合单价计算表

定额编码	定额项目名称	计量单位	数量	综合单价/元						合计/元
				人工费	材料费	机械费	管理费	利润	小计	
4-8-88H	铜芯电力电缆敷设 YJV-5×10	100m	—	170.32	3954.67	4.12	37.89	18.14	4185.14	—

（7）电缆头制作、安装

① 定额项目划分。电力电缆头制作、安装按以下因素套用定额：户内、户外；制作、安装工艺；终端头、中间头；电压等级；单芯截面积。控制电缆头制作、安装按以下因素套用定额：终端头、中间头；线芯数。

例如，户内1kV以下干包式电力终端头套用定额4-8-99～4-8-101。控制电缆终端头制作、安装套用定额4-8-183～4-8-187。

② 定额工程量计算。电缆头制作、安装均以"个"为计量单位，按施工图设计计算工程量。一根电缆有两个终端头，中间电缆头根据设计需要确定。

③ 定额使用说明。

a. 电力电缆头制作、安装定额均是按三芯及三芯以上电缆考虑的，单芯、双芯电缆头制作、安装需按系数调整。

b. 电力电缆头制作、安装，截面积25mm²及以下、10mm²及以下时需按系数调整。

c. 当电缆头制作、安装使用成套供应的电缆头套件时，定额内除其他材料费保留外，其余计价材料应全部扣除，电缆头套件按主材费计价。

（8）电缆防火设施安装

① 定额项目划分。定额编有防火堵洞、防火隔板、防火涂料、阻燃槽盒。根据防火设施的类型不同，套用定额4-8-204～4-8-210。

② 定额工程量计算。电缆防火设施安装根据防火设施的类型及材料，按照设计用量分别以不同计量单位计算工程量。

③ 定额使用说明。电缆桥架、线槽穿越楼板、墙做防火封堵时堵洞面积在 0.25 m² 以内的套用防火封堵（盘柜下）定额，主材按实计算。

4. 低压封闭式插接母线槽安装

（1）定额项目划分

① 低压（电压等级 ≤380 V）封闭式插接母线槽安装，按照每相电流容量不同，套用定额 4-3-96~4-3-101。

② 封闭母线槽线箱安装，区分始分线箱、端箱、电流容量不同，套用定额 4-3-102~4-3-111。

（2）定额工程量计算

低压封闭式插接母线槽安装应根据每相电流容量，按照设计图示安装轴线长度计算工程量，以"m"为计量单位；计算长度时，不计算安装损耗量。母线槽及母线槽专用配件按照安装数量计算主材费。分线箱、始端箱安装应根据电流容量，按照设计图示安装数量计算工程量，以"台"为计量单位。

（3）定额使用说明

低压封闭式插接母线槽配套的弹簧支架按质量套用《第四册定额》第八章"电缆敷设工程"中桥架支撑架安装定额。

5. 配管、配线

动力系统的配管、配线同样是应用《第四册定额》第十一章"配管工程"、第十二章"配线工程"相关定额。在照明系统中对常用的配管、配线定额项目已作了介绍，此处不再重复。

6. 电气调整试验

（1）定额项目划分

一般的低压动力系统送配电设备系统调试套用的定额和工程量计算方法，与前述"照明系统"的相同，即套用定额 4-14-12；但从配电箱直接至电动机的供电回路已包括在电动机的系统调试定额内。

低压交流异步电动机调试，按笼型机、绕线机及控制保护类型分别套用定额 4-14-91~4-14-97。

各种类型的交、直流微型电动机调试套用定额 4-14-122。

（2）定额工程量计算

电动机调试按照设计图示安装数量计算工程量，以"台"为计量单位。

（3）定额使用说明

为电动机供电的配电箱、开关柜和电缆的调试均已包括在电动机的系统调试定额之内，不得另行计算。单相电动机中的交流吊扇、壁扇、轴流排气扇等不计算调试费。

（四）变配电系统

编制计价时应用《第四册定额》第一章"变压器安装工程"，第二章"配电装置安装工程"，第三章"绝缘子、母线安装工程"，第十四章"电气设备调试工程"等章的有关项目。

1. 变压器安装工程

油浸式变压器安装套用定额 4-1-1~4-1-7。定额适用于自耦式变压器、带负荷调压变压器的安装；电炉变压器安装执行同容量变压器定额，基价乘以系数 1.6；整流变压器安装执行同容量电力变压器定额，基价乘以系数 1.2。

干式变压器安装套用定额 4-1-8~4-1-15。干式变压器如果带有保护外罩，人工和机械乘以系数 1.1。

工程量按照设计图示安装台数计算，计量单位为"台"。

2. 配电装置安装工程

（1）断路器、隔离开关、负荷开关安装

断路器单独安装，按断路器类型、额定电流的大小，套用定额 4-2-1~4-2-14；隔离开关、负荷开关单独安装，按额定电流的大小，套用定额 4-2-15~4-2-22。

断路器按照设计图示安装数量计算工程量，以"台"为计量单位；隔离开关、负荷开关工程量以"组"为计量单位，按设计安装数量（三相组合成一组）计算工程量。

（2）互感器安装

电压互感器单独安装，定额按三相、单相划分项目，套用定额 4-2-23~4-2-24。

电流互感器安装，定额按户内式、户外式、电流大小划分项目，套用定额 4-2-25~4-2-28。

按照设计图示安装数量计算工程量，计量单位为"台"。

（3）熔断器安装

配电装置中的熔断器是指 1 kV 以上的高压熔断器，其单独安装定额只有一个子目，不论装于室内、室外还是装于柱上、墙上或构架上，均套用定额 4-2-29。

计量单位为"组"，工程量按照设计图示安装三相为一组计算，不论熔断器已按 3 只组装成套或每相 1 只分体安装，均按三相线路装 3 只为 1 组计算。

（4）避雷器安装

避雷器单独安装，定额按电压等级划分子目，不分室内外、支架上、墙上或基础上等安装方式，使用时均套用定额 4-2-30、4-2-31。

按照设计图示安装数量每三相为一组计算工程量，计量单位为"组"。

（5）高压成套配电柜安装

高压配电柜安装定额分为单母线和双母线，并按各类配电柜内是否装有断路器、互感器及其他开关设备划分定额子目，使用时套用定额 4-2-56~4-2-63。

按照设计图示安装数量计算工程量，计量单位为"台"。

（6）组合型成套箱式变电站安装

定额按箱式变电站是否带有高压开关柜和变压器容量划分子目。不带高压开关柜的箱式变电站高压侧进线一般采用负荷开关，套用定额 4-2-64~4-2-66；带高压开关柜的箱式变电站套用定额 4-2-67~4-2-71。

按照设计图示安装数量计算工程量，计量单位为"台"。

3. 绝缘子、母线安装工程

（1）绝缘子安装

支持绝缘子安装，定额按户内、户外及绝缘子底座安装固定孔数划分子目，使用时套用定额 4-3-2~4-3-7。

按照设计图示安装数量计算工程量，计量单位为"个"。

（2）穿墙套管安装

穿墙套管安装，定额不分穿墙套管的型号、电流大小、水平安装、垂直安装、安装在墙上或其他设备的箱壳上，仅编制了一个子目 4-3-8。

按设计图示或实际安装个数计算工程量，计量单位为"个"。

（3）母线安装

一般 10 kV 及以下变配电工程常采用矩形母线。

① 矩形母线安装。定额按母线材质、每相片数及每片母线截面积划分子目。使用时套用 4-3-21~4-3-40。

按图示单相延长米加规定的预留长度计算工程量，计量单位为"m/单相"。规定的预留长度详见二维码"硬母线配置安装预留长度表"。

② 矩形母线引下线安装。矩形母线与矩形母线引下线安装的区别在于：某段母线，若其一端与馈线相连接，另一端与设备（如变压器、隔离开关等）相连接，则该母线称为母线引下线。定额按母线材质、每相片数及每片母线截面积大小划分子目。使用时套用定额 4-3-41~4-3-60。

均按图示单相延长米计算工程量，计量单位为"m/单相"。

③ 矩形母线伸缩节头安装。定额区分不同材质和每相片数，使用时矩形铜母线伸缩节头套用定额 4-3-61~4-3-65；矩形铝母线伸缩节头套用定额 4-3-66~4-3-70。过渡板安装套用定额 4-3-71。

计算工程量时，矩形母线伸缩节头均以"个"为计量单位，铜过渡板以"块"为计量单位。

（4）电气设备调试工程

① 电气调试概述。电气调试系统的划分以电气原理系统图为依据，工程量以提供的调试报告为依据。电气设备元件和本体试验均包括在相应定额的系统调试之内，不得重复计算。绝缘子和电缆等单体试验，只在单独试验时使用。

变配电系统调试，主要包括电气设备的本体试验和主要设备的分系统调试。主要设备分系统内所含电气设备元件的本体试验已包括在该分系统调试定额之内。图 2-11 为变配电系统调试示意图。例如，变压器系统调试中已包括该系统中的变压器、互感器、开关、仪表和继电器等一、二次设备的本体调试和回路试验。绝缘子和电缆等单体试验，只在单独试验时使用，不得重复计算。

② 送配电设备系统调试。1 kV 以下交流供电设备系统调试定额为综合定额，套用定额 4-14-12。10 kV 以下交流供电设备系统调试定额为单项定额，套用定额 4-14-13~4-14-15。

送配电设备系统调试按照设计图示安装数量计算工程量，以"系统"为计量单位。

硬母线配置安装预留长度表

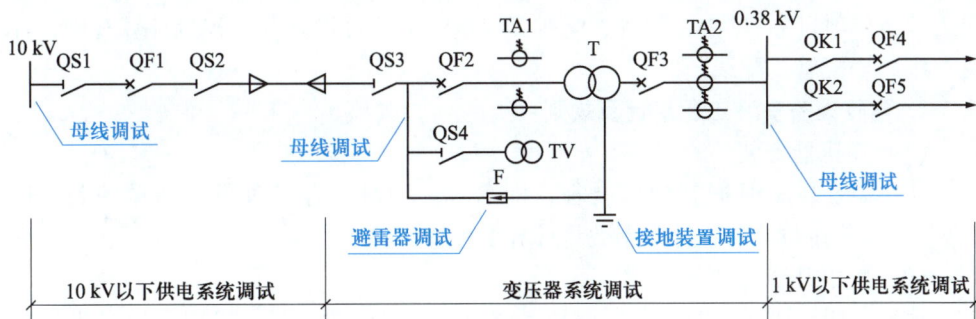

图 2-11 变配电系统调试示意图

注意：供电系统调试包括系统内的电缆试验、瓷瓶耐压等全套试验工作。

③ 变压器系统调试。10 kV 电力变压器系统调试，按变压器的容量大小套用定额 4-14-6～4-14-11。按照设计图示安装数量计算工程量，以"系统"为计量单位。

注意：变压器系统调试定额不包括避雷器、自动装置、特殊保护装置和接地装置的调试。变压器系统调试均以每个电压测一台断路器为准，多于一台断路器的按相应电压等级送配电设备系统调试的相应定额另行计算。

电力变压器如有"带负荷调压装置"，调试定额乘以系数 1.12。三卷变压器、整流变压器、电炉变压器调试，按同容量电力变压器调试定额乘以系数 1.2 计算。干式变压器调试，执行相应容量变压器调试定额乘以系数 0.8。

④ 母线、避雷器、电容器及接地装置调试。母线系统调试区分 1 kV 以下及 10 kV 以下，套用定额 4-14-42、4-14-43；以"段"为单位计算。

避雷器调试，套用定额 4-14-44；每三相为一组，以"组"为单位计算工程量。

电容器调试按 1 kV 及 10 kV 以下，套用定额 4-14-45、4-14-46；以"组"为单位计算工程量。

接地装置调试，与前述"防雷及接地系统"的调试方法相同。

2.3 电气设备安装工程国标清单计价

2.3.1 工程量清单计价基础

电气设备安装工程工程量清单计价主要执行 2013 版《通用安装工程计算规范》的相关规定。

1. 电气设备安装工程清单项目

2013 版《通用安装工程计算规范》的附录 D 规定了电气设备安装工程清单项目，适用于 10 kV 以下变配电设备及线路安装工程、车间动力电气设备及电气照明、防雷及接地装置安装、配管配线、电气调试等。

附录 D 电气设备安装工程共设置了 14 个清单项目，详见二维码"电气设备安

表格

电气设备安装
工程清单项目

装工程清单项目"。其中，配管、配线工程量清单项目设置及工程量计算规则，详见二维码"配管、配线"。

配管、配线

2. 电气设备安装工程量计算规则

（1）变压器安装

变压器安装应根据其项目特征，即名称、型号、容量等设置清单项目，以"台"为计量单位，按设计图示数量计算工程量。

（2）配电装置安装

根据其项目特征，即名称、型号、容量等设置清单项目，以"台""组"或"个"为计量单位，按设计图示数量计算工程量。

（3）母线安装

根据其项目特征，即名称、型号、规格等设置清单项目，重型母线以"t"为计量单位，其他母线以"m"为计量单位，按设计图示尺寸以质量或长度数量计算工程量。

（4）控制设备及低压电器安装

根据其项目特征，即名称、型号、规格、容量等设置清单项目，以"台""个""箱"或"套"为计量单位，按设计图示数量计算工程量。

（5）蓄电池安装

根据其项目特征，即名称、型号、容量等设置清单项目，以"个"或"组"为计量单位，按设计图示数量计算工程量。

（6）电动机检查接线及调试

根据其项目特征，即名称、型号、规格、容量、控制保护方式等设置清单项目，以"台"或"组"为计量单位，按设计图示数量计算工程量。

（7）滑触线装置安装

根据其项目特征，即名称、型号、规格、材质等设置清单项目，以"m"为计量单位，按设计图示单相长度（含预留长度）计算工程量。

（8）电缆安装

根据其项目特征，即型号、规格、敷设方式、材质、类型等设置清单项目，以"m"为计量单位，按设计图示尺寸以长度计算工程量（含预留长度及附加长度）。

（9）防雷及接地装置

根据其项目特征，即接地装置的名称、材质、规格，避雷装置各组成部分的名称、材质、规格、安装形式等，消雷装置的型号、高度等设置清单项目，以"m""根（块）""套"或"台"为计量单位，按设计图示数量计算工程量。

（10）10 kV以下架空配电线路

根据其项目特征，即名称、材质、型号、规格、地形等设置清单项目，以"根（基）""组""km"或"台（组）"为计量单位，按设计图示数量或长度数量计算工程量。

（11）配管、配线

根据其项目特征，即名称、材质、规格、配置形式及敷设部位等设置清单项目，以"m"为计量单位，配管工程量按设计图示尺寸以长度计算，按设计图示尺寸以单线长度计算配线工程量（含预留长度）。

（12）照明器具安装

根据其项目特征，即名称、型号、规格、安装形式及高度等设置清单项目，以"套"为计量单位，按设计图示数量计算工程量。

（13）附属工程

根据其项目特征，即名称、材质、规格、类型等设置清单项目，以"kg""m""个"或"m²"为计量单位，按设计图示数量计算工程量。

（14）电气调整试验

根据其项目特征，即名称、型号、规格、类别、容量、电压等级等设置清单项目，以"系统""套""段""组"或"台"为计量单位，按设计图示数量计算工程量。

2.3.2　工程量清单的编制

工程量清单编制一般方法如 2.2 节所述，这里主要针对电气设备安装工程常用分部分项工程量清单的编制进行说明。

1. 电气照明系统

（1）照明控制设备

编制时主要执行附录 D.4 控制设备及低压电器安装。如配电箱安装，应用项目编码 030404017，而控制开关安装应用项目编码 030404019；要根据工程具体情况、项目特征、工程内容等列出具体的清单项目。

要注意，编号为 030404031 小电器清单项目的编制，小电器包括按钮、电笛、电铃、水位电气信号装置、测量表计、继电器、电磁锁、屏上辅助设备、辅助电压互感器、小型安全变压器等。

（2）配管、配线

主要执行附录 D.11 配管、配线。如配管，应用项目编码 030411001，而配线应用项目编码 030411004。

（3）照明器具

主要执行附录 D.12 照明器具安装，例如普通吸顶灯，应用项目编码 030412001，而荧光灯应用项目编码 030412005。又如照明开关安装，应用项目编码 030404034；风扇安装，应用项目编码 030404033。在编制照明开关安装时，项目编码组成的前 9 位相同，但由于它们的项目特征（型号、规格等）不同，它们项目编码组成的后 3 位就不同，它们属于不同的清单项目。

（4）电气调试

主要执行附录 D.14 电气调整试验。如送配电装置系统调整应用项目编码 030414002。

【例 2-6】试编制【例 2-3】中的电气设备安装工程分部分项工程量清单。

【解】根据计价规范的清单项目设置及工程量计算规则，分部分项工程量清单编制如表 2-9 所示。

例 2-6 讲解与学习

表 2-9 【例 2-3】分部分项工程清单与计价表

工程名称：某办公楼照明工程　　　　　　　　　标段：　　　　　　第　页，共　页

序号	项目编码	项目名称	项目特征描述	计量单位	工程量	综合单价	合价	人工费	机械费	暂估价
							金额/元			
								其中		
1	030411001001	配管	JDG 管砖混结构中暗配 DN15	m	4.35					
2	030411001002	配管	JDG 管砖混结构中暗配 DN20	m	3.28					
3	030411004001	配线	管内穿线 BV-2.5	m	23.02					
4	030412005001	荧光灯	成套吸顶式双管荧光灯安装	套	2					
5	030404034001	照明开关	双联板式暗开关安装	套	1					
6	030404033001	风扇	吊风扇安装	套	1					
7	030411006001	接线盒	钢质灯头盒暗装	个	3					
8	030411006002	接线盒	钢质开关盒暗装	个	2					
			合计							

2. 防雷及接地系统

编制时主要执行附录 D.9 防雷及接地装置、D.14 电气调整试验。如接地母线应用项目编码 030409002，避雷网应用项目编码 030409005，接地装置调试应用项目编码 030414011。要求：根据工程具体情况列出清单项目。

【例 2-7】试编制【例 2-4】中的电气设备安装工程分部分项工程量清单。

【解】根据计价规范的清单项目设置及工程量计算规则，分部分项工程量清单编制如表 2-10 所示。

（微课）

例 2-7 讲解与学习

表 2-10 【例 2-4】分部分项工程清单与计价表

工程名称：某住宅楼防雷工程　　　　　　　　　标段：　　　　　　第　页，共　页

序号	项目编码	项目名称	项目特征描述	计量单位	工程量	综合单价	合价	人工费	机械费	暂估价
							金额/元			
								其中		
1	030409005001	避雷网	① 避雷网沿折板支架安装 ② 镀锌圆钢 ϕ10	m	133.82					
2	030409005002	避雷网	① 避雷网沿混凝土暗敷 ② 镀锌圆钢 ϕ10	m	9.35					
3	030409003001	避雷引下线	① 避雷引下线沿外墙引下 ② 镀锌圆钢 ϕ10 ③ 断接卡子制作、安装	m	96.37					

续表

序号	项目编码	项目名称	项目特征描述	计量单位	工程量	金额/元				
						综合单价	合价	其中		
								人工费	机械费	暂估价
4	030409001001	接地极	① 接地极制作、安装 ② ∟ 50×5，H = 2500 ③ 普通土	根	9					
5	030409002001	接地母线	① 接地母线埋地敷设 ② −40×4	m	43.38					
6	030411011001	接地装置	① 接地电阻测试 ② 独立接地装置 ③ 6 根接地极以内	组	3					
合计										

3. 动力系统

（1）动力控制设备

编制时主要执行附录 D.4 控制设备及低压电器安装。如控制箱、配电箱安装应用项目编码 030404016、030404017，而控制开关、接触器安装应用项目编码 030404019、030404023；要根据工程具体情况列出清单项目。

（2）电动机检查接线及调试

编制时主要执行附录 D.6 电机检查接线及调试。如普通小型直流电动机应用项目编码 030406003，而低压交流异步电动机应用项目编码 030406006；要根据工程具体情况列出清单项目。

电动机按其质量划分为大、中、小型。3 t 以下为小型，3~30 t 为中型，30 t 以上为大型。

（3）电缆

编制时主要执行附录 D.8 电缆安装。如电力电缆敷设应用项目编码 030408001，而电缆保护管应用项目编码 030408003。

（4）配管、配线

配管、配线与电气照明系统的相同。

（5）电气调试

编制时主要执行附录 D.14 电气调整试验。如送配电装置系统调整应用项目编码 030414002，不间断电源调整应用项目编码 030414007。

【例 2-8】某动力电气安装工程，建筑物结构类型为砖、混凝土结构，室内低压配电柜 AP 至配电箱 M 之间采用电力电缆 YJV-4×16+1×10 穿焊接钢管 SC50 沿

微课

例 2-8 讲解与学习

地、墙暗敷；低压配电柜 AP（宽×高×深 = 800 mm×2000 mm×400 mm）落地式安装，下设10#基础槽钢；配电箱 M（宽×高×深 = 500 mm×400 mm×220 mm）嵌墙安装，底边距地1.6m；配电柜至配电箱的水平距离为25m；电缆保护管埋地深0.1m。试编制该电气设备安装工程分部分项工程量清单。

【解】查表2-8得10#槽钢理论高度为100 mm，即0.1 m。

焊接钢管 SC50 工程量：[0.1（槽钢高度）+0.1]（出柜入地）+25（柜与箱间水平）+（0.1+1.6）（出地入箱）= 26.90（m）

电力电缆 YJV-4×16+1×10 工程量：[26.90+（0.8+2）（柜预留量）+（0.5+0.4）（箱预留量）]×（1+2.5%）= 31.37（m）

将计算数据填入某动力电气安装工程分部分项工程清单与计价表，见表2-11。

表2-11　某动力电气安装工程分部分项工程清单与计价表

工程名称：某动力电气安装工程　　　　　　　　　　标段：　　　　　　　第　页，共　页

序号	项目编码	项目名称	项目特征描述	计量单位	工程量	综合单价	合价	人工费	机械费	暂估价
								金额/元		
								其中		
1	030404017001	配电箱	① 低压配电柜 AP ② 箱体尺寸宽×高×深：800×2000×400 ③ 落地式安装 ④ 下设10#基础槽钢	台	1					
2	030404017002	配电箱	① 配电箱 M ② 箱体尺寸宽×高×深：500×400×220 ③ 嵌墙安装	台	1					
3	030408001001	电力电缆	① 电力电缆 YJV-4×16+1×10 ② 室内穿保护管敷设	m	31.37					
4	030408006001	电力电缆头	① 户内干包式电力电缆头制作、安装 ② 规格：4×16+1×10	个	2					
5	030412001001	配管	① 焊接钢管 SC50 ② 砖混结构暗配	m	26.90					
合计										

4. 变配电系统

（1）变电设备

编制时主要执行附录 D.1 变压器安装。如油浸电力变压器安装应用项目编码 030401001，而干式变压器安装应用项目编码 030401002；要根据工程具体情况列出清单项目。

（2）配电装置

编制时主要执行附录 D.2 配电装置安装。如高压成套配电安装应用项目编码 030402017，组合型成套箱式变电站安装应用项目编码 030402018；要根据工程具体情况列出清单项目。

（3）母线、绝缘子

编制时主要执行附录 D.3 母线安装。如带形母线安装应用项目编码 030403003，低压封闭式插接母线槽安装应用项目编码 030403006。

（4）控制设备及低压电器

编制时主要执行附录 D.4 控制设备及低压电器安装。如继电、信号屏安装应用项目编码 030404002，低压开关柜（屏）安装应用项目编码 030404004；要根据工程具体情况列出清单项目。

（5）蓄电池安装

编制时主要执行附录 D.5 蓄电池安装。如蓄电池应用项目编码 030405001。

（6）电气调试

主要执行附录 D.14 电气调整试验。如电力变压器系统调整，应用项目编码 030414001，10 kV 送配电系统调整应用项目编码 030414002。

【例 2-9】某建筑物变配电室安装 3 台高压成套配电柜，柜的尺寸（宽×高×深）为 1000 mm×2000 mm×600 mm，安装在 10#基础槽钢上。试编制高压成套配电柜的工程量清单。

【解】高压成套配电柜的工程量清单与计价表如表 2-12 所示。

例 2-9 讲解与学习

表 2-12　某高压成套配电柜分部分项工程清单与计价表

工程名称：　　　　　标段：　　　　　　　　第　页，共　页

序号	项目编码	项目名称	项目特征描述	计量单位	工程量	综合单价	合价	人工费	机械费	暂估价
1	030402017001	高压成套配电柜	1. 高压成套配电柜安装 2. 柜的尺寸宽×高×深：1000×2000×600 3. 设 10#基础槽钢	台	3					
			合计							

2.3.3　工程量清单计价的编制

1. 电气设备安装工程造价费用的组成

在工程量清单计价模式下，电气设备安装工程造价由分部分项工程量清单项目费、措施项目费、其他项目费、规费和税金组成。其中，分部分项工程量清单项目费是由各清单项目的工程量乘以其综合单价后的汇总所得。因此，综合单价计算成了整个工程造价计价的重要环节。

2. 综合单价计算

关键是计算出完成该清单项目全部内容的费用，这就要求计价人仔细分析清单项目的全部"工程内容"，以便逐一计价。对此可根据计价规范或计价指引，参照预算定额来进行编制。

【例2-10】试列表分别计算【例2-8】低压配电柜AP、电力电缆清单项目的综合单价，并计算其合价。管理费和利润的费率按定额中值计取，管理费费率21.72%，利润率10.4%，风险费不考虑。已知下列材料的除税信息价：低压配电柜AP，8500元/台；10#槽钢，5160元/t；电力电缆YJV-4×16+1×10，55元/m。

【解】① 10#槽钢工程量及质量计算。

10#槽钢工程量=（0.8+0.4）×2=2.4（m）

10#槽钢质量为10.007 kg/m，故槽钢总质量为10.007×2.4=24.02（kg）。

② 分部分项工程量清单项目费计算如表2-13所示。

表2-13　【例2-8】分部分项工程清单与计价表

工程名称：某动力电气安装工程　　　　　　标段：　　　　　　　第　页，共　页

序号	项目编码	项目名称	项目特征描述	计量单位	工程量	综合单价/元	合价/元	其中		
								人工费/元	机械费/元	暂估价/元
1	030404017001	配电箱	① 低压配电柜AP ② 箱体尺寸宽×高×深：800×2000×400 ③ 落地安装 ④ 设10#基础槽钢	台	1	9335.76	9335.76	411.27	83.71	
2	030408001001	电力电缆	① 电力电缆YJV-4×16+1×10 ② 室内穿保护管敷设	m	31.37	58.63	1839.22	66.82	1.57	
合计							11174.98	478.09	85.28	

③ 工程量清单综合单价计算如表2-14所示。

表2-14　【例2-8】工程量清单综合单价计算表

工程名称：某动力电气安装工程　　　　标段：

序号	项目编码（定额编码）	清单（定额）项目名称	计量单位	数量	综合单价/元						合计/元
					人工费	材料费	机械费	管理费	利润	小计	
1	030404017001	配电箱：①低压配电柜AP ②箱体尺寸宽×高×深：800×2000×400 ③落地安装 ④设10#基础槽钢	台	1	411.27	8681.79	83.71	107.51	51.48	9335.76	**9335.76**
	4-4-13	低压配电柜AP安装，落地式	台	1	255.56	8527.38	68.78	70.45	33.73	8955.90	8955.90
	主材	低压配电柜AP 800×2000×400	台	1.000		8500.00					8500.00
	4-4-68	基础型钢制作	100 kg	0.240	449.01	605.27	46.15	107.55	51.50	1259.48	302.53
	主材	10#槽钢	kg	25.221		5.16					130.14
	4-4-69	基础槽钢安装	10 m	0.240	199.40	37.60	16.01	46.79	22.40	322.20	77.33
2	030408001001	电力电缆：①电力电缆16+1×10 ②室内穿保护管敷设	m	31.370	2.13	55.75	0.05	0.47	0.23	58.63	**1839.22**
	4-8-88换	铜芯电力电缆敷设 YJV-4×16+1×10	100 m	0.314	212.90	5574.59	5.15	47.36	22.68	5862.68	1839.12
	主材	电力电缆 YJV-4×16+1×10	m	31.684		55.00					1742.60
		合计									11174.98

2.4   电气设备安装工程计价案例

本节以一幢商住楼电气安装工程为例，进一步说明采用定额清单计价方式和国标清单计价方式编制电气设备安装工程招标控制价的方法。

2.4.1   工程概况

1. 主体工程概况

本工程为浙江某市区商住楼，共四层，其中一层为商场（层高 4.50 m），二~四层为住宅（层高均为 3.00 m）。住宅部分共分三个单元，每单元为一梯两户，两户的平面对称布置。建筑物主体结构为底层框架结构，二层及以上为砖混结构，楼板为现浇混凝土楼板。室内外地坪高差为 0.45 m。

2. 电气工程概况

（1）设计说明

① 本工程电源采用三相四线制（380/220 V）供电，进户线采用 VV22-1000-3×35+1×16 电力电缆，穿焊接钢管 SC80 埋地引入至总电表箱 AW，室外埋深 0.7 m。

② 在电源进户处设置重复接地装置一组，接地极采用镀锌角钢∠50×50×5，$L=$ 2500 mm，接地母线采用镀锌扁钢-40×4，接地电阻不大于 4 Ω。

③ 室内配电干线。电表箱 AW 至各层住户配电箱 AL 均采用 BV-2×16+PE16 导线【PE 线也采用 BV 线】，AW 箱至底层 AL1-1、AL1-2 箱穿焊接钢管 SC32 保护，AW 箱至其他楼层住户配电箱 AL 穿 PC40 保护。由住户配电箱引出至用电设备的配电支线，空调插座回路采用 BV-2×4+PE4 导线穿 PC25 保护；其他插座回路采用 BV-2×2.5+PE2.5 导线穿 PC20 保护；照明回路采用 BV-2×2.5 导线穿 PC 保护，其中 2 根线用 PC16，3 根线用 PC20，4~6 根线用 PC25。楼道照明由 AW 箱单独引出一回路供电。

④ 设备距楼地面安装高度具体见表 2-15 主要设备材料表。AW 总电表箱底边 1.40 m，AL 住户配电箱底边 1.80 m；链吊式荧光灯具 3.0 m，软线吊灯 2.8 m；灯具开关、吊扇调速开关 1.30 m；空调插座 1.80 m，厨房、卫生间插座 1.50 m，普通插座 0.30 m。线路接线（分线）盒设在墙上，距顶棚下方 0.4 m。

（2）主要设备材料表

主要设备材料见表 2-15，表中的主要设备材料为该商住楼一个单元的数量，其余单元均相同。表中管线数量需按施工图纸统计计算。

表 2-15   主要设备材料表

序号	图例	名　　称	规　　格	单位	数量	备注
1	■■■	电表箱	JLFX-9，950×900×200	台	1	底边距地 1.4 m
2	■■■	配电箱	XRM101，450×450×105	台	8	底边距地 1.8 m
3	⊨⊨	成套型链吊式双管荧光灯	YG2-2，2×40W	套	24	距地 3.0 m

续表

序号	图例	名　称	规　格	单位	数量	备注
4		方形吸顶灯	XD117，4×40 W，大口方罩	套	12	吸顶安装
5		半圆球吸顶灯	JXD5-1，1×40 W，$\phi=250$	套	18	吸顶安装
6		无罩软线吊灯	1×40 W	套	30	距地2.8 m
7		瓷质座灯头	1×40 W	套	18	吸顶安装
8		声控半圆球吸顶灯	1×14 W，$\phi=250$	套	4	吸顶安装
9		暗装单联单控开关	L1E1K/1	套	36	距地1.3 m
10		暗装双联单控开关	L1E2K/1	套	24	距地1.3 m
11		暗装三联单控开关	L1E3K/1	套	4	距地1.3 m
12		暗装2、3孔单相插座	L1E2US/P，10 A	套	130	距地0.3 m
13		暗装3孔空调插座	L1E1S/16P，16 A	套	28	距地1.8 m
14		暗装防溅3孔单相插座（带开关）	L1E2SK/16P+L1E1F，10 A	套	12	距地1.5 m
15		暗装2、3孔单相插座（带保护门）	L1E1S/P+L1E1F，10 A	套	24	距地1.5 m
16		吊风扇	$\phi1200$	台	8	吸顶安装
17		吊风扇调速开关	吊扇配套	个	8	距地1.3 m
18		电力电缆	VV22-1000-3×35+1×16	m	按实	
19		钢管	SC80	m	按实	
20		钢管	SC32	m	按实	
21		硬塑料管	PC40	m	按实	
22		硬塑料管	PC25	m	按实	
23		硬塑料管	PC20	m	按实	
24		硬塑料管	PC16	m	按实	
25		导线	BV-16	m	按实	
26		导线	BV-4	m	按实	
27		导线	BV-2.5	m	按实	
28		接地极	$\llcorner50×50×5$，$l=2500$	根	按实	
29		接地母线	-40×4	m	按实	

（3）电气系统图

这里的电气系统图是指该商住楼三个相同单元的单元电气系统图。电气系统图由配电干线图［图2-12（a）］、电表箱系统图［图2-12（b）］和住户配电箱系统图（图2-13）组成。

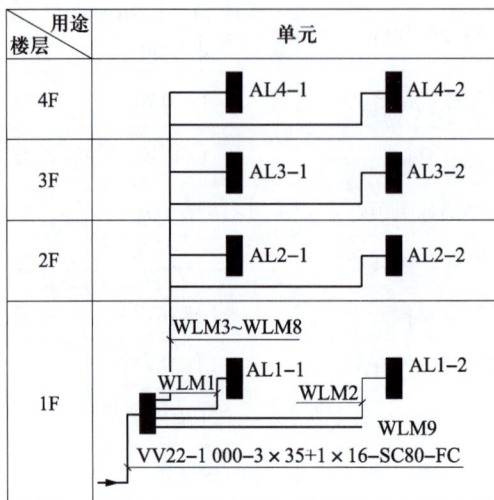

(a) 配电干线图

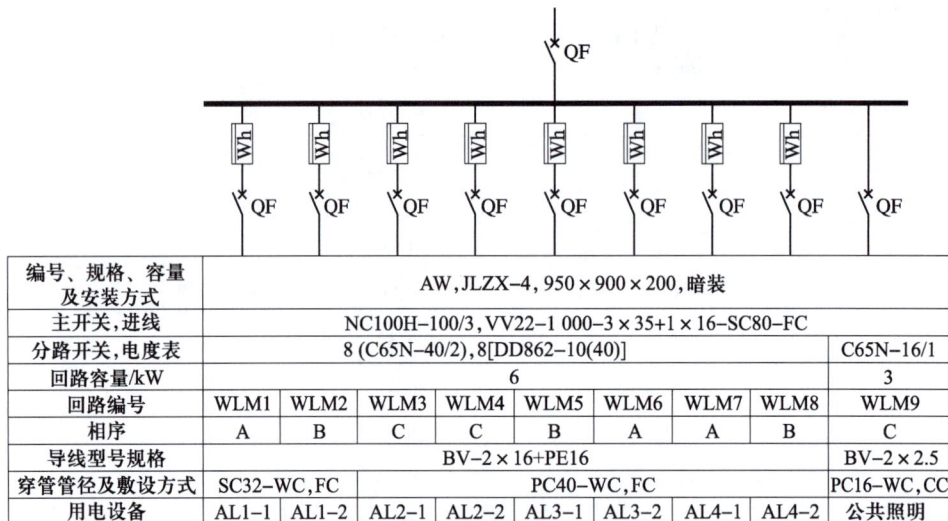

编号、规格、容量及安装方式	AW，JLZX-4，950×900×200，暗装							
主开关，进线	NC100H-100/3，VV22-1 000-3×35+1×16-SC80-FC							
分路开关，电度表	8 (C65N-40/2)，8[DD862-10(40)]							C65N-16/1
回路容量/kW	6							3
回路编号	WLM1	WLM2	WLM3	WLM4	WLM5	WLM6	WLM7	WLM8	WLM9
相序	A	B	C	C	B	A	A	B	C
导线型号规格	BV-2×16+PE16								BV-2×2.5
穿管管径及敷设方式	SC32-WC，FC	PC40-WC，FC							PC16-WC，CC
用电设备	AL1-1	AL1-2	AL2-1	AL2-2	AL3-1	AL3-2	AL4-1	AL4-2	公共照明

(b) 电表箱系统图

图2-12 配电干线及电表箱系统图

① 配电干线图。安装在底层的电表箱 AW，也是该单元的总配电箱，底层还设有两个配电箱 AL1-1、AL1-2；二至四层每层均有两台住户配电箱，编号分别为 AL2-1～AL4-2。

进线电源引至电表箱 AW 并经计量后，引出的配电干线采用"放射式"连接方式。即由 AW 箱向各楼层的各住户箱 AL 分别引出一路干线供电，配电干线回路

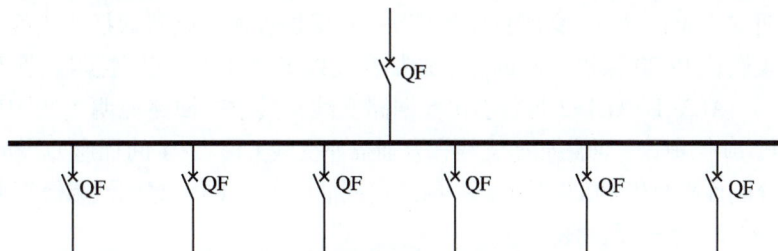

编号、规格、容量及安装方式	AL1-1、2 XM(R)23-3-15 450×450×105 6 kW暗装					
主开关、进线	C65N-40/2 BV-2×16+PE16-SC32-WC、FC					
分路开关	C65N-20/1	2(C65N-20/1+Vigi)		2(C65N-20/1)		C65N-20/1
设备容量						
回路编号	M1	C1	C2	K1	K2	M2
相序						
导线型号规格	BV-2×2.5	BV-2×2.5+PE2.5		BV-2×4+PE4		BV-2×2.5
穿管管径及敷设方式	PC16-WC、CC	PC20-WC、FC		PC25-WC、CC		PC16-WC、CC
用电设备	照明	普通插座		空调插座		照明

(a) 配电箱AL1-1、AL1-2系统图

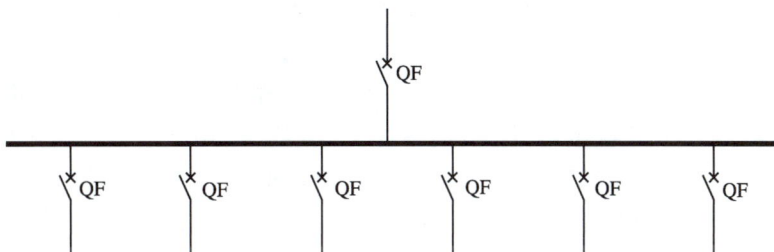

编号、规格、容量及安装方式	AL2~4-1、2 XM(R)23-3-15 450×450×105 6 kW 暗装				
主开关、进线	C65N-40/2 BV-2×16+PE16-PC40-WC、FC				
分路开关	C65N-20/1	3(C65N-20/1+Vigi)		C65N-20/1	C65N-20/1
设备容量					
回路编号	M1	C1	C2	C3	K1
相序					
导线型号规格	BV-2×2.5	BV-2×2.5+PE2.5		BV-2×4+PE4	
穿管管径及敷设方式	PC16-WC、CC	PC20-WC、FC	PC20-WC、CC	PC25-WC、CC	
用电设备	照明	普通插座	卫生间插座	厨房插座	空调插座	备用

(b) 配电箱AL2-1~AL4-2系统图

图 2-13 住户配电箱系统图

的编号为 WLM1~WLM8。

② 电表箱系统图。电源引入线采用铜芯塑料低压电力电缆，进入建筑物穿焊接钢管 SC80 保护。电表箱内共装设了 8 个单相电度表，每个电表由一个低压断路器保护。电表引出的导线即为室内低压配电干线，每一回路均由三根 16 mm² 的铜芯塑料线组成，并穿线管保护，其中至一层 AL1-1、AL1-2 箱的用焊接钢管 SC32，至其余楼层的用刚性阻燃管 PC40。电表箱还引出了一回路楼道公共照明支线，采用两根 2.5 mm² 的铜芯塑料线，穿刚性阻燃管 PC16 沿墙或顶棚暗敷。

③ 住户配电箱系统图。AL1-1、AL1-2 箱各引出 6 回路支线，其中两回路照

明支线 M1、M2，穿刚性阻燃管 PC16 保护；两回路普通插座支线 C1、C2，穿刚性阻燃管 PC20 保护；两回路空调插座支线 K1、K2，穿刚性阻燃管 PC25 保护。

AL2-1~AL4-2 箱各引出 5 回路支线，其中一回路照明支线 M1，穿刚性阻燃管 PC16 保护；三回路插座支线，普通插座支线 C1、卫生间插座 C2 和厨房插座 C3，均穿刚性阻燃管 PC20 保护；一回路空调插座支线 K1，穿刚性阻燃管 PC25 保护。

3. 电气平面图

图 2-14、图 2-15 分别为该商住楼一个单元的底层和标准层电气平面图，建筑布局和电气布置以 4 轴为对称轴布置。

（1）底层电气平面图

由底层电气平面图可知，该单元的电源进线是从建筑物北面，沿 1/4 轴埋地引至位于底层的电表箱 AW。由 AW 箱引出至各楼层的室内低压配电干线，至底层住户配电箱 AL1-1、AL1-2 的由其下端引出，至二层以上住户配电箱 AL2-1~AL4-2 的由其上端引出，楼道公共照明支线也由其上端引出。这部分垂直管线在平面图上无法表示，只能结合电气系统图来理解并计算工程量。

由底层电气平面图还可知室外接地装置的安装平面位置。室外接地母线埋地引入室内后由电表箱 AW 的下端口进入箱内。

底层配电箱 AL1-1、AL1-2 分别暗装在 1/3 轴和 1/4 轴墙内，对照电气系统图可知每一个配电箱引出 6 回路支线，支线 M1 由配电箱上端引出给住户 B 轴下方的 6 套双管荧光灯和两台吊扇供电；支线 M2 由配电箱上端引出给 B 轴上方的 6 套双管荧光灯和两台吊扇供电；支线 C1 由配电箱下端引出给 B 轴上方的 8 套普通插座供电；支线 C2 由配电箱下端引出给 B 轴下方的 9 套普通插座供电；支线 K1 由配电箱上端引出给 1（7）轴墙上的 1 套空调插座供电，支线 K1 由配电箱上端引出给 1/3（1/4）轴墙上的 1 套空调插座供电。

（2）标准层电气平面图

由标准层电气平面图可知，引入每层住户配电箱 AL 的配电干线是由楼梯间 1/4 轴墙内暗敷设引上，并经楼地面、墙体引到位于 B 轴墙上暗装的配电箱。

对照电气系统图可知，每一个住户配电箱引出 5 回路支线，支线 M1 由配电箱上端引出给这一户所有的照明灯具供电，它的具体走向是出箱后先到客厅，然后到北阳台、南卧室、卫生间、厨房，由于该支线较长，所以看图时应注意每根图线代表的导线根数以及穿管管径；支线 C1 由配电箱下端引出给所有的普通插座供电，它的具体走向是出箱后先到客厅，然后到南面的各卧室；支线 C2 由配电箱上端引出给盥洗室、卫生间插座供电，它的具体走向是出箱后先到盥洗室 7 轴墙上的分线盒，分线盒在顶板下方 0.4 m，然后到卫生间；支线 C3 由配电箱上端引出给餐厅、厨房插座供电，它的具体走向是出箱后先到餐厅，然后到厨房；支线 K1 由配电箱上端引出所有的空调插座供电，它的具体走向是出箱后先到箱上方的墙上分线盒，再由分线盒分出两路线，一路至客厅空调插座，另一路至南面卧室各空调插座。

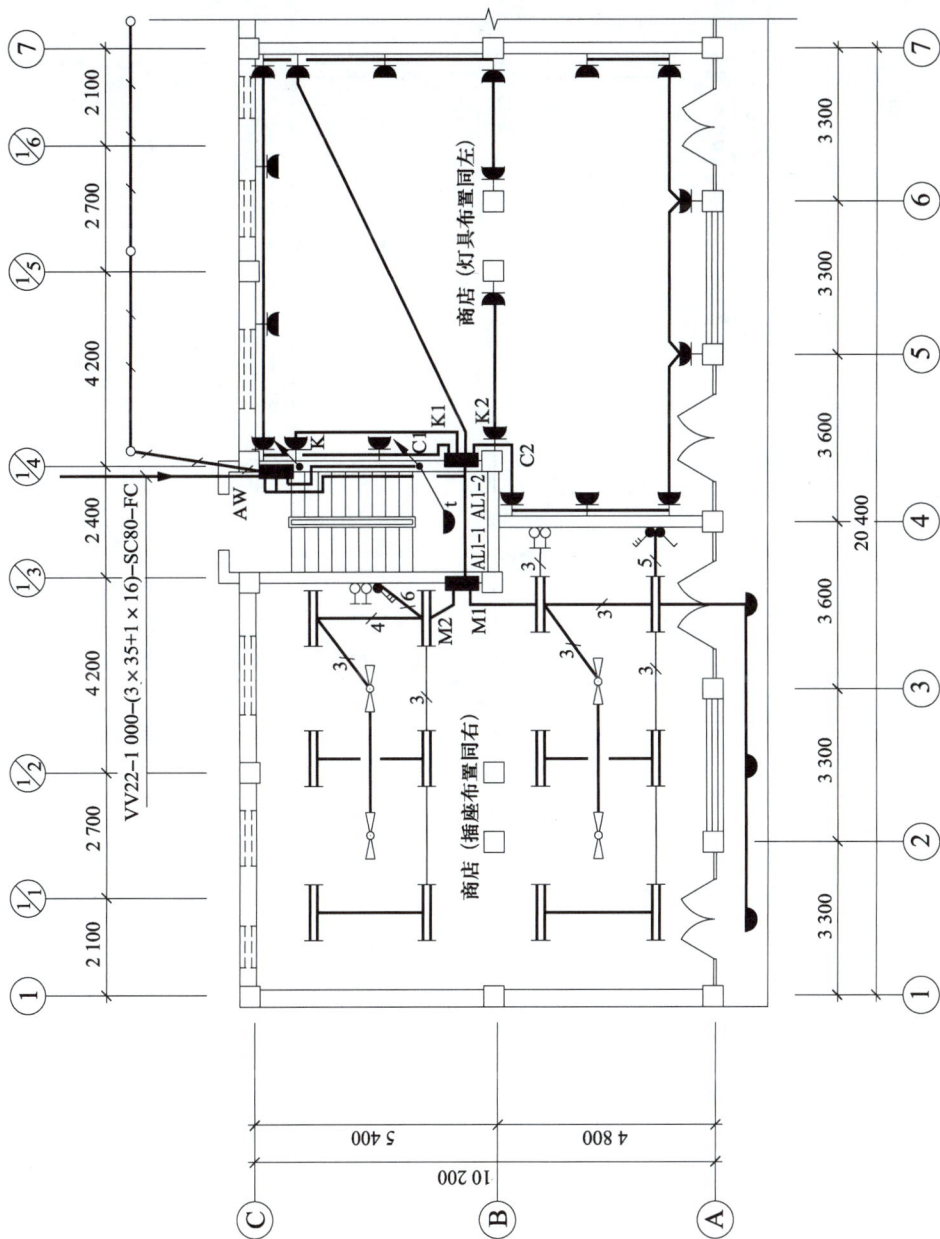

图 2-14 底层电气平面图

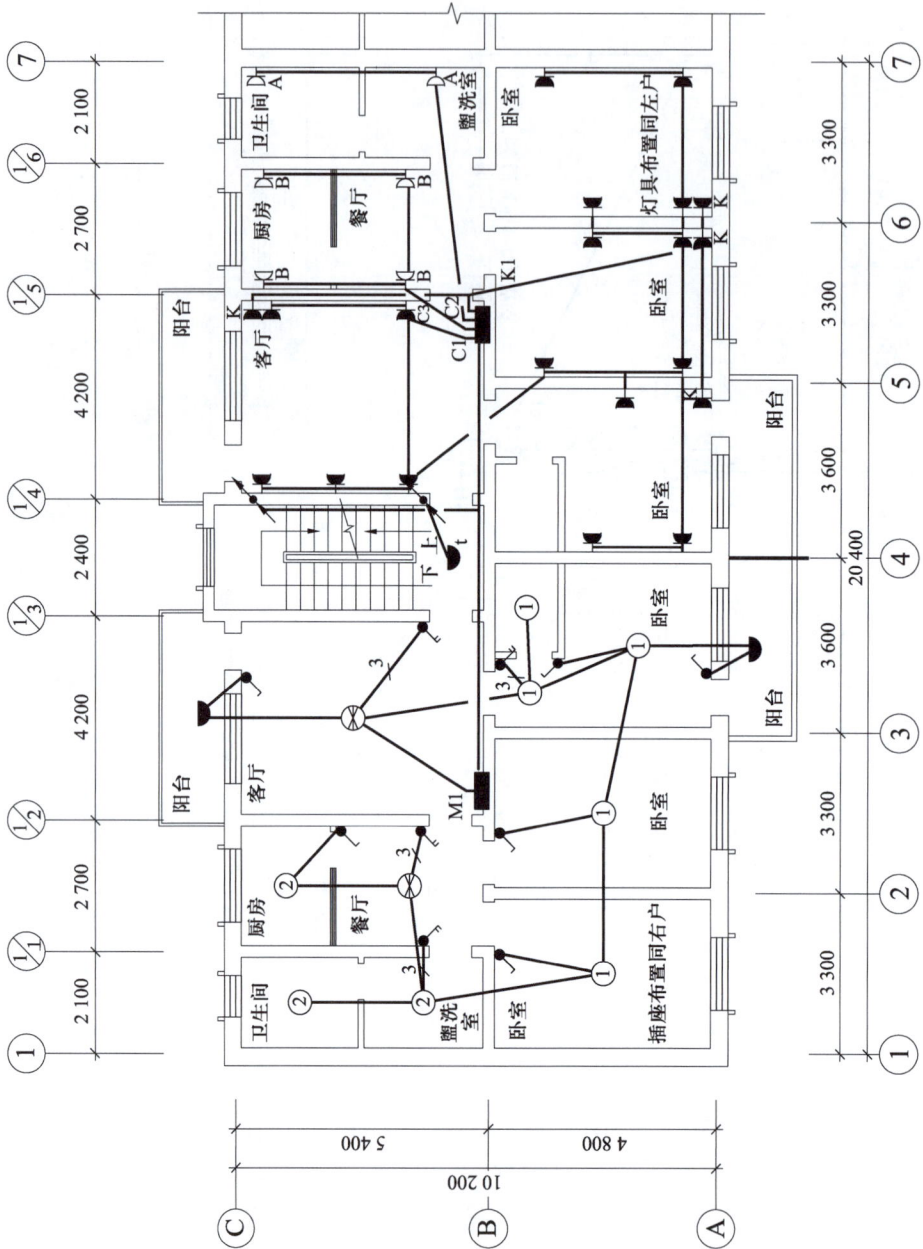

图2-15　标准层电气平面图

2.4.2 工程量计算

先以一个单元为计算对象，整幢商住楼的工程量应按其 3 倍来统计计算。

工程量的详细计算过程可参二维码"工程量计算表"。工程量的汇总顺序基本上是按照电气照明系统的系统组成来进行的，即照明控制设备、配管配线（楼层→配电箱→回路→配管→配线）、照明器具、接地、调试等。

工程量计算表

2.4.3 定额清单计价

采用工程定额清单计价法编制该工程的招标控制价。

① 计价依据为 2018 版《浙江省计价规则》《浙江省建设工程施工取费定额》（2018 版）（以下简称"2018 版《浙江省取费定额》"）。主要材料价格为当地市场信息价。

② 进户电缆暂不计价。

③ 施工技术措施项目：脚手架搭拆。

④ 施工组织措施项目：安全文明施工。

⑤ 施工取费按一般计税法的中值费率取费，风险因素及其他费用暂不计。

电气设备安装工程计价案例定额清单计价编制

2.4.4 国标清单计价

采用工程国标清单计价法编制该工程的招标控制价。

① 计价依据为 2018 版《浙江省计价规则》、2018 版《浙江省取费定额》。主要材料价格为当地市场信息价。

② 进户电缆暂不计价。

③ 施工技术措施项目：脚手架搭拆。

④ 施工组织措施项目：安全文明施工。

⑤ 施工取费按一般计税法的中值费率取费，风险因素及其他费用暂不计。

电气设备安装工程计价案例国标清单计价编制

思考与练习

一、单选题

1. 钢制桥架主结构设计厚度大于 3 mm 时，执行相应安装定额的（　　）乘以系数 1.2。

　A. 人工　　　　　B. 机械　　　　　C. 人工、机械　　　　D. 基价

2. 梯式桥架安装定额是按照不带盖考虑的，若梯式桥架带盖，则执行相应的（　　）定额。

　A. 钢制桥架　　B. 槽式桥架　　C. 铝合金桥架　　　D. 组合式桥架

3. 根据《第四册定额》第九章，利用基础（或地梁）内两根主筋焊接连通作为接地母线时，执行（　　）定额，卫生间接地中的底板钢筋网焊接无论跨接或点焊，均执行本章（　　）定额，基价乘以系数 1.2。

A. 均压环敷设，均压环敷设　　　B. 均压环敷设，接地母线敷设

C. 接地母线敷设，均压环敷设　　D. 接地母线敷设，接地母线敷设

4. 根据《第四册定额》，嵌入式成套配电箱执行相应（　　）安装定额，基价乘以系数（　　）。

A. 落地式配电箱，1.2　　　　　　B. 悬挂式配电箱，1.2

C. 低压成套配电柜，1.2　　　　　D. 相应成套配电箱，1.3

5. 根据《第四册定额》第十二章配线工程，下列关于工程量计算规则说法错误的是（　　）。

A. 管内穿线根据导线材质与截面面积，区别照明线与动力线，按照设计图示安装数量以"m"为计量单位。

B. 管内穿多芯软导线根据软导线芯数与单芯软导线截面面积按照设计图示安装数量以"m"为计量单位。

C. 管内穿线的线路分支接头线长度已综合考虑在定额中，不得另行计算。

D. 管内穿线的线路分支接头线长度定额中没有考虑，需要另行计算。

6. 根据《第四册定额》第十一章配管工程，镀锌电线管安装执行（　　）定额。

A. 镀锌钢管安装定额　　　　　　B. 扣压式薄壁钢导管

C. 套接紧定式镀锌钢导管　　　　D. 焊接钢管

7. 根据《第四册定额》第九章，接地极长度按照设计长度计算，设计无规定时，每根按照（　　）计算。

A. 2.0 m　　　　B. 2.5 m　　　　C. 3.0 m　　　　D. 3.5 m

8. 根据《第四册定额》第九章，利用基础（或地梁）内两根主筋焊接连通作为接地母线时，执行"均压环敷设"定额；卫生间接地中的底板钢筋网焊接无论跨接或点焊，均执行"均压环敷设"定额，基价乘以系数（　　）。

A. 1.0　　　　　B. 1.1　　　　　C. 1.2　　　　　D. 1.3

9. 根据《第四册定额》，考虑电缆敷设弛度、波形弯度、交叉等情况，按电缆全长的（　　）计算。

A. 1.5%　　　　B. 2.5%　　　　C. 3.5%　　　　D. 4.5%

10. 根据《第四册定额》第十三章，荧光灯具安装定额按照成套型荧光灯考虑，工程实际采用组合式荧光灯时，执行相应的成套型荧光灯安装定额乘以系数（　　）。

A. 1.0　　　　　B. 1.1　　　　　C. 1.2　　　　　D. 1.3

二、多选题

1. 根据《第四册定额》第十一章配管工程，配管敷设计算长度时，不扣除（　　）等所占长度。

A. 接线箱　　　　　　　　　　　B. 接线盒

C. 灯头盒、开关盒、插座盒　　　D. 配电箱

E. 管件

2. 根据《第四册定额》第十三章照明器具安装工程，下列说法正确的是（　　）。

A. 灯具引导线是指灯具吸盘到灯头的连线除注明者外，均按照灯具自备考虑。如引导线需要另行配置时，其安装费不变，主材费另行计算。

B. 小区路灯、投光灯、氙气灯、烟囱或水塔指示灯的安装定额，考虑了超高安装（操作超高）因素。

C. 吊式艺术装饰灯具的灯体直径为装饰灯具的最大外缘直径，灯体垂吊长度为灯座底部到灯梢之间的总长度。

D. 吸顶式艺术装饰灯具的灯体直径为吸盘最大外缘直径，灯体半周长为矩形吸盘的半周长，灯体垂吊长度为吸盘到灯梢之间的总长度。

E. 照明灯具安装均已包括支架制作、安装。

3. 下列关于电缆敷设工程工程量计算规则，正确的是（　　）。

A. 电缆沟揭、盖、移动盖板根据施工组织设计，以揭一次或盖一次为计算基础，按照实际揭或盖次数乘以其长度，以"m"为计量单位，如又揭又盖则按两次计算。

B. 电缆桥架安装根据桥架材质与规格，按照设计图示安装数量以"m"为计量单位。

C. 电缆敷设根据电缆材质与规格，按照设计图示单根敷设数量以"m"为计量单位。不计算电缆敷设损耗量。

D. 竖井通道内敷设电缆长度按照穿过竖井通道的长度计算工程量。

E. 计算电缆敷设长度时，应考虑因波形、敷设弛度、电缆绕梁（柱）所增加的长度以及电缆与设备连接、电缆接头等必要的预留长度。

4. 根据《第四册定额》第十三章照明器具安装工程，成套型荧光灯定额适用于（　　）等灯具种类。

A. 单管、双管、三管、四管荧光灯

B. 吊链式、吊管式

C. 组合式荧光灯

D. 成套独立荧光灯

E. 吸顶式嵌入式

5. 根据《第四册定额》第十二章配线工程，下列关于工程量计算规则说法正确的是（　　）。

A. 线槽配线根据导线截面面积，按照设计图示安装数量以"m"为计量单位。

B. 塑料护套线明敷设根据导线芯数与单芯导线截面面积，区别导线敷设位置（木结构、砖混结构沿钢索），按照设计图示安装数量以"m"为计量单位。

C. 管内穿线根据导线材质与截面面积，区别照明线与动力线，按照设计图示安装数量以"m"为计量单位。

D. 管内穿多芯软导线根据软导线芯数与单芯软导线截面面积按照设计图示安装数量以"m"为计量单位。

E. 灯具、开关、插座、按钮等预留线，相应项目中没有考虑，需另行计算。

6. 根据《第四册定额》第九章，下列说法正确的是（　　　）。

A. 避雷针安装定额综合考虑了高空作业因素，执行定额时不做调整。

B. 独立避雷针安装包括避雷针塔架、避雷引下线安装，不包括基础浇筑。

C. 圆钢避雷小针制作安装定额，如避雷小针为成品供应时，其定额基价乘以系数0.5。

D. 坡屋面避雷网安装人工乘以系数1.3。

E. 避雷网安装沿折板支架制作安装，不得另行计算。

答案

建筑给排水工程计量与计价

[教学导航]

■ 学习情境

在对安装工程计价有初步了解的基础上，对建筑给排水工程展开专业工程计价的学习。

■ 学习目标

通过本情境的学习，使学习者对建筑给排水工程计价有深入的了解，掌握建筑给排水工程的工程量清单计价方法。

■ 学习方法

在熟悉建筑给排水工程定额相关理论知识、了解工程计价规则的基础上，通过案例的分析学习，加深对建筑给排水工程定额清单计价和国标清单计价方法的理解。

■ 素养目标

1. 培养学生树立标准意识、工匠精神，严谨诚信的意志品质。
2. 培养学生精益求精、勇于实践、勇于创新的精神。

3.1   建筑给排水工程基础知识

3.1.1   建筑给排水工程组成

建筑给排水工程主要由建筑给水系统、建筑热水系统和建筑排水系统等组成。

1. 建筑给水系统

建筑给水系统是指通过管道或辅助设备，将市政给水管网（或自备水源）的水引入建筑物内，按照用户对生活、生产用水的需求，有组织地输送到生活配水龙头和生产用水点处，并满足其对水质、水量、水压和水温要求的系统。

建筑给水系统按用途可分为生活给水系统、生产给水系统和消防给水系统。各给水系统可以单独设置，也可以采用合理的共用系统。

建筑给水系统一般由引入管（包括水表节点）、给水管网（包括干管、立管、支管）、给水附件（或用水设备）等基本部分以及增压蓄水设施（如水泵、水箱、气压给水装置）等组成。上述组成内容也即为建筑给水系统的计价范围。

2. 建筑热水系统

建筑热水供应系统按热水供应范围大小分为局部热水供应系统、集中热水供应系统和区域热水供应系统三类。

集中热水供应系统应用较普遍，主要由热水制备系统（包括热源、水加热器、热媒管网、循环水泵等）、热水供应系统（包括水加热器、热水循环水泵、热水箱或热水罐、热水配水管网、回水管网和冷水补给管网等）和仪表附件（包括蒸汽、热水系统的控制附件、配水附件以及仪表等）等组成。上述组成内容也即为建筑热水系统的计价范围。

3. 建筑排水系统

建筑排水系统是指通过卫生器具、排水管道、排水附件或辅助设施，将建筑内部用水设备产生的污、废水和屋面的雨、雪水及时畅通地排至室外（或市政）排水管网中去，并满足其排放条件的系统。

建筑排水系统按接纳的污、废水性质，分为生活排水系统、生产排水系统和雨雪水排水系统。将污水、废水和雨水分别设置管道系统排出建筑物外的排水方式称为分流制。将污水和废水合用一个管道系统排出建筑物外的排水方式称为合流制。

建筑排水系统一般由污（废）水受水器、排水管道、通气管、清通设备、污水提升设备组成。上述组成内容也即为建筑排水系统的计价范围。

雨水排水系统按雨水管道的设置位置分为外排水系统、内排水系统以及内、外混合排水系统。按雨水的设计流态可分为重力流雨水系统和虹吸流雨水系统。

雨水排水系统一般由雨水斗、雨水立管、管道附件（如立管检查口）等组成。上述组成内容也即为雨水排水系统的计价范围。

3.1.2 常用给水管材、给水附件和给水设备

1. 给水管材

常用的给水管材按材质分为塑料管、复合管和金属管三大类。例如，无规共聚聚丙烯（PP-R）管、高密度聚乙烯（HDPE）管、钢塑复合管、焊接钢管、镀锌钢管、薄壁不锈钢管等。

表 3-1 为低压流体输送用焊接钢管和镀锌焊接钢管规格。

表 3-1 低压流体输送用焊接钢管和镀锌焊接钢管规格

公称直径 DN		外径 De /mm	普通钢管		加厚钢管	
公称直径 /mm	英制直径 /in		壁厚 /mm	理论质量 /(kg/m)	壁厚 /mm	理论质量 /(kg/m)
15	1/2	21.3	2.75	1.26	3.25	1.45
20	3/4	26.8	2.75	1.63	3.50	2.01
25	1	33.5	3.25	2.42	4.00	2.91
32	$1\frac{1}{4}$	42.3	3.25	3.13	4.00	3.78
40	$1\frac{1}{2}$	48.0	3.50	3.84	4.25	4.58
50	2	60.0	3.50	4.88	4.50	6.16
65	$2\frac{1}{2}$	75.5	3.75	6.64	4.50	7.88
80	3	88.5	4.00	8.34	4.75	9.81
100	4	114.0	4.00	10.85	5.00	13.44
125	5	140.0	4.50	15.04	5.50	18.24
150	6	165.0	4.50	17.81	5.50	21.63

2. 给水附件

常用的给水配水附件包括配水龙头、盥洗龙头和混合配水龙头等各类水龙头。

常用的给水控制附件包括截止阀、闸阀、蝶阀、止回阀、倒流防止器、减压阀、压力平衡阀、安全阀、排气阀、温控阀、电磁阀、浮球阀等阀门。

其他常用给水附件包括水表、Y 形过滤器等。

3. 给水设备

常用给水设备包括水泵、水池与水箱、气压给水装置和给水处理设备等。

3.1.3 热水专用管材、专用附件

热水系统使用的管材和附件，与冷水系统基本相同。

① 热水专用管材：铜管。

② 热水专用附件：自动温度调节阀、排气阀、疏水器、补偿器、电子除垢器、膨胀水罐等。

3.1.4   常用排水管材、管道附件和卫生器具

1. 排水管材

常用的排水管材包括硬聚氯乙烯（PVC-U）排水管、聚乙烯（PE）塑料排水管、PVC 螺旋管、PVC 中空螺旋消声管和柔性接口的机制排水铸铁管等。

2. 管道附件

常用的排水管道附件包括清扫口、检查口、地漏、阻火装置（包括防火套管和阻火圈）、消能装置、伸缩节和通气帽等。

3. 卫生器具

常用的便溺用卫生器具包括大便器、小便器、大便槽和小便槽等。

常用的盥洗、沐浴用卫生器具包括洗脸盆、盥洗槽、浴盆和淋浴器等。

常用的洗涤用卫生器具包括洗涤盆、化验盆和污水盆（即拖布池）等。

3.1.5   常用雨水管材和管道附件

1. 雨水管材

常用的雨水管材包括：多层建筑重力流系统采用的建筑排水塑料管、防紫外线的塑料雨水管等；高层建筑重力流系统采用的承压塑料管、钢管等；压力流系统采用的承压排水铸铁管、镀锌钢管、涂塑钢管和高密度聚乙烯（HDPE）管等。

2. 雨水管道附件

常用的雨水管道附件包括雨水斗（如 87 Ⅱ 型）和雨水口（平箅式、偏沟式、联合式和立箅式等类型）等。

3.1.6   建筑给排水工程施工图

1. 建筑给排水工程施工图的组成

建筑给排水的施工图一般包括图纸目录、设计施工说明、图例、主要设备材料表、平面布置图、系统轴测图、展开系统原理图、详图与大样图等。

其中，详图也叫放大图或节点图，是对给排水工程中连接构造比较复杂的关键部位，在比例较小的平面图、系统图中无法清楚表达时，在给排水施工图中以较大的比例形式表达。

2. 建筑给排水工程施工图的识读方法

识读给排水施工图，不仅要掌握给排水安装工程的一些基本知识，还应按照合理的顺序看图，才能较快地看懂图纸。

① 对照图纸目录，检查成套图纸是否完整，各图纸的图名与图纸目录是否一致。在进行竣工结算计量计价时，尤其要认真、仔细地检查。

② 认真识读设计施工说明，了解本工程给排水设计内容、施工相关规范和标准图集。熟悉主要设备材料表中所列图例符号所代表的具体内容与含义，以及它

们之间的相互关系。掌握本工程使用的给排水管材、附件、卫生器具和设备等的类型与技术参数，作为计量计价的依据。

③ 反复对照、识读平面布置图、系统轴测图、展开系统原理图和大样图等。一般来说在平面图中找出管线和附件的平面位置、设备器具的定位、立管的位置与编号、系统的编号和管径等信息。从系统轴测图或展开原理图中掌握管道系统的来龙去脉，与平面图、大样图对照建立完整的立体系统形象。

④ 给排水施工要与土建工程及其他专业工程（电气、采暖通风或工业管道等）相互配合，因此必要时还需查阅土建工程相关图纸和其他专业图纸。

总之，编制工程计价文件时看图应有所侧重，要仔细弄清给排水系统的相关信息，以便能正确进行定额工程量计算和定额套用。

3.2　建筑给排水工程定额清单计价

给排水工程是常见的安装工程，浙江省内的项目主要执行 2018 版《浙江安装定额》中的第十册《给排水、采暖、燃气工程》（以下简称《第十册定额》）。《第十册定额》适用于新建、扩建、改建项目中的生活用给排水、采暖空调水，以及燃气管道系统中的管道、附件、配件、器具及附属设备等安装工程。

3.2.1　定额的组成内容

《第十册定额》由 8 个定额章和 3 个附录组成。各定额章、附录的名称和排列顺序，以及各定额章所涵盖的子目编号如表 3-2 所示。

表 3-2　给排水、采暖、燃气工程预算定额组成内容

定额章	名　称	子目编号	定额章	名　称	子目编号
一	管道安装	10-1-1~10-1-334	七	医疗气体设备及附件	10-7-1~10-7-37
二	管道附件	10-2-1~10-2-357	八	其他	10-8-1~10-8-41
三	卫生器具	10-3-1~10-3-99	附录一	主要材料损耗率表	
四	采暖、给排水设备	10-4-1~10-4-137	附录二	塑料管、复合管、铜管公称直径与外径对照表	
五	供暖器具	10-5-1~10-5-73	附录三	管道管件数量取定表	
六	燃气工程	10-6-1~10-6-206			

3.2.2　定额的其他规定

① 工业管道，生产生活共用的管道，锅炉房、泵房管道以及建筑物内加压泵

间、空调制冷机房的管道，管道焊缝热处理、无损探伤，医疗气体管道执行 2018 版《浙江安装定额》第八册《工业管道工程》相应定额。

② 水暖设备、器具等电气检查、接线工作执行 2018 版《浙江安装定额》第四册《电气设备安装工程》相应定额。

③ 刷油、防腐蚀、绝热工程执行 2018 版《浙江安装定额》第十二册《刷油、防腐蚀、绝热工程》相应定额。

④ 各种套管、支架的制作与安装执行 2018 版《浙江安装定额》第十三册《通用项目和措施项目工程》相应定额。

⑤ 设置于管道井、封闭式管廊内的管道、法兰、阀门、支架、水表，其相应定额人工费乘以系数 1.20。

3.2.3 定额的套用及定额工程量计算

给排水工程的定额工程量计算与定额套用内容主要围绕《第十册定额》的管道安装，管道附件，卫生器具，采暖、给排水设备和其他五个定额章进行。

1. 管道安装

本章定额包括室内外生活用给水、排水、雨水、采暖热源管道、空调冷媒管道的安装。

（1）室内外管道安装

① 界限划分。在定额子目划分中，由于室内、室外安装管道的定额所含内容（基价、未计价主材定额含量等）不同，因此在管道安装定额套用时，必须先搞清楚管道的安装位置。相同条件下室内外给水镀锌钢管（丝接）DN15 安装的定额所含内容对比如表 3-3 所示。

表 3-3 相同条件下室内外给水镀锌钢管（丝接）DN15 安装的定额所含内容对比

定额编码	定额项目名称	基价/（元/10 m）	定额含量/（m/10 m）
10-1-148	室内镀锌钢管（丝接）DN15	147.21	（9.910）
10-1-1	室外镀锌钢管（丝接）DN15	47.20	（10.150）

通过对比分析可以发现，在管道材料、管道规格和连接方法等均相同的条件下，由于安装位置的不同，两条定额子目的基价和定额含量相差较大。这主要是因为在定额编制过程中充分考虑了管道在室内、室外安装的具体情况不同。例如，室内管道直线安装的情形比室外管道要少，因此管道所用的管件数量就相对较多，从而导致完成单位合格产品（安装每 10 m 管道）所需的人工费、材料费等增加。所以，若要保证定额使用的准确性，首先就应当搞清楚管道的安装位置，同样的就必须明确定额对于室内和室外的界线划分规定。

对于给水管道，定额规定：室内外管道以建筑物外墙皮 1.5 m 为界，入口处设阀门者以阀门为界；室外管道与市政管道以水表井为界，无水表井者以与市政管道碰头点为界。

对于排水管道，定额规定：室内外管道以出户的第一个排水检查井为界；室外管道与市政管道以与市政管道的碰头井为界。

此外，定额还规定：室内给水管道与工业管道以锅炉房或泵站外墙皮 1.5 m 为界，与设在建筑物内的泵房管道以泵房外墙皮为界。

【例 3-1】某住宅楼两个单元的室外给水管道布置示意图如图 3-1 所示，除市政给水管外，其余各管段管径相同。试计算室外管道工程量。

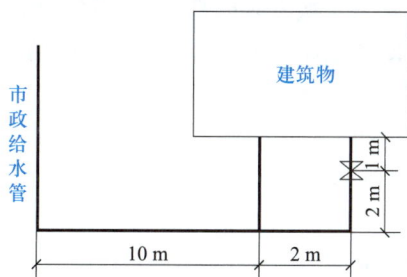

例 3-1 讲解
与学习

图 3-1 某住宅楼室外给水管道布置示意图

【解】室内管道工程量：1.5（进入建筑物的左侧管，以建筑物外墙皮 1.5 m 为界）+1（进入建筑物的右侧管，以阀门为界）= 2.5（m）。

室外管道工程量：[（1+2）-1.5]（进入建筑物的左侧管，以建筑物外墙皮 1.5 m 为界）+2（进入建筑物的右侧管，以阀门为界）+（10+2）（室外管与市政管以碰头点为界）= 15.5（m）。

② 定额项目划分。管道安装定额的项目按室内外、管材、连接方式（或接口材料）、管道公称直径（或管道外径）划分定额子目，使用时只要逐个对应这四个内容，就能准确地找到定额。

③ 定额工程量计算。各类管道的安装工程量，均按设计管道中心线长度计算，以"m"为计量单位，不扣除阀门、管件、附件（包括器具组成，如水表）及井类所占长度。

注意：为保证定额工程量的准确性，应按定额规定的分界线分别计算工程量。例如，室内外管道的工程量应按定额规定的界线分别计算；室内给水管道与设在建筑物内的泵房管道以泵房外墙皮为界，分别计算室内管道和泵间管道工程量。此外，按定额册说明规定："设置于管道井、封闭式管廊内的管道、法兰、阀门、支架、水表，相应定额人工费乘以系数 1.20"。因此，管道井或封闭式管廊内的给排水管道安装，应以井（或廊）的外壁为界，分别计算其内、外的管道工程量。

管道水平长度按平面图中管道的安装位置，根据建筑物轴线尺寸标注值计算或利用比例尺量算；管道垂直长度不能用比例尺量算，应按系统图标注的标高值进行换算计算。

④ 定额使用说明。

a. 给水管道安装项目中，均包括水压试验及水冲洗工作内容，如需消毒，执行《第十册定额》第八章的相应项目（10-8-31~10-8-36）；排（雨）水管道包括灌水（闭水）及通球试验工作内容。

　　b. 钢管焊接安装项目中均综合考虑了成品管件和现场煨制弯管、摔制大小头、挖眼三通。

　　c. 雨水管安装定额（室内虹吸塑料雨水管安装除外），已包括雨水斗的安装，雨水斗主材另计；虹吸式雨水斗安装执行《第十册定额》第二章"管道附件"的相应项目（10-2-330~10-2-332）。

　　d. 管道预安装（即二次安装，指确实需要且实际发生管子吊装上去进行点焊预安装，然后拆下来经镀锌再二次安装的部分），其定额人工乘以系数2.0。

　　e. 若设计或规范要求钢管需热镀锌，热镀锌及场外运输费用发生时另行计算。

　　f. 卫生间（内周长在12 m以下）暗敷管道每间补贴1.0工日，卫生间（内周长在12 m以上）暗敷管道每间补贴1.5工日，厨房暗敷管道每间补贴0.5工日，阳台暗敷管道每个补贴0.5工日。其他室内管道安装，不论明敷或暗敷，均执行相应管道安装定额子目不做调整。

　　g. 室内钢塑给水管沟槽连接，执行室内钢管沟槽连接的相应项目。钢骨架塑料复合管执行塑料管安装的相应定额项目。弧形管道制作安装按相应管道安装定额，定额人工费和机械费乘以系数1.40。

　　h. 排水管道消能装置（图3-2）中的四个弯头可另计材料费，其余仍按管道计算（注意：消能装置用于高层建筑排水立管的消能，每6层设置一套）；H型管计算连接管的长度，管件不再另计。室内螺旋消音塑料排水管（粘接）安装执行室内塑料排水管（粘接）安装定额项目，螺旋管件单价按实补差，定额管件总含量保持不变。

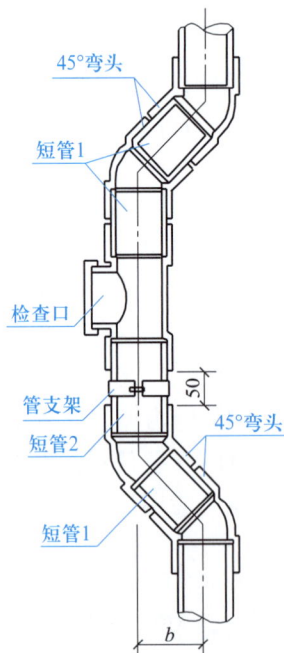

图3-2　排水管消能装置构成示意图

i. 楼层阳台排水支管与雨水管接通组成排水系统，执行室内排水管道安装定额，雨水斗主材另计。室内雨水镀锌钢管（螺纹连接）项目，执行室内镀锌钢管（螺纹连接）定额基价乘以系数 0.8。

j. 预制直埋保温管安装项目中已包括管件安装，但不包括接口保温，发生时执行接口保温安装项目。

k. 空调凝结水管道安装项目是按集中空调系统编制的，并适用于户用单体空调设备的凝结水管道系统的安装。

l. 辐射供暖供冷系统管道执行第十册定额第五章"供暖器具"的相应项目。

（2）管道支架制作安装

① 定额项目与说明。管道安装项目中，除室内塑料管道等项目外，其余均不包括管道型钢支架、管卡、托钩等制作安装，发生时，执行《第十三册定额》相应定额。

管道支吊架制作、安装适用于给排水、消防、工业管道工程中各类管道支吊架制作、安装。给排水管道的支吊架按一般管架考虑（见定额子目 13-1-31～13-1-32），包括支吊架制作和安装的全部工作内容，适用于常用的型钢支吊架。定额中已包括制作和安装支吊架所需的螺栓、螺母及膨胀螺栓本身的价格，不应另行计算。

管道支架制作安装项目，如单件质量大于 100 kg 时，应执行本章设备支架制作安装相应项目（13-1-39～13-4-42）。

管道支架的除锈、刷油，执行《第十二册定额》一般钢结构相关定额。

② 定额工程量计算。按设计图示数量计算工程量，以"kg"计量单位。

方法 1：按支架钢材图示几何尺寸计算工程量，不扣除切肢开孔等质量，不包括电焊条、螺栓、螺母和垫圈的质量。

方法 2：按标准图集所列支架钢材明细表数据计算工程量。即在计算工程量时，应明确支架设置的位置、规格与个数。

支架总质量＝Σ（某种规格支架的单位质量×该规格支架的个数）

上述两种方法中，方法 2 具有实际操作性，但也要注意：因建筑物局部结构高度不同而制作非标准规格支架所引起的实际支架拼装规格尺寸与标准图集不符，以及在现场条件允许的情况下管道敷设采用共架敷设等情况对支架定额工程量计算的影响。

方法 2 在实际操作过程中可按规范支架设置间距计算管道支架的个数。《建筑给水排水及采暖工程施工质量验收规范》（GB 50242—2002）中规定的钢管水平安装的支、吊架最大间距见表 3-4。

表 3-4 水平钢管支架的最大间距

公称直径		DN15	DN20	DN25	DN32	DN40	DN50	DN70	DN80	DN100	DN125	DN150
支架最大间距/m	保温管	2	2.5	2.5	2.5	3	3	4	4	4.5	6	7
	非保温管	2.5	3	3.5	4	4.5	5	6	6	6.5	7	8

$$水平管支架数量 = \frac{某规格管道长度}{该管道支架最大间距数}$$

不同类型的支架依据国家建筑标准图集计算出来是不一样的,如表 3-5、表 3-6 所示,因此,方法 2 中首先要分清楚支架的类型或规格,才能由此确定单个支架质量。

表 3-5 砖墙上单立管管卡质量/(kg/副)(Ⅱ形)(国标 03S402/第 78 页)

公称直径	DN15	DN20	DN25	DN32	DN40	DN50	DN65	DN80
保温	0.49	0.50	0.60	0.84	0.87	0.90	1.11	1.32
非保温	0.17	0.19	0.20	0.22	0.23	0.25	0.28	0.38

表 3-6 沿砖墙安装单管托架质量/(kg/副)(国标 03S402/第 33、34、51 页)

公称直径	DN15	DN20	DN25	DN32	DN40	DN50	DN65	DN80	DN100	DN125	DN150
保温	1.362	1.365	1.423	1.433	1.471	1.512	1.716	1.801	2.479	2.847	5.348
非保温	0.96	0.99	1.03	1.06	1.10	1.14	1.29	1.39	1.95	2.27	3.57

注意:表 3-5、表 3-6 是根据《室内管道支架及吊架》(03S402)提供的有关数据汇总而来,仅是个别型号的数据,供学习参考。实际工程中一定要根据最新的图集及施工图样认真计算单个支吊架的质量。

【例 3-2】沿墙安装 DN100 保温管的单管托架 [《给排水国家标准图集》(03S402)] 共计 10 副,设型钢市场信息价 4800 元/t,试按定额清单计价法列出该项目综合单价计算表。本题中安装费的人材机单价均按 2018 版《浙江安装定额》取定的基价考虑;管理费费率 21.72%,利润率 10.40%,风险不计;计算保留两位小数。

例 3-2 讲解与学习

【解】查标准图集可知该规格支架单位质量 2.479 kg/副,则:

支架总质量 = Σ(某种规格支架的单位质量 × 该规格支架的个数)

= 2.479 kg/副 × 10 副 = 24.79(kg)

① 查定额:一般管架制作应套用定额 13-1-31,计量单位为 100 kg。

a. 计算工程量。

工程量 = 24.79 ÷ 100 = 0.248

b. 计算综合单价各组成费用。

人工费:414.45 元

材料费:

其中,计价材料费:62.19 元

未计价主要材料费:106.000 × 4.8 = 508.80(元)

材料费合计:62.19 + 508.80 = 570.99(元)

机械费：63.94 元

管理费：（414.45+63.94）×21.72% = 103.91（元）

利润：（414.45+63.94）×10.4% = 49.75（元）

综合单价 = 414.45+570.99+63.94+103.91+49.75 = 1203.04（元）

② 查定额：一般管架安装应套用定额 13-1-32，计量单位为 100kg，综合单价计算结果为 384.81 元。

综合单价计算结果如表 3-7 所示。

表 3-7 综合单价计算表

定额编码	定额项目名称	计量单位	数量	综合单价/元						合计/元
				人工费	材料费	机械费	管理费	利润	小计	
13-1-31	一般管架制作	100 kg	0.25	414.45	570.99	63.94	103.91	49.75	1203.04	298.23
13-1-32	一般管架安装	100 kg	0.25	224.10	53.12	26.95	54.53	26.11	384.81	95.39

（3）套管制作安装

当管道穿楼板、墙、梁时应加设一般穿墙钢套管或一般穿墙塑料套管。一般穿墙钢套管主要用于预留预埋于现浇混凝土墙或梁中。塑料套管具有耐腐蚀性，主要用于有腐蚀及潮湿的房间，如卫生间、厨房等穿楼板处。

引入管及其他管道穿越地下室或地下构筑物外墙时应采取防水措施，加设刚性或柔性防水套管（表 3-8）。刚性防水套管在防水要求一般（管道无振动、穿越处无伸缩变形）的场所使用，例如管道穿越地下室外墙或基础、卫生间和厨房间的非底层楼板、建筑物外墙、屋顶等场所。柔性防水套管在防水要求较高的场所使用，例如水池壁或内墙、与水泵连接等有振动处，管道穿越三缝处等。

表 3-8 防水套管类型及其适用场所

类 型			适 用 场 所
刚性防水套管	A 型	钢管	管道穿墙处不承受管道振动和伸缩变形的建（构）筑物
	B 型	球墨铸铁管及铸铁管	
	C 型		
柔性防水套管	A 型	穿越水池壁或内墙	有地震设防要求的地区；管道穿墙处承受振动和管道伸缩变形；管道穿越有严密防水要求的建（构）筑物
	B 型	穿越建（构）筑物外墙	

① 定额项目划分。定额包括柔性防水套管制作、安装，刚性防水套管制作、安装，一般穿墙钢套管制作、安装，一般穿墙塑料套管制作、安装等。发生时，均执行《第十三册定额》相应定额。

定额规定，管道穿墙、过楼板套管制作、安装等工作内容，发生时，执行《第十三册定额》的"一般穿墙套管制作、安装"相应子目（13-1-107～13-1-

125）。其中过楼板套管执行"一般穿墙套管制作安装"相应子目时，主材按 0.2 m 计，其余不变。

如设计要求穿楼板（例如卫生间楼板）的管道要安装刚性防水套管，执行《第十三册定额》中"刚性防水套管安装"相应子目（13-1-95～13-1-106），基价乘以系数 0.3，"刚性防水套管"主材费另计。若"刚性防水套管"由施工单位自制，则执行《第十三册定额》中"刚性防水套管制作"相应子目（13-1-76～13-1-94），基价乘以系数 0.3，焊接钢管按相应定额主材用量乘以 0.3 计算。

给排水人防穿墙管制作安装套用本章"刚性防水套管制作安装"定额。

保温管道穿墙、板采用套管时，按保温层外径规格执行套管相应项目。

② 定额工程量计算。柔性或刚性防水套管、一般穿墙（钢或塑料）套管均以"个"为计量单位计算工程量。

③ 定额使用说明。

● 柔性或刚性防水套管管径按被套管的管径确定，因防水套管制作定额中已考虑放大因素。

【例 3-3】某工程 DN100 镀锌钢管（螺纹连接）穿建筑物外墙，设计要求设置刚性防水套管 3 个，设主材焊接钢管、中厚钢板和扁钢的市场信息价分别为 3500 元/t、5200 元/t、3.80 元/kg，试按定额清单计价法列出该项目综合单价计算表。本题中安装费的人材机单价均按 2018 版《浙江安装定额》取定的基价考虑；管理费费率 21.72%，利润率 10.40%，风险不计；计算保留两位小数。

【解】工程量以"个"为计量单位，套用《第十三册定额》。因为定额基价已经按放大后的规格编制，所以虽然实际套管的规格比管道本身的规格大，但在定额套用时还是应当按照被套管管径来确定刚性防水套管的规格，即需要设置DN100（而不是 DN125 或 DN150）的刚性防水套管 1 个。

① 查定额：刚性防水套管制作应套用定额 13-1-78，计量单位为"个"。

a. 计算工程量。

工程量 = 3

b. 计算综合单价各组成费用。

人工费：65.21 元

材料费：

其中，计价材料费：11.93 元

未计价主要材料费：1.000×3.8+4.92×5.20+5.14×3.50 = 47.37（元）

材料费合计：11.93+47.37 = 59.30（元）

机械费：33.79 元

管理费：（65.21+33.79）×21.72% = 21.50（元）

利润：（65.21+33.79）×10.4% = 10.30（元）

综合单价 = 65.21+59.30+33.79+21.50+10.30 = 190.10（元）

② 查定额：刚性防水套管安装应套用定额 13-1-96，计量单位为"个"，综合单价计算结果为 73.58 元。

综合单价计算结果如表 3-9 所示。

例 3-3 讲解与学习　微课

表 3-9 综合单价计算表

定额编码	定额项目名称	计量单位	数量	综合单价/元						合计/元
				人工费	材料费	机械费	管理费	利润	小计	
13-1-78	刚性防水套管制作 DN100 穿外墙	个	3	65.21	59.30	33.79	21.50	10.30	190.10	570.30
13-1-96	刚性防水套管安装 DN100 穿外墙	个	3	45.63	13.29	0	9.91	4.75	73.58	220.74

【例 3-4】某工程卫生间有一根穿楼板的 DN50 钢塑复合给水管（螺纹连接），设计要求设置刚性防水套管 2 个（施工单位自制），设主材焊接钢管、中厚钢板和扁钢的市场信息价分别为 3500 元/t、5200 元/t、3.80 元/kg，试按定额清单计价法列出该项目综合单价计算表。本题中安装费的人材机单价均按 2018 版《浙江安装定额》取定的基价考虑；管理费费率 21.72%，利润率 10.40%，风险不计；计算保留两位小数。

【解】根据题意，需要设置 DN50（而不是 DN65 或 DN80）的刚性防水套管 2 个。

① 查定额：刚性防水套管制作应套用定额子目 13-1-76，计量单位为"个"。按定额规定，穿楼板的管道需要安装由施工单位自制的刚性防水套管时，在套用制作定额时基价乘以系数 0.3，焊接钢管按相应定额主材用量乘以 0.3。

a. 计算工程量。

工程量 = 2

b. 计算综合单价各组成费用。

人工费：41.45×0.3 = 12.44(元)

材料费：

其中，计价材料费：8.35×0.3 = 2.51(元)

未计价主要材料费：3.26×0.3×3.5 + 3.176×5.2 + 0.72×3.8 = 22.67(元)

材料费合计：2.51+22.67 = 25.18(元)

机械费：18.33×0.3 = 5.50(元)

管理费：(12.44+5.50)×21.72% = 3.89(元)

利润：(12.44+5.50)×10.4% = 1.86(元)

综合单价 = 12.44+25.18+5.50+3.89+1.86 = 48.87(元)

② 查定额：刚性防水套管安装应套用定额 13-1-95，计量单位为"个"，综合单价计算结果为 19.95 元。

综合单价计算结果如表 3-10 所示。

● 一般穿墙（钢或塑料）套管通常按比被套管管径大 2 号的规格套用相关定额。

表3-10　综合单价计算表

定额编码	定额项目名称	计量单位	数量	综合单价/元						合计/元
				人工费	材料费	机械费	管理费	利润	小计	
13-1-76H	刚性防水套管制作DN50 穿卫生间楼板 施工单位自制	个	2	12.44	25.18	5.50	3.89	1.86	48.87	97.74
13-1-95H	刚性防水套管安装DN50 穿卫生间楼板 施工单位自制	个	2	12.84	2.99	0	2.79	1.34	19.95	39.90

微课

例3-5讲解与学习

【例3-5】一根DN32的给水立管穿二楼楼板，设计要求设置一般穿墙钢套管。设主材焊接钢管市场信息价3500元/t，试按定额清单计价法列出该项目综合单价计算表。本题中安装费的人材机单价均按2018版《浙江安装定额》取定的基价考虑；管理费费率21.72%，利润率10.40%，风险不计；计算保留两位小数。

【解】按题意，共需要穿楼板的一般穿墙钢套管1个。根据定额说明，过楼板套管执行"一般穿墙套管制作安装"相应子目时，主材碳钢管按0.2 m计，其余不变。

根据已知条件，管道公称直径DN32，按要求套管的规格应按被套管管径大2号而选用DN50的定额子目13-1-108，计量单位为"个"。

计算综合单价各组成费用：

人工费：8.78元

材料费：

其中，计价材料费：5.32元

未计价主要材料费：0.2×4.88×3.5 = 3.42（元）（DN50焊接钢管的理论质量为4.88 kg/m）

材料费合计：5.32+3.42 = 8.74（元）

机械费：1.05元

管理费：（8.78+1.05）×21.72% = 2.14（元）

利润：（8.78+1.05）×10.4% = 1.86（元）

综合单价=8.78+8.74+1.05+2.14+1.86=21.73（元）

综合单价计算结果如表3-11所示。

（4）室外管道碰头

① 定额项目划分。定额的项目按管材质分为钢管碰头、铸铁管碰头两种情况。

② 定额工程量计算。室外管道碰头按主管管径以"处"为计量单位计算工程量。

表 3-11 综合单价计算表

定额编码	定额项目名称	计量单位	数量	综合单价/元						合计/元
				人工费	材料费	机械费	管理费	利润	小计	
13-1-108H	一般穿墙套管制作、安装 DN50 穿楼板	个	1	8.78	8.74	1.05	2.14	1.02	21.73	21.73

③ 定额使用说明。定额规定：室外管道碰头适用于新建管道与已有管道的破口开三通碰头连接，执行《第十册定额》第六章"燃气管道"相应定额（10-6-103~10-6-118）。若已有水源管道已做预留接口，则不执行相应安装项目。

其中，新建管道与已有管道的破口开三通碰头连接的情况，通常指：住宅小区内分期施工时，后一期室外管道与前一期室外管道的连接；室外管道与市政管道的连接等。

2. 管道附件安装

（1）阀门安装

① 定额项目划分。定额按阀门类型、接口方式、接口材料和用途分为螺纹阀门、法兰阀门、塑料阀门和沟槽阀门等四类。

② 定额工程量计算。各种阀门安装均按不同连接方式、公称直径以"个"为计量单位。

③ 定额使用说明。

a. 螺纹阀门安装定额适用于各种内外螺纹连接阀门的安装。闸阀、止回阀和截止阀等阀门，只要连接方式均为螺纹连接且公称直径一致，就可以套用同一定额。阀门本体均为未计价主材。

【例 3-6】某工程按设计要求需设置 DN50 的螺纹闸阀（Z15T-10K）3 个、DN50 的螺纹截止阀（J11T-16）2 个，设市场信息价分别为 57.65 元/个、71.85元/个，试按定额清单计价法列出该项目综合单价计算表。本题中安装费的人材机单价均按 2018 版《浙江安装定额》取定的基价考虑；管理费费率 21.72%，利润率 10.40%，风险不计；计算保留两位小数。

例 3-6 讲解与学习

【解】按题意，两种阀门同属螺纹阀门且公称直径相等，故可套用同一定额子目 10-2-6，计量单位为"个"。

① 计算 DN50 螺纹闸阀（Z15T-10K）安装综合单价各组成费用。

人工费：16.74 元

材料费：

其中，计价材料费：14.84 元

未计价主要材料费：1.01×57.65 = 58.23（元）

材料费合计：14.84+58.23 = 73.07（元）

机械费：0.82 元

管理费：（16.74+0.82）×21.72% = 3.81（元）

利润：（16.74+0.82）×10.4% = 1.86（元）

综合单价=16.74+73.07+0.82+3.81+1.86=96.27（元）

② DN50 螺纹截止阀（J11T-16）安装综合单价计算结果为 110.61 元。

综合单价计算结果如表 3-12 所示。

表 3-12　综合单价计算表

定额编码	定额项目名称	计量单位	数量	综合单价/元						合计/元
				人工费	材料费	机械费	管理费	利润	小计	
10-2-6	螺纹闸阀（Z15T-10K）安装 DN50	个	3	16.74	73.07	0.82	3.81	1.83	96.27	288.81
10-2-6	螺纹截止阀（J11T-16）安装 DN50	个	2	16.74	87.41	0.82	3.81	1.83	110.61	221.22

b. 螺纹浮球阀、自动排气阀、手动放风阀和散热器温控阀等按公称直径或外径区分定额子目。

c. 螺纹（或焊接）法兰阀门安装定额适用于各种法兰连接阀门的安装。法兰阀门及其相应法兰均为未计价主材；其余材料如带帽螺栓、垫圈等均已经包含在定额基价内，不得另行计算。各种法兰连接用的垫片均按石棉橡胶板考虑，如用其他材料可按实调整。

d. 螺纹（或焊接）法兰阀门安装时，如仅为一侧法兰连接（例如水泵的吸水底阀），定额中的法兰、带帽螺栓及垫圈数量减半。

【例 3-7】某工程 3 个 DN100 的焊接法兰闸阀 Z45T-16（图 3-3）的安装，设阀门市场信息价 286 元/个、焊接法兰 20 元/片，试按定额清单计价法列出该项目综合单价计算表。本题中安装费的人材机单价均按 2018 版《浙江安装定额》取定的基价考虑；管理费费率 21.72%，利润率 10.40%，风险不计；计算保留两位小数。

图 3-3　两侧连接管道的焊接法兰闸阀

【解】根据已知条件，查阅定额，DN100 焊接法兰闸阀（Z45T-16）安装应套用定额子目 10-2-39，计量单位为"个"。

计算综合单价各组成费用：

人工费：62.10 元

材料费：

其中，计价材料费：42.02 元

未计价主要材料费：1.000×286+2.000×20=326.00（元）

材料费合计：42.02+326.00=368.02（元）

机械费：15.51 元

管理费：（62.10+15.51）×21.72%=16.86（元）

利润：（62.10+15.51）×10.4%＝8.07(元)

综合单价＝62.10+368.02+15.51+16.86+8.07＝470.56(元)

综合单价计算结果如表3-13所示。

表3-13　综合单价计算表

定额编码	定额项目名称	计量单位	数量	综合单价/元						合计/元
				人工费	材料费	机械费	管理费	利润	小计	
10-2-39	焊接法兰闸阀（Z45T-16）安装 DN100	个	3	62.10	368.02	15.51	16.86	8.07	470.56	1411.68

【例3-8】【例3-7】改为DN100焊接法兰闸阀Z45T-16一侧连接（图3-4）的安装，其余条件不变，试按定额清单计价法列出该项目综合单价计算表。

图3-4　一侧连接管道的焊接法兰闸阀

【解】相关数据参考【例3-7】。

定额带帽螺栓用量为16.48套/个、单价为2.22元/套，垫圈（石棉橡胶板）用量为0.29kg/个、单价为5.26元/kg。

由于焊接法兰闸阀仅一侧有管道连接，只用了1套带帽螺栓和1个垫圈，因此相应材料消耗量（法兰、带帽螺栓及垫圈数量）减半。

调整后的定额材料费＝42.02-（16.48÷2）×2.22-（0.29÷2）×5.26＝22.96(元)。

未计价主材（焊接法兰闸阀）的工程量为1个；未计价主材（平焊法兰）的工程量1.000×1＝1(片)。

焊接法兰闸阀（只用到1片法兰）的未计价主材单位价值＝1.000×286+1.000×20＝306.00(元)，共计材料费为22.96+306.00＝328.96(元)。

综合单价计算结果如表3-14所示。

表3-14　综合单价计算表

定额编码	定额项目名称	计量单位	数量	综合单价/元						合计/元
				人工费	材料费	机械费	管理费	利润	小计	
10-2-39H	焊接法兰闸阀（Z45T-16）安装 DN100 一侧连管	个	3	62.10	328.96	15.51	16.86	8.07	431.50	1294.50

e.用沟槽式法兰短管安装的"法兰阀门安装"应执行本定额第八册《工业管道工程》相应法兰阀门安装子目，螺栓不得重复计算。

f.法兰阀（带短管甲、乙型）胶圈（或膨胀水泥）接口安装（图3-5），法兰阀门为未计价主材，其余材料如短管甲、乙，带帽螺栓和垫圈等均已经包括在定额基价内，不得另行计算。

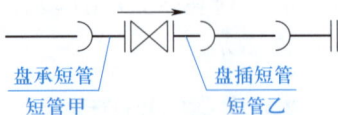

图 3-5   法兰阀（带短管甲、乙型）安装

g. 法兰浮球阀安装，法兰浮球阀及 1 片法兰为未计价主材。遥控浮球阀安装，遥控浮球阀及 2 片平焊法兰为未计价主材。

h. 塑料阀门安装，以阀门与管道连接方式及公称直径区分定额子目，塑料阀门为未计价主材。

i. 沟槽阀门安装，沟槽阀门和沟槽式夹箍为未计价主材。

j. 电动阀门安装依据连接方式执行相应的阀门安装定额，检查接线执行《第四册定额》的相应定额。

（2）法兰安装

① 定额项目划分。定额分为螺纹法兰、碳钢平焊法兰、不锈钢平焊法兰、塑料法兰（带短管）、沟槽法兰短管五部分。其中，塑料法兰（带短管）安装，按不同的连接方式（热熔、电熔或粘接）分别套用不同的定额子目。

② 定额工程量计算。法兰均区分不同公称直径。螺纹法兰、碳钢平焊法兰、不锈钢平焊法兰安装工程量按图示以"副"为计量单位计算，而塑料法兰（带短管）、沟槽法兰短管安装按图示以"个"为计量单位计算。

注意问题：

a. 每副法兰和法兰式附件安装项目中，均包括一个垫片和一副法兰螺栓的材料用量。各种法兰连接用垫片均按石棉橡胶板考虑，如工程要求采用其他材质可按实调整。

b. 若工程设计要求钢管用法兰连接，但实际上图纸不能清楚地表达出法兰位置和数量。这对于法兰数量的计算会有影响，通常的做法是对仅用于管道连接的法兰（不包括与阀门、管件连接用），可以按法兰间距换算出法兰的数量。

c. 与成套设备连接用的法兰（图 3-6），一定要明确设备与管道的界线。因为成套设备本身自带接口用的单片法兰。

图 3-6 中碳钢法兰就是设备与管道的划分界线，左边法兰是设备自带的，右边的法兰才是管道安装过程中实际发生并需要计量的。工程中对这类情况的通常做法是：工程量仍然计 1 副；未计价主材碳钢法兰的定额含量 2 片改为 1 片。此外，连接用的带帽螺栓和垫圈数量不会由于法兰片的减少而减少，因此定额含量不变。当然，法兰焊接所需要的电焊条等消耗量会减少，具体可以按各省市规定执行。

③ 定额使用说明。

a. 计算未计价主材法兰时，应注意定额对于主材法兰的定额含量规定是不同的。螺纹法兰、碳钢平焊法兰和不锈钢平焊法兰安装的定额含量均为 2 片，塑料法兰（带短管）（热熔、电熔或粘接）、沟槽法兰短管安装的定额含量均为 1 个。

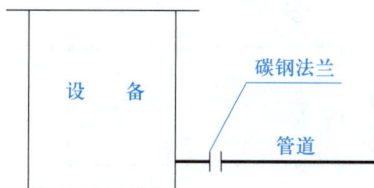

图 3-6　成套设备接口法兰示意图

b. 螺纹法兰、碳钢平焊法兰、不锈钢平焊法兰、塑料法兰（带短管）（热熔、电熔或粘接）、沟槽法兰短管安装，法兰连接用的带帽螺栓已经包含在定额基价中，不得另计。

c. 沟槽式法兰短管安装定额中未计价主材卡箍连接件（含胶圈），每一套都是由两个半圆环、两套配套螺栓和一个密封胶圈组合而成。

d. 用沟槽式法兰短管安装的"法兰阀门安装"应执行 2018 版《浙江安装定额》第八册《工业管道工程》相应法兰阀门安装子目，螺栓不得重复计算。

（3）减压器和疏水器组成与安装

① 定额项目划分。定额均按成组安装考虑，按不同连接方式分为螺纹连接和法兰两项。减压器组成安装按《国家建筑标准设计图集》（01SS105）编制，疏水器组成安装按《采暖通风国家标准图集》（05R407）编制。

② 定额工程量计算。减压器、疏水器组成安装按照不同连接方式、公称直径以"组"为计量单位，按设计图示数量计算。

注意问题：必须按标准图集的内容，以"组"为计量单位确定项目组成，以免重复套用定额。

减压器以定额子目 10-2-190"减压器组成安装（螺纹连接）DN20"，"1 组"为例，可列出如图 3-7 所示的定额未计价主材内容。

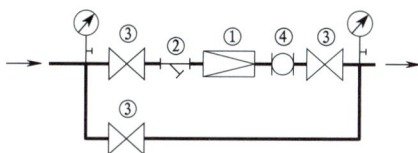

图 3-7　减压器组成示意图

①-螺纹减压阀，DN20，1 个（减压阀进、出口管径一致）；②-螺纹 Y 形过滤器，DN20，1 个；
③-螺纹截止阀，DN20，3 个；④-螺纹挠性接头，DN20，1 个

疏水器以定额子目 10-2-206"疏水器组成安装（螺纹连接）DN20"，"1 组"为例，可列出如图 3-8 所示的定额未计价主材内容。

③ 定额使用说明。

a. 减压器、疏水器组成安装，如实际组成与标准图集不同，阀门和压力表数量可按实调整，其余不变。

b. 疏水器成组安装未包括止回阀安装，若安装止回阀，执行阀门安装相应项目。

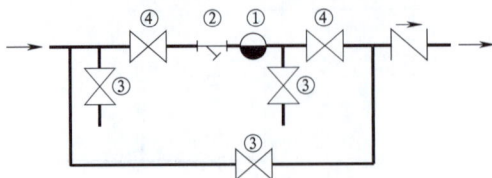

图 3-8　疏水器组成示意图
①-螺纹疏水器，DN20，1 个；②-螺纹 Y 形过滤器，DN20，1 个；
③-截止阀 J11T-16K，DN15，3 个；④-截止阀 J11T-16K，DN20，2 个

c. 单独安装减压器、疏水器时执行阀门安装相应项目。

（4）水表组成与安装

① 定额项目划分。定额按照不同组成结构、连接方式（螺纹或法兰）和公称直径进行区分。成组水表安装是依据国家建筑标准设计图集《室外给水管道附属构筑物》05S502 编制的。法兰水表（带旁通管）成组安装中三通、弯头均按成品管件考虑。

② 定额工程量计算。水表组成安装以"组"为计量单位，按设计图示数量计算。以定额子目 10-2-219"螺纹水表组成安装 DN15"，"1 组"为例，可列出如图 3-9 所示的定额未计价主材内容。

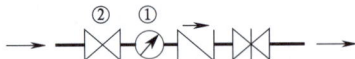

图 3-9　水表组成示意图
①-螺纹水表，DN15，1 个；②-螺纹闸阀，DN15，1 个

以定额子目 10-2-231"法兰水表组成安装（带旁通管）DN50"，"1 组"为例，可列出如图 3-10 所示的定额未计价主材内容。

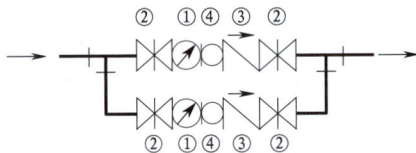

图 3-10　水表组成示意图
①-法兰水表，DN50，2 个；②-闸阀，DN50，4 个；③-止回阀，DN50，2 个；
④-法兰挠性接头，DN50，2 个；⑤-碳钢平焊法兰，DN50，12 个

③ 定额使用说明。

a. 螺纹水表组成安装定额包括一个螺纹闸阀的安装，不应另计。

b. 法兰水表组成安装定额包括无旁通管和带旁通管两种。如实际安装形式与标准图集不同，阀门和止回阀可按实调整，其余不变。

c. 针对现在常见的"一户一表"水表箱的安装，可按各个省市规定执行。例如在浙江省就套用第八章"成品表箱安装"项目，将水表和水表箱分别进行定额处理。

（5）热量表与倒流防止器组成安装

① 定额项目划分。热量表与倒流防止器均为成组安装，定额按照不同组成结构、连接方式（螺纹或法兰）和公称直径进行区分。

热量表组成安装是依据国家建筑标准设计图集《暖通动力施工安装图集（一）（水系统）》（10K509、10R504）编制的。如实际组成与此不同，可按法兰、阀门等附件安装相应项目计算或调整。

倒流防止器成组安装是根据国家建筑标准设计图集《倒流防止器选用及安装》（12S108-1）编制的，按连接方式不同分为带水表与不带水表安装。

② 定额工程量计算。热量表与倒流防止器组成安装按设计图示数量计算工程量，以"组"为计量单位。

（6）水锤消除器、软接头（软管）安装

① 定额项目划分。水锤消除器和软接头（软管）安装定额均按照不同连接方式、公称直径划分子目。

② 定额工程量计算。水锤消除器和软接头（软管）（除卡紧式软管外）安装均以"个"为计量单位，卡紧式软管安装以"根"为计量单位；均按设计图示数量计算工程量。

③ 定额使用说明。法兰式软接头安装适用于法兰式橡胶及金属挠性接头安装。管道工程中常用的管道与设备的柔性连接都可以参照法兰式金属软管安装定额。例如：水泵出水管道上设置的单球（双球）挠性橡胶软接头；管道采用软管法穿沉降缝、伸缩缝使用的金属软管接头；空调供回水管道与风机盘管连接采用的金属软接头（膨胀节）等。

（7）方形补偿器制作、安装

① 定额项目划分。定额按公称直径划分子目。

② 定额工程量计算。按设计图示数量计算工程量，以"个"为计量单位。

③ 定额使用说明。定额规定，方形补偿器所占长度计入管道安装工程量。因为方形补偿器制作、安装定额中其管道的材料费已经包括在管道安装延长米中，不应另计。即由管道构成的方形补偿器因管道定额工程量计算规则中的不扣除原则，主要材料管道已经作为未计价主材计算在管道安装的主材费中，不能重复计算工程量。

（8）虹吸式雨水斗安装

① 定额项目划分。定额按公称直径划分子目。

② 定额工程量计算。按设计图示数量计算工程量，以"个"为计量单位。

③ 定额使用说明。室内虹吸塑料雨水管安装时，其雨水斗安装执行虹吸式雨水斗安装定额子目。

（9）浮标液面计安装

① 定额项目划分。浮标液面计依据《采暖通风国家标准图集》（N102-3）编制，设计与标准图集不符时，主要材料可作调整，其他不变。

② 定额工程量计算。浮标液面计安装以"组"为计量单位，具体按设计图示数量计算工程量。

（10）节水灌溉设备附件安装

① 定额项目划分。定额按喷头、滴头、滴灌管、快速取水阀和成品阀门箱等安装项目划分。

② 定额工程量计算。喷头、滴头、快速取水阀和成品阀门箱的安装以"组"为计量单位，具体按设计图示数量计算工程量。滴灌管安装以"m"为计量单位，具体按设计图示长度计算。

（11）喷泉设备附件安装

① 定额项目划分。定额按喷泉喷头和喷泉过滤器设备安装项目划分。

② 定额工程量计算。喷泉喷头安装按施工图示以"个"为计量单位，喷泉过滤网按"m^2"、过滤箱按"个"、过滤器按"台"、过滤池按"m^3"为计量单位，均按设计图示数量计算工程量。

3. 卫生器具安装

所有卫生器具安装项目，均参照国家建筑标准设计图集《排水设备及卫生器具安装》（2010 年合订本）中有关标准图编制的。各类卫生器具安装项目除另有标注外，均适用于各种材质。

各类卫生器具安装项目包括卫生器具本体、配套附件、成品支托架安装。配套附件是指给水附件（水嘴、金属软管、阀门、冲洗管、喷头等）和排水附件（下水口、排水栓、器具存水弯、与地面或墙面排水口间的排水连接管等）。所用附件已列出消耗量，如随设备或器具配套供应，其消耗量不得重复计算。

液压脚踏卫生器具安装执行本章相应定额，人工乘以系数 1.3，液压脚踏阀及控制器等主材另计（如水嘴或喷头等配件随液压脚踏阀及控制器成套供应，应扣除相应定额中的主材）。

除带感应开关的小便器、大便器安装外，其余感应式卫生器具安装执行本章相应定额，人工乘以系数 1.2，感应控制器等主材另计（如感应控制器等配件随卫生器具成套供应，则不得另行计算）。

各类卫生器具的混凝土或砖基础、周边砌砖、瓷砖粘贴，蹲式大便器蹲台砌筑、台式洗脸盆的台面，浴厕配件安装，执行《浙江省房屋建筑与装饰工程预算定额》（2018 版）相应定额。

定额使用过程中，必须注意分清以下内容。

① 卫生器具与管道的工程量划分界线问题。根据施工工艺流程"先安装管道，后安装卫生器具"的要求，管道安装与器具安装存在工艺上的界线。同时定额在按照标准图集计算工料时，有些管道和器具配件已经计算在基价内，所以不能重复计算。按定额规定，卫生器具与给水管道的分界点为卫生器具（含附件）前与管道系统连接的第一个连接件（角阀、三通、弯头、管箍等）；卫生器具与排水管道的分界点为卫生器具出口处的地面或墙面的设计尺寸。

② 已计价材料与未计价主材问题。卫生器具的种类规格很多，不同卫生器具定额规定的未计价主材内容不同，所以必须按照定额规定计算。

③ 定额可否调整问题。定额项目不一定适用工程中出现的所有情况，因此在对已有定额进行调整时，必须按照定额的规定，必要时需参照标准图集，以免漏

算或重复计算。

④ 主材组价问题。当卫生器具的各种水嘴、阀门、给水软管及排水配件等随卫生器材设备成套供应时，此类附材不得再计价；当开水炉、容积式热交换器的水位计、温度计、压力表、阀门等随设备成套供应时，此类附材也不得再计价。

（1）浴盆安装

① 定额项目划分。定额按不同的材质以及（冷、热水）用水情况划分子目，适用于各种型号的浴盆。按摩浴盆按体积大小划分子目。

② 定额工程量计算。按设计图示数量计算工程量，均以"组"为计量单位。浴盆定额不包括浴盆支座和周边的砌砖、瓷砖粘贴，应另行计算工程量并执行土建定额。

每组与管道定额工程量计算的界线：

浴盆与给水管道以水平管与浴盆水嘴交接处的90°弯头为界（图3-11）。90°弯头之前计入给水管道工程量，之后计入浴盆给水附件工程量。

浴盆与排水管道以排水出口处的地面设计尺寸（如图3-11所示的"完成地面"）为界。地面设计尺寸以上的排水管属于浴盆排水附件工程量，地面设计尺寸以下的排水管计入室内排水管道工程量。

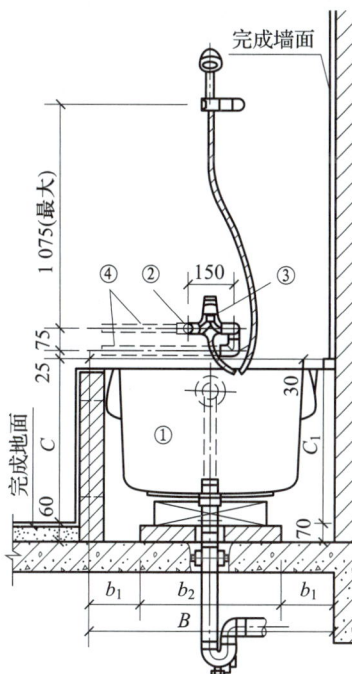

图3-11　浴盆项目组成
①-浴盆；②-90°弯头；③-浴盆水嘴；④-给水管

③ 定额使用说明。每组浴盆安装，定额中给水部分已经包括 DN15 螺纹管件2.02 个。

以搪瓷浴盆（冷热水）为例，每组浴盆未计价主材：浴盆 1.01 个，浴盆排水附件 1.01 套，混合冷热水龙头 1.01 个。

浴盆冷热水带喷头若采用埋入式安装时，混合水管及管件消耗量应另行计算。按摩浴盆包括配套小型循环设备（过滤罐、水泵、按摩泵、气泵等）安装，其循环管路材料、配件等均按成套供货考虑。浴盆底部所需要填充的干砂材料消耗量另行计算。

（2）净身盆安装

① 定额项目划分。定额按安装形式划分子目，适用于各种型号的净身盆。

② 定额工程量计算。按设计图示数量计算工程量，以"组"为计量单位。每组与管道定额工程量计算的界线：与给水管道以角阀为界；与排水管道以排水出口处的地面设计尺寸为界。

（3）洗脸盆安装

① 定额项目划分。定额按不同的安装形式、（冷、热水）用水情况和开关形式划分子目，适用于各种型号的洗脸盆（或洗发盆）。

② 定额工程量计算。按设计图示数量计算工程量，均以"组"为计量单位。每组与管道定额工程量计算的界线：与给水管道以角阀为界；与排水管道以排水出口处的地面设计尺寸为界。

③ 定额使用说明。台式洗脸盆（冷水）安装，执行台式洗脸盆（冷热水）安装的相应定额，基价乘以系数0.8，软管与角型阀的未计价主材含量减半，其余未计价主材含量不变。

液压脚踏洗脸盆安装套用脚踏开关定额，人工系数乘以1.3，液压脚踏阀及控制器等主材另计（如水嘴或喷头等配件随液压脚踏阀及控制器成套供应时，应扣除相应定额中的主材）。

感应式洗脸盆（或洗发盆）安装套用相应的定额，人工系数乘以1.2，感应控制器等主材另计（如感应控制器等配件随卫生器具成套供应，则不得另行计算）。

（4）洗涤盆、化验盆安装

① 定额项目划分。定额按不同的水嘴形式、开关形式和（冷、热水）用水情况划分子目，适用于各种型号。

② 定额工程量计算。按设计图示数量计算工程量，均以"组"为计量单位。每组与管道定额工程量计算的界线：与给水管道以角阀（或三通、或90°弯头）为界；与排水管道以排水出口处的地面设计尺寸为界。

③ 定额使用说明。液压脚踏洗涤盆（或化验盆）安装套用脚踏开关定额，人工系数乘以1.3，液压脚踏阀及控制器等主材另计（如水嘴或喷头等配件随液压脚踏阀及控制器成套供应，应扣除相应定额中的主材）。

感应式洗涤盆（或化验盆）安装套用相应的定额，人工系数乘以1.2，感应控制器等主材另计（如感应控制器等配件随卫生器具成套供应，则不得另行计算）。

洗涤盘、化验盆托架采用砖支墩时，则托架不得再计价。

（5）拖布池（拖把池）安装

① 定额项目划分。定额不区分子目，适用于各种型号的拖布池。

② 定额工程量计算。按设计图示数量计算工程量，均以"套"为计量单位。每组与管道定额工程量计算的界线：与给水管道以水嘴前的三通（或弯头）为界；

与排水管道以排水出口处的地面设计尺寸为界。

（6）淋浴器安装

① 定额项目划分。定额按是否成套、管道材质及不同（冷、热水）用水情况划分子目。

② 定额工程量计算。按设计图示数量计算工程量，均以"套"为计量单位。每组与管道定额工程量计算的界线：与给水管道以角阀（或三通、或与水嘴相连的90°弯头）为界。

③ 定额使用说明。

a. 每组非成套淋浴器安装，定额中给水部分已经包括截止阀和组成冷水淋浴器的钢管 1.8 m，组成冷热水淋浴器的钢管 2.5 m，这部分管道不得再计算管道工程量中。

b. 液压脚踏淋浴器安装套用相应定额，人工系数乘以 1.3，液压脚踏阀及控制器等主材另计（如水嘴或喷头等配件随液压脚踏阀及控制器成套供应，应扣除相应定额中的主材）。

c. 感应式淋浴器安装套用相应的定额，人工系数乘以 1.2，感应控制器等主材另计（如感应控制器等配件随卫生器具成套供应，则不得另行计算）。

（7）大便器安装

① 定额项目划分。定额按不同形式（蹲式、坐式）、不同水箱形式和冲洗方式划分子目。

② 定额工程量计算。均以"套"为计量单位，按设计图示数量计算。每套与管道定额工程量计算的界线：与给水管道以角阀（或截止阀、或脚踏阀）为界；与排水管道以排水出口处的地面设计尺寸（或墙面）为界。

③ 定额使用说明。高（无）水箱蹲式大便器，低水箱坐式大便器安装，适用于各种型号。

液压脚踏冲洗蹲式大便器安装套用相应定额，人工系数乘以 1.3，液压脚踏阀及控制器等主材另计（如水嘴或喷头等配件随液压脚踏阀及控制器成套供应，应扣除相应定额中的主材）。

大便器冲洗（弯）管均按成品考虑。大便器安装已包括柔性连接头或胶皮碗。

（8）小便器安装

① 定额项目划分。定额按不同形式（壁挂式、落地式）及不同冲洗方式划分子目。

② 定额工程量计算。按设计图示数量计算工程量，均以"套"为计量单位。每套与管道定额工程量计算的界线：与给水管道以角阀（或感应式冲洗阀）为界；与排水管道以排水出口处的地面设计尺寸（或墙面）为界。

③ 定额使用说明。液压脚踏冲洗小便器安装套用相应定额，人工系数乘以 1.3，液压脚踏阀及控制器等主材另计（如水嘴或喷头等配件随液压脚踏阀及控制器成套供应，应扣除相应定额中的主材）。

小便器冲洗（弯）管均按成品考虑。

（9）大、小便槽自动冲洗水箱安装

① 定额项目划分。定额按不同水箱用途（大便槽、小便槽）和水箱容积划分子目。

② 定额工程量计算。按设计图示数量计算工程量，均以"套"为计量单位。

③ 定额使用说明。大、小便槽自动冲洗水箱安装中，已包括水箱和冲洗管的成品支托架、管卡安装。

（10）小便槽冲洗管制作安装

① 定额项目划分。定额按公称直径划分子目。

② 定额工程量计算。按设计图示数量计算工程量，以"m"为计量单位，冲洗管工程量不扣除阀门的长度。

③ 定额使用说明。定额按塑料管（粘接）编制。定额只包括多孔冲洗管的制作安装，与冲洗管连接的任何管道及管道上的阀门应按定额规定另行计算，如图3-12所示。

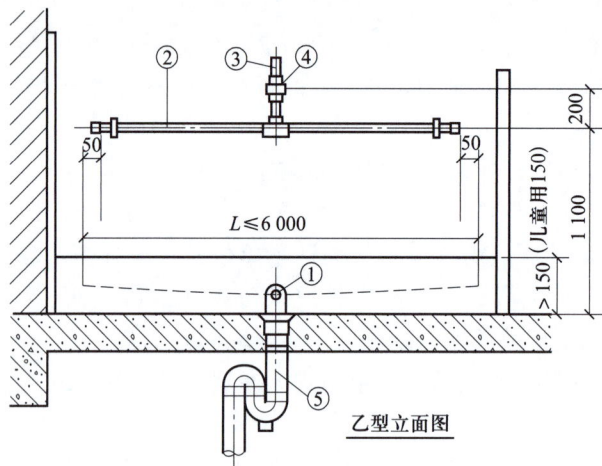

图3-12　小便槽冲洗管项目组成
①-罩式排水栓；②-穿孔管；③-冷水管；④-截止阀；⑤-排水管

（11）水龙头安装

① 定额项目划分。定额按公称直径划分子目。

② 定额工程量计算。按设计图示数量计算工程量，均以"个"为计量单位。

③ 定额使用说明。定额适用于各种不与卫生器具配套的、单独安装的水龙头。例如盥洗槽上安装的水龙头、草坪浇灌用简易水龙头等。浴盆水嘴、洗脸盆水嘴和洗涤盆水嘴等均已包括在成套卫生器具定额中，不得另计。

（12）排水栓安装

① 定额项目划分。定额按是否带存水弯以及公称直径划分子目。

② 定额工程量计算。按设计图示数量计算工程量，均以"组"为计量单位。

③ 定额使用说明。使用要求同"水龙头安装"项目。

（13）地漏安装

① 定额项目划分。定额按公称直径划分子目。

② 定额工程量计算规则。按设计图示数量计算工程量，均以"个"为计量单位。与地漏连接的排水管道自地面设计尺寸算起，不扣除地漏所占长度。

③ 定额使用说明。地漏的材质、规格与种类很多，工程中常用的有普通地漏（不带存水弯）、普通带存水弯地漏、洗衣机专用（插口）地漏以及人防工事中常用的防爆地漏等，但只要公称直径一致，均可套用同一定额。

【例 3-9】某工程有 10 个 DN50 普通塑料地漏（设市场信息价 8.85 元/个），10 个 DN50 洗衣机专用（插口）地漏（设市场信息价 18.45 元/个），试按定额清单计价法列出该项目综合单价计算表。本题中安装费的人材机单价均按 2018 版《浙江安装定额》取定的基价考虑；管理费费率 21.72%，利润率 10.40%，风险不计；计算保留两位小数。

例 3-9 讲解与学习

【解】按题意，两种地漏公称直径相同，故均可套用定额 10-3-79，计量单位为 10 个，工程量均为 1。

① 计算 DN50 普通塑料地漏安装综合单价各组成费用。

人工费：94.91 元

材料费：

其中，计价材料费：2.50 元

未计价主要材料费：1×1.01×8.85 = 89.39（元）

材料费合计：2.50+89.39 = 91.89（元）

机械费：0 元

管理费：94.91×21.72% = 20.61（元）

利润：94.91×10.4% = 9.87（元）

综合单价 = 94.91+91.89+0+20.61+9.87 = 217.29（元）

② DN50 洗衣机专用（插口）地漏安装综合单价计算结果为 314.25 元。

综合单价计算结果如表 3-15 所示。

表 3-15 综合单价计算表

定额编码	定额项目名称	计量单位	数量	综合单价/元						合计/元
				人工费	材料费	机械费	管理费	利润	小计	
10-3-79	普通塑料地漏安装 DN50	10 个	1	94.91	91.89	0	20.61	9.87	217.29	217.29
10-3-79	洗衣机专用（插口）地漏安装 DN50	10 个	1	94.91	188.85	0	20.61	9.87	314.25	314.25

（14）地面扫除口（清扫口）安装

① 定额项目划分。定额按公称直径划分子目。

② 定额工程量计算。均以"个"为计量单位，按设计图示数量计算。

③ 定额使用说明。地面扫除口（清扫口）的材质很多，通常工程中出现有塑

料、铸铁、铜制等，但只要公称直径一致，均可套用同一定额。

（15）蒸汽-水加热器、冷热水混合器安装

① 定额项目划分。蒸汽-水加热器安装定额不区分子目，冷热水混合器安装定额按不同规格划分子目。

② 定额工程量计算。按设计图示数量计算工程量，均以"套"为计量单位。

③ 定额使用说明。定额中蒸汽-水加热器本身为未计价主材。定额不包括支架制作安装，阀门和疏水器安装应按定额规定另行计算。

定额中冷热水混合器本身为未计价主材。定额不包括支架制作安装，应按定额规定另行计算。

（16）饮水器安装

① 定额项目划分。定额不区分子目。

② 定额工程量计算。按设计图示数量计算工程量，以"套"为计量单位。

③ 定额使用说明。定额中饮水器本身为未计价主材。饮水器安装的阀门和脚踏开关应按定额规定另行计算。

（17）隔油器安装

① 定额项目划分。定额安装方式（地上式或悬挂式）和进水管径划分子目。

② 定额工程量计算。按设计图示数量计算工程量，以"套"为计量单位。

③ 定额使用说明。定额中隔油器和卡箍件本身为未计价主材。

4. 给排水设备安装

设备安装定额中均包括设备本体以及与其配套的管道、附件、部件的安装和单机试运转或水压试验、通水调试等内容。均不包括与设备外接的第一片法兰或第一个连接口以外的安装工程量，应另行计算。设备安装项目中包括与本体配套的压力表、温度计等附件的安装，如实际未随设备供应附件时，其材料另行计算。

设备安装定额中均未包括减震装置、机械设备的拆装检查、基础灌浆、地脚螺栓的埋设，若发生时执行2018版《浙江安装定额》第一册《机械设备安装工程》和《第十三册定额》的相应定额。

设备安装定额中均未包括设备支架或底座制作安装，如采用型钢支架执行《第十三册定额》的相应定额。混凝土及砖底座执行《浙江省房屋建筑与装饰工程预算定额》（2018版）相应定额。

（1）给水设备安装

① 定额项目划分。定额按不同供水方式（变频给水、稳压给水、无负压给水和气压给水）、设备重量（气压给水方式按气压罐的直径）划分子目。

② 定额工程量计算。除气压罐以"台"为计量单位外，其余均以"套"为计量单位，按设计图示数量计算工程量。给水设备按同一底座质量计算，不分泵组出口管道公称直径。

③ 定额使用说明。给水设备按整体组成安装编制；随设备配备的各种控制箱（柜）、电气接线及电气调试等，执行《第四册定额》的相应定额。

（2）太阳能集热器安装

① 定额项目划分。定额按不同类型划分子目。

② 定额工程量计算。均以"m²"为计量单位，按设计图示数量计算。

③ 定额使用说明。太阳能集热器是按集中成批安装编制的，如发生 4 m² 以下工程量，人工、机械乘以系数 1.1。

（3）电热水器和立式电开水炉安装

① 定额项目划分。电热水器定额按不同安装方式及型号规格划分子目，立式电开水炉安装定额不区分子目。

② 定额工程量计算。按设计图示数量计算工程量，均以"台"为计量单位。

③ 定额使用说明。定额中电热水器和立式电开水炉本身为未计价主材。定额内只考虑了本体安装，连接管、连接件等应按定额规定另行计算，如图 3-13 所示。

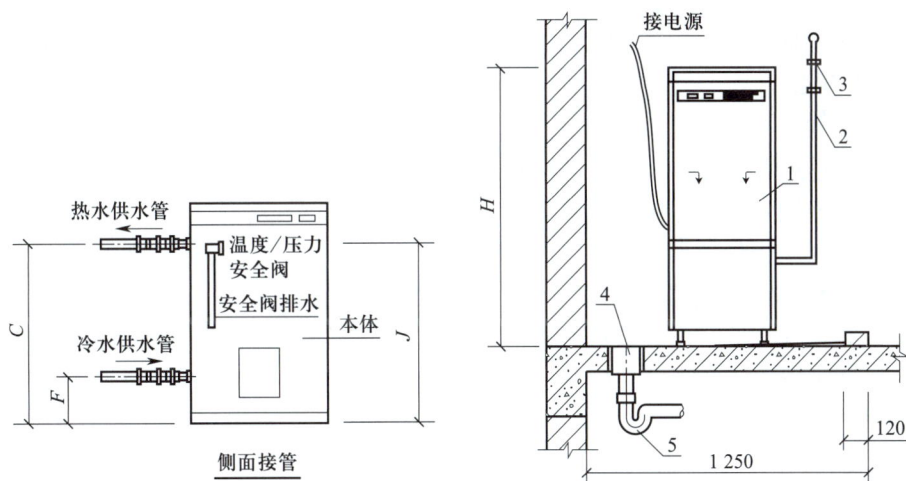

图 3-13 立式电开水炉安装示意图
1-立式电开水炉；2-进水管；3-闸阀；4-无水封地漏；
5—存水弯；C，F，J，H-由工程设计决定

（4）容积式热交换器安装

① 定额项目划分。定额按不同型号规格划分子目。

② 定额工程量计算。按设计图示数量计算工程量，均以"台"为计量单位。

③ 定额使用说明。定额中容积式热交换器本身为未计价主材。定额内已按标准图集计算了其附件，但不包括安全阀安装、本体保温、刷油和基础砌筑等，应按定额规定另行计算。

（5）消毒器和消毒锅安装

① 定额项目划分。定额按不同型号规格划分子目。

② 定额工程量计算。按设计图示数量计算工程量，均以"台"为计量单位。

③ 定额使用说明。定额中消毒器和消毒锅本身为未计价主材。

（6）直饮水设备安装

① 定额项目划分。定额按不同供水量划分子目。

② 定额工程量计算。按设计图示数量计算工程量，均以"台"为计量单位。

③ 定额使用说明。定额中直饮水设备本身为未计价主材。

（7）水箱制作、安装

水箱安装适用于玻璃钢、不锈钢、钢板等各种材质，不分圆形、方形，均按箱体容积执行相应项目。水箱安装按成品水箱编制，如现场制作、安装水箱，水箱主材不得重复计算。水箱消毒冲洗及注水试验用水按设计图示容积或施工方案计入。组装水箱的连接材料是按随水箱配套供应考虑的。

① 定额项目划分。水箱安装定额按是否成套和水箱设计容量划分子目。钢板水箱制作分圆形、矩形，按水箱设计容量划分子目。

② 定额工程量计算。水箱安装以"台"为计量单位，制作以"kg"为计量单位。具体按设计图示数量计算。

③ 定额使用说明。各种水箱连接管，均未包括在定额内，可执行室内管道安装的相应项目。

5. 其他

（1）排水管成品防火套管、阻火圈安装

① 定额项目划分。定额按被套管的管径（公称直径或公称外径）划分子目。

② 定额工程量计算。成品防火套管安装以"个"为计量单位，阻火圈安装以"个"为计量单位，按设计图示数量计算工程量。

③ 定额使用说明。建筑塑料排水管穿越楼层设置阻火装置（防火套管或阻火圈）的目的是防止火灾贯穿蔓延。设置时必须同时具备下列条件：a. 高层建筑；b. 管道外径大于或等于110 mm时；c. 立管明设，或立管虽暗设但管道井内不是每层设防火封隔的。具体内容如下。

高层建筑中，管径≥DN100的塑料排水横管穿越管道井壁处及其穿越防火墙处的两侧，必须设置防火套管。人防工程中，不论高层建筑还是多层建筑，穿越防火分区的各种管道（不论管径大小、不论明敷暗敷）必须设置防火套管。

高层建筑中，管径≥DN100的明敷塑料排水立管（每层楼板有防火分隔的管道井除外）穿越楼板处的下方必须设置阻火圈。

（2）碳钢（或塑料）管道保护管制作、安装

① 定额项目划分。定额区分不同材质，按不同管径划分子目。

② 定额工程量计算。管道保护管制作、安装按设计图示管道中心线长度计算工程量，以"m"为计量单位。

③ 定额使用说明。管道保护管是指在管道系统中，为避免外力（荷载）直接作用在介质管道外壁上，造成介质管道受损而影响正常使用，在介质管道外部设置的保护性管段。

（3）管道二次压力试验

① 定额项目划分。定额按公称直径划分子目。

② 定额工程量计算。按设计图示管道中心线长度计算工程量，以"m"为计量单位。

③ 定额使用说明。管道二次压力试验仅适用于因工程需要而发生且非正常情况的管道水压试验。管道安装定额中已经包括了规范要求的水压试验，不得重复计算工程量。

（4）管道消毒、冲洗

① 定额项目划分。定额按管道公称直径划分子目。

② 定额工程量计算。按设计图示管道中心线长度计算工程量，以"m"为计量单位。

③ 定额使用说明。根据规范规定，生活饮用水管道在交付使用前，必须进行管道的消毒、冲洗工作。

因工程需要再次发生管道冲洗时，执行本章消毒冲洗定额项目，同时扣减定额中漂白粉消耗量，其他消耗量乘以系数 0.6。

（5）成品表箱安装

① 定额项目划分。定额按箱体半周长划分子目。

② 定额工程量计算。按设计图示数量计算工程量，以"个"为计量单位。

③ 定额使用说明。成品表箱安装适用于水表、热量表、燃气表箱的安装。

3.3　建筑给排水工程国标清单计价

3.3.1　工程量清单计价基础

给排水工程清单根据 2013 版《通用安装工程计算规范》附录 K "给排水、采暖、燃气工程"进行编制和计算。附录 K 主要由 10 部分组成，有 101 种清单项目，包含管道、支架和管道附件等。

在实际操作过程中要分清下列问题：

① 清单编码与定额编码的区别。

② 清单项目与定额项目的区别。

③ 清单计算规则及计量单位与定额计算规则及计量单位的区别。

④ 清单工作内容与定额工作内容的区别。

清单编码由 12 位组成，如 031001001001，它表示某规格镀锌钢管安装，包含的内容见表 3-16 所含工作内容的一项或多项，计量单位是"m"。定额编码是按分部分项内容参考第十册相关定额进行确定，如 10-1-149，它表示 DN20 室内镀锌钢管（螺纹连接）安装，就是一个分部分项安装内容，计量单位是 10 m。

应注意，清单与定额的表现形式不同，即一个清单项目是由若干个工作内容（定额项目）组成的，最终由这些工作内容（定额项目）决定了清单项目的综合单价。

表 3-16　给排水工程部分清单项目所含工程内容

系统组成	项目编码	项目名称	计量单位	所含工程内容
管道	031001001	镀锌钢管	m	① 管道安装 ② 管件制作、安装 ③ 压力试验 ④ 吹扫、冲洗 ⑤ 警示带铺设
	031001002	钢管		
	031001006	塑料管		① 管道安装 ② 管件安装 ③ 塑料卡固定 ④ 阻火圈安装 ⑤ 压力试验 ⑥ 吹扫、冲洗 ⑦ 警示带铺设
	031001007	复合管		① 管道安装 ② 管件安装 ③ 塑料卡固定 ④ 压力试验 ⑤ 吹扫、冲洗 ⑥ 警示带铺设
支架	031002001	管道支架	kg（套）	① 制作 ② 安装
管道附件	031003001	螺纹阀门	个	① 安装 ② 电气接线 ③ 调试
	031003003	焊接法兰阀门		
	031003012	倒流防止器	套	安装
	031003013	水表	组（个）	组装
卫生器具	031004001	浴缸	组	① 器具安装 ② 附件安装
	031004003	洗脸盆		
	031004006	大便器		
	031004007	小便器		
	031004010	淋浴器	套	
	031004014	地漏	个	安装
	031004014	地面扫除口		

3.3.2　工程量清单编制

清单定额工程量计算规则与定额工程量计算规则基本相同。例如，管道计算规则：按设计图示管道中心线长度以延长米计算，不扣除阀门、管件（包括减压器、疏水器、水表、伸缩器等组成安装）及附属构筑物所占长度；方形补偿器以其所占长度列入管道安装工程量。

工程量清单编制应注意的问题：

① 管道安装室内、外划分界线与定额规定相同，在清单项目特征描述时应注明。

② 为方便操作，各个地区一般都会颁布与计价规范配套使用的"清单计价指引"，其中规定了清单项目与定额项目之间的对应关系。

【例 3-10】DN25 的室内塑料给水管 PP-R（热熔连接）安装，工程量 160 m，试根据 2013 版《通用安装工程计算规范》、2018 版《浙江安装定额》编制清单项目及套用的定额项目。

【解】根据清单计价规范要求，塑料管安装项目编码为"031001006"，计量单位为"m"。

根据清单计价规范编列的项目特征、工程内容，结合本题实际情况可确定该清单项目由管道安装、消毒冲洗等定额项目（工程内容）组成，如表 3-17 所示。

表 3-17　管道安装的清单项目编制

项目编码 （定额编码）	清单（定额）项目名称	单位	数量
031001006001	① 室内塑料给水管 PP-R 安装 DN25（热熔连接） ② 管道消毒、冲洗	m	160
10-1-231	室内塑料给水管 PP-R 安装 DN25（热熔连接）	10 m	16
10-8-31	管道消毒、冲洗	100 m	1.60

本例应注意：根据规范规定，生活饮用水管道在交付使用前，必须进行管道的消毒、冲洗工作。

3.3.3　工程量清单计价编制

工程量清单计价过程中一定要明确：一个清单项目是由若干个定额项目组成的，最终由这些定额项目组成了清单项目的综合单价。

实际操作过程中，应严格按照清单计价规范对清单项目特征、工作内容的描述，结合工程实际情况，逐个套用定额进行清单组价。清单计价规范中，每个清单项目都编列了该项目可能包括的工程内容。清单编制时应根据工程情况编列实际发生的工作内容，未发生的工作内容不得编列。

清单计价规范规定的塑料复合管项目工作内容与实际工作内容对比，详见二维码"塑料复合管安装的工作内容对比"。

应当注意，清单与定额在所含工作内容上是有区别的。例如，二维码"工程量清单计价编制"中清单项目管道安装所含可能发生的工程内容中有"水压

例 3-10 讲解与学习（1）

例 3-10 讲解与学习（2）

塑料复合管安装的工作内容对比

试验"工作，但在定额中规定，"水压试验"是包括在管道安装基价中的。因此只要按工程实际发生的工程内容结合定额的相关规定完成清单项目编制描述和组价即可。

【例3-11】室内给排水系统管道支架制作安装，工程量90 kg，管道型钢支架按设计要求除轻锈、刷防锈漆（底漆）二遍，刷调和漆（面漆）二遍。按一般计税法中值考虑相关费率，暂不考虑风险费用。相关信息价为：型钢4.8元/kg，酚醛防锈漆9元/kg，酚醛调和漆12.5元/kg，试按国标清单计价法列出该项目综合单价计算表。本题中安装费的人材机单价均按2018版《浙江安装定额》取定的基价考虑；管理费费率21.72%，利润率10.40%，风险不计；计算保留两位小数。

【解】给水管道支架套用"一般钢结构"除锈、刷油相应定额。由已知条件和清单项目工作内容可知，该项目应列2个清单，分别为支架制作安装清单和支架除锈、刷油清单。需分别对这2个清单进行组价，并计算各自费用、形成综合单价。

① 管道支架制作、安装

管道支架制作、安装的清单工程量=90.00（kg）

管道支架制作的定额工程量=90÷100=0.90（100 kg）

　　制作的主材（型钢）工程量=0.90×106=95.40（kg）

管道支架安装的定额工程量=90÷100=0.90（100kg）

② 金属结构的除锈、刷油

管道支架刷油的清单工程量=90.00（kg）

管道支架手工除轻锈的定额工程量=90÷100=0.90（100 kg）

管道支架刷油的定额工程量：90÷100=0.90（100 kg）

　　底漆第一遍主材（酚醛防锈漆）工程量=0.9×0.92=0.828（kg）

　　底漆第二遍主材（酚醛防锈漆）工程量=0.9×0.78=0.702（kg）

　　面漆第一遍主材（酚醛调和漆）工程量=0.9×0.80=0.72（kg）

　　面漆第二遍主材（酚醛调和漆）工程量=0.9×0.70=0.63（kg）

③ 参照定额、材料单价计算相关费用

工程量清单项目综合单价计算表、分部分项工程量清单与计价表详见二维码"管道支架综合单价计算表"。

3.4　建筑给排水工程计价案例

3.4.1　工程概况

杭州市市区某办公楼二楼（层高3.9 m）卫生间给排水工程，其施工图如图3-14~图3-18所示。卫生间设有拖布池、台下式洗脸盆（冷水）、连体坐便器等卫生器具。

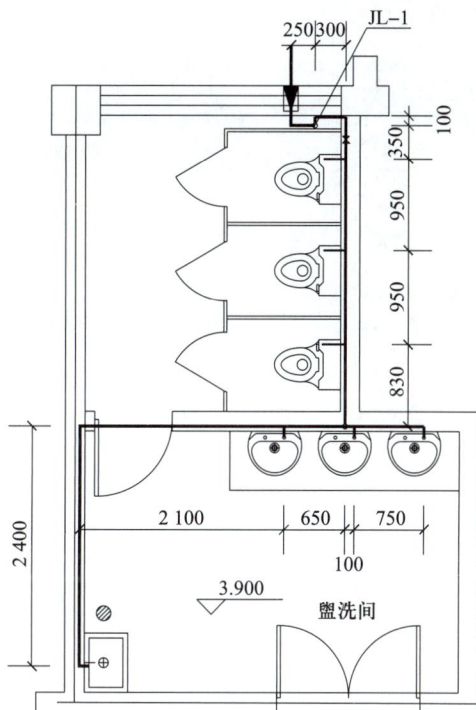

图 3-14　二层卫生间给水大样图

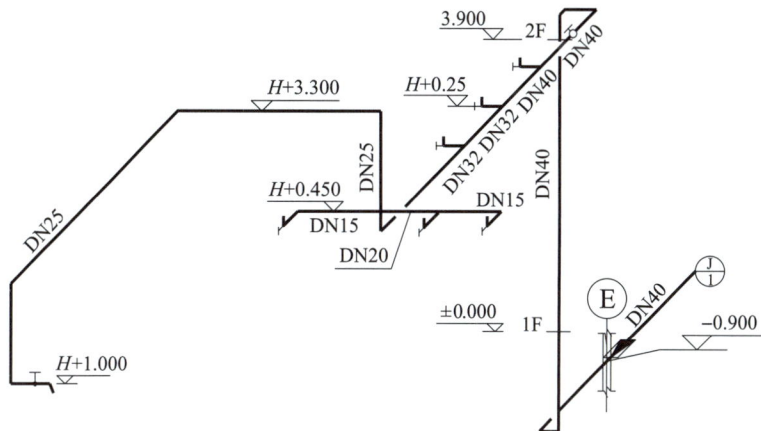

图 3-15　给水系统图

① 给水系统：采用直接供水方式，在卫生间外墙设置一水表，水表箱（型号：SBX-1320×560×170）嵌墙安装；给水管采用给水钢塑复合管（冷水涂塑型，不保温）、暗敷，螺纹连接。室外部分埋地敷设，室内部分嵌墙暗敷，闸阀采用 Z15W-1.6 DN40。

② 排水系统：采用污废合流方式，直接排出至小区规划道路下排水检查井（距外墙 2.0 m）。排水管采用 UPVC 排水塑料管（零件粘接）。设计要求设置阻火圈。

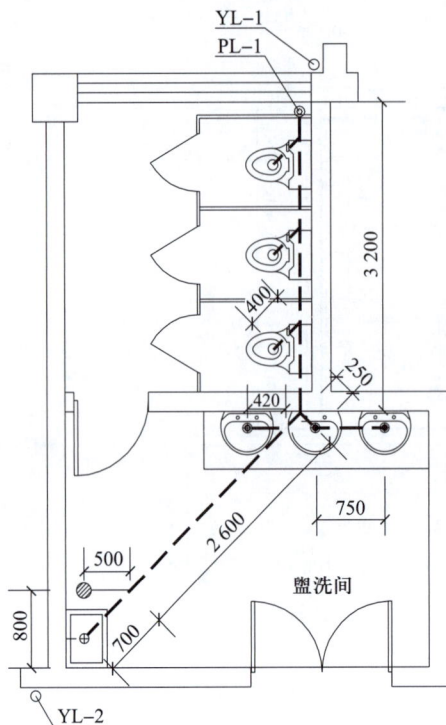

图 3-16   二层卫生间排水大样图

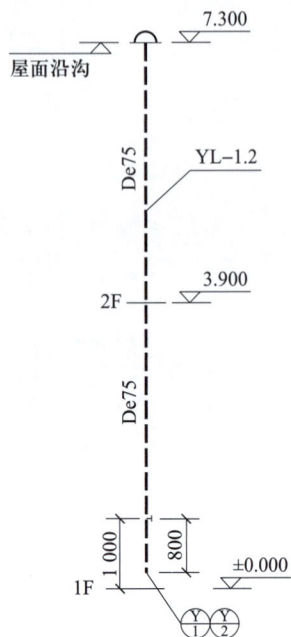

图 3-17   雨水系统图

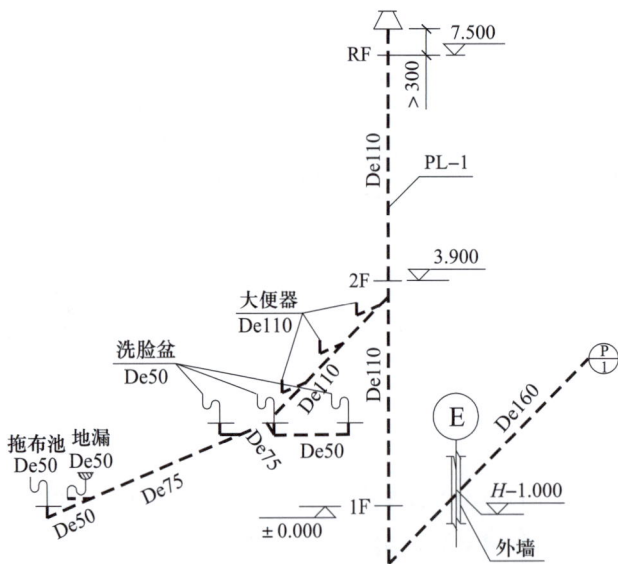

图 3-18   排水系统图

③ 雨水系统：屋面雨水汇水至屋顶檐沟，接至钢制短管雨水斗（87型Ⅱ型），经雨水立管排至地面散水，最后散排流入绿化带。雨水管采用 UPVC 排水塑料管（零件粘接）。

④ 管道穿基础、非底层楼板均设置刚性防水套管（施工单位自制）。沿地面埋地敷设的给水管道，以及所有的器具排水管道、地漏、清扫口等均不需设置防水套管。

⑤ 编制要求：以《清单计价规范》、2013 版《通用安装工程计算规范》、2018 版《浙江省计价规则》、2018 版《浙江安装定额》及《关于增值税调整后我省建设工程计价依据增值税税率及有关计价调整的通知》（浙建建发〔2019〕92 号）为计价依据。主要材料价格为当地市场信息价。

⑥ 按招标控制价要求计价，企业管理费、利润等费率按一般计税法中值确定。施工技术措施费考虑脚手架搭拆费，组织措施费仅计取安全文明施工费。

3.4.2　工程量计算

1. 工程量的计算

依据定额工程量计算规则，水平管线按比例量算，垂直管线按标高差计算，不扣除管件及阀门等所占长度。

计算范围：给水管道计算至外墙 1.5 m，排水管道计算至出户的第一个检查井，雨水管道计算至立管底部。由于系统比较简单，可以按水流方向、分系统逐步计算，详见二维码"工程量计算表"。

2. 工程量的汇总

将工程量进行汇总计算，分别列出清单工程量和定额工程量，详见二维码"工程量计算表"。

工程量计算表

3.4.3　定额清单计价

应用定额清单计价法，采用品茗胜算造价计控软件编制。

通过软件导出投标报价格式的单位（专业）工程招标控制价费用表、分部分项工程量清单与计价表、分部分项综合单价计算表、技术措施项目清单与计价表、技术措施综合单价计算表、施工组织（总价）措施项目清单与计价表、主要材料和工程设备一览表。按招投标装订顺序表格排序，具体详见二维码"建筑给排水工程计价案例定额清单计价编制"。

建筑给排水工程计价案例定额清单计价编制

3.4.4　国标清单计价

应用国标清单计价法，采用品茗胜算造价计控软件编制，具体详见二维码"建筑给排水工程计价案例国标清单计价编制"。

建筑给排水工程计价案例国标清单计价编制

思考与练习

一、单选题

1. 镀锌钢管规格有 DN15、DN20 等，DN 表示（　　）。

A. 内径　　　　　　　　B. 公称直径

C. 外径　　　　　　　　D. 其他

2. 为防止管道水倒流，需在管道上安装的阀门是（　　）。

A. 止回阀
B. 截止阀
C. 蝶阀
D. 闸阀

3. 阀门型号为 Z944T-1.0 表示这个阀门是（　　）。

A. 截止阀
B. 安全阀
C. 闸阀
D. 止回阀

4. 室内钢塑给水管沟槽连接执行的是（　　）相应项目。

A. 室内钢管沟槽连接
B. 室内钢管焊接
C. 室外钢塑给水管螺纹连接
D. 室外铸铁给水管胶圈连接

5. 单件质量大于（　　）的管道支架制作安装项目，应执行设备支架制作安装相应项目。

A. 50 kg
B. 100 kg
C. 150 kg
D. 200 kg

6. 下列不属于带旁通管的法兰水表安装定额主材的是（　　）。

A. 止回阀
B. 焊接钢管
C. 闸阀
D. 法兰挠性接头

7. 穿越楼板管道套管的制作安装，主材按（　　）m 计。

A. 0.2
B. 0.3
C. 0.4
D. 0.5

8. 厨房暗敷管道每间贴补（　　）工日。

A. 1.5
B. 1.0
C. 0.5
D. 不贴补

9. 室内外给水管道以建筑物外墙皮（　　）m 为界，入口处设阀门者以阀门为界。

A. 0.5
B. 1.0
C. 1.5
D. 2.0

10. 排水器具登高管一般可计取（　　）m。

A. 0.2
B. 0.3
C. 0.5
D. 1.0

11. 给排水安装预算中，一般施工高度在（　　）m 以上时，可计算操作高度增加费。

A. 2.0
B. 3.6
C. 4.8
D. 5.0

12. 安装预算中，一般施工高度在（　　）m 以上时，可计算操作高度增加费。

A. 2.0
B. 3.6
C. 4.8
D. 5.0

13. 室内塑料雨水管 DN75 热熔连接，主材单位价值为（　　）元/10 m（市场信息价为 13.8 元/m）。

A. 138.00 　　　　　　　　　B. 188.45

C. 189.83 　　　　　　　　　D. 136.62

14. 坐式大便器与给水管道定额工程量计算的分界点通常是（　　）。

A. 进水角阀　　　　　　　　B. 角阀前面的三通

C. 角阀后面的软管　　　　　D. 以上均可以

15. 室内螺旋消音塑料排水管 DN100（粘接）安装应执行定额（　　）。

A. 10-1-283 　　　　　　　　B. 10-1-288

C. 10-1-292 　　　　　　　　D. 10-1-278

二、多选题

1. 钢管常用的连接方式有（　　）。

A. 螺纹连接　　　　　　　　B. 焊接

C. 法兰连接　　　　　　　　D. 卡箍连接

E. 粘接

2. 建筑给水系统按用途可分（　　）以及共用给水系统等几类。

A. 生活给水系统　　　　　　B. 生产给水系统

C. 消防给水系统　　　　　　D. 中水给水系统

E. 凝结水系统

3. 按照排出的污水性质分类，生活污水是指（　　）。

A. 污水盆排水　　　　　　　B. 淋浴器排水

C. 大便槽排水　　　　　　　D. 小便器排水

E. 洗脸盆排水

4. 排水塑料管的连接方法有（　　）。

A. 承插粘接　　　　　　　　B. 胶圈连接

C. 螺纹连接　　　　　　　　D. 卡箍连接

E. 焊接

5. 下列关于非虹吸式的室内塑料雨水管安装定额说法正确的有（　　）。

A. 已包含雨水斗的安装费用　　B. 雨水斗主材应另计

C. 雨水管配件（三通、弯头等）的安装费应另计

D. 雨水管主材含量均大于 10 m

E. 塑料吊杆及管夹费用已包含在定额中

答案

消防工程计量与计价

[教学导航]

■ 学习情境

在对安装工程计价有初步了解的基础上，再对消防设备安装工程展开专业工程计价的学习。

■ 学习目标

通过本情境的学习，使学习者对消防设工程计量与计价有深入的了解，掌握消防工程工程量清单计价方法。

■ 学习方法

在熟悉消防工程定额相关的理论知识和工程计价规则的基础上，通过案例分析学习，加深对消防工程定额清单计价和国标清单计价方法的理解。

■ 素养目标

1. 培养学生严谨细致的工作态度，坚持原则，依法办事。
2. 培养学生良好的职业操守，清正廉洁的工作作风。

4.1　消防工程基础知识

消防工程按照火灾中所起的作用不同，分为防火系统、灭火系统、防排烟系统和消防控制系统，以上四个系统共同协作，才能完成火灾的防控、预警等功能，把火灾造成的人员伤亡和财物损失降到最低。

灭火系统类型包括消防给水设施、消火栓灭火系统、自动喷水灭火系统、水喷雾灭火系统、细水雾灭火系统、泡沫灭火系统、气体灭火系统、干粉灭火系统。其中，水灭火系统是目前用于扑灭民用及公共建筑，以及工业建筑一般性火灾的最经济有效的消防系统。

按照灭火设备构造不同，水灭火系统分为消火栓灭火系统和自动喷水灭火系统两大类，除此之外，还有水喷雾灭火系统。下面以水灭火系统和火灾自动报警系统作为主要学习内容。

4.1.1　水灭火系统

1. 消火栓灭火系统及组成

室内消火栓是建筑物内的一种固定消防供水设备，平时与室内消防给水管线连接，遇有火灾时，将水龙带一端的接口接在消火栓出水口上，把手轮按开启方向旋转即能射水灭火。室内消火栓是建筑防火设计中应用最普遍、最基本的消防设施，如图4-1所示。

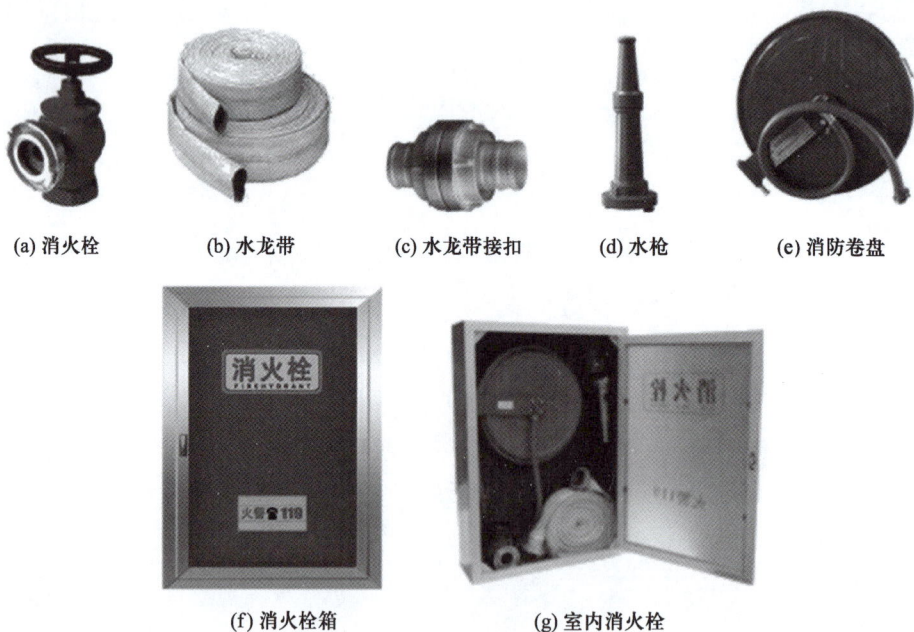

| (a) 消火栓 | (b) 水龙带 | (c) 水龙带接扣 | (d) 水枪 | (e) 消防卷盘 |

(f) 消火栓箱　　　　　　(g) 室内消火栓

图4-1　消火栓设备

① 室内消火栓分类。室内消火栓分为单阀和双阀两种。单阀消火栓又分为单出口、双出口和直角双出口三种。双阀消火栓为双出口。在低层建筑中较多采用单阀单出口消火栓，消火栓出口直径有 DN50、DN65 两种。对应的水枪最小流量分别为 2.5 L/s 和 5 L/s。双出口消火栓直径为 DN65，用于每支水枪最小流量不小于 5 L/s。高层建筑消火栓一般选择 DN65。消火栓进口端与管道相连接，出口端与水带相连接。安装时查看《室内消火栓安装图集》（04S202），图 4-2 所示为单栓消火栓安装图。

② 水龙带。水龙带按材质分为麻质、棉织和衬胶水带。规格有 DN50、DN65 两种，其长度有 15 m、20 m、25 m 三种。

③ 水枪。室内一般采用直流式水枪，喷口直径有 13 mm、16 mm、19 mm 三种。喷嘴口径 13 mm 的水枪配 DN50 接口；喷嘴口径 16 mm 的水枪配 DN50 或 DN65 两种接口；喷嘴口径 19 mm 的水枪配 DN65 接口。

④ 消防卷盘（消防水喉设备）。由 DN25 的小口径消火栓、内径不小于 19 mm 的橡胶胶带和口径不小于 6 mm 的消防卷盘喷嘴组成，胶带缠绕在卷盘上。在高层建筑中，由于水压及消防水量大，对于没有经过专业训练的人员，使用 DN65 口径的消火栓较为困难，因此可使用消防卷盘进行有效的自救灭火。

⑤ 消防水泵接合器。消防车由室外消火栓、水池或天然水源取水时，通过水泵接合器向室内消防给水管网供水。水泵接合器是消防车或移动式水泵向室内消防给水管网供水的连接口。

水泵接合器的接口直径有 DN65 和 DN80 两种，分地上式、地下式、墙壁式，如图 4-3 所示。

2. 自动喷水灭火系统的分类及组成

自动喷水灭火系统是一种固定形式的自动灭火装置。系统的喷头以适当的间距和高度安装在建筑物、构筑物内部。当建筑物内发生火灾时，喷头会自动开启灭火，同时发出火警信号，启动消防水泵从水源抽水灭火。

（1）自动喷水灭火系统分类

自动喷水灭火系统可分为闭式系统和开式系统。

① 闭式自动喷水灭火系统主要分为湿式系统、干式系统、预作用系统和重复启闭预作用系统。

a. 湿式自动喷水灭火系统。喷水管网中经常充满有压力的水，发生火灾时，高温火焰或高温气流使闭式喷头的热敏感元件动作，闭式喷头自动打开喷水灭火。湿式自动喷水灭火系统如图 4-4 所示，这种系统适用于常年室内温度不低于 4 ℃，且不高于 70 ℃ 的建筑物、构筑物内。

b. 干式自动喷水灭火系统。主要由闭式喷头、管路系统、报警装置、干式报警阀、充气设备及供水系统组成。由于在报警阀上部管路中充有有压气体，故称干式自动喷水灭火系统，如图 4-5 所示。

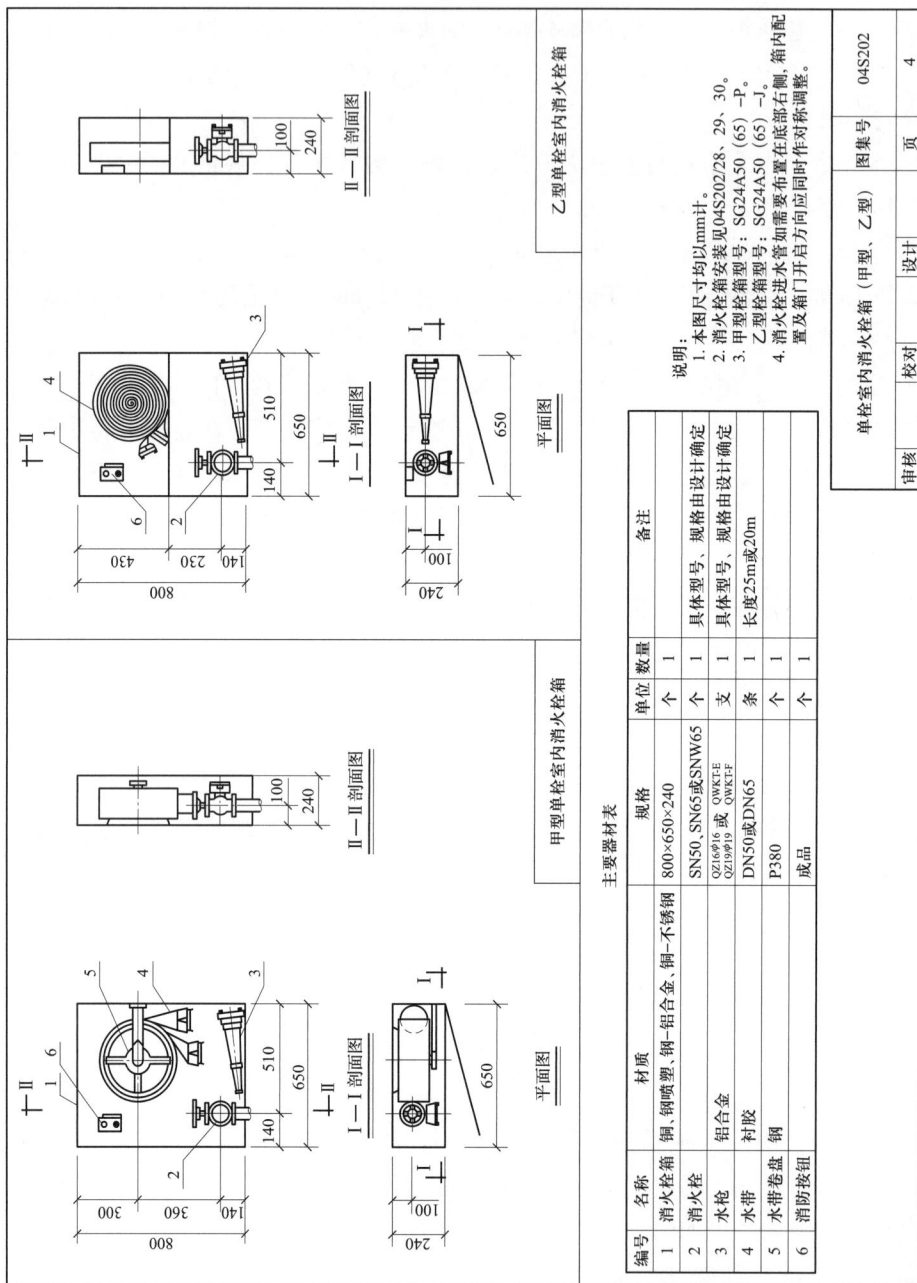

图4-2　单栓消火栓安装图

(a) 地上式水泵接合器　(b) 地下式水泵接合器　(c) 墙壁式水泵接合器

图 4-3 消防水泵接合器

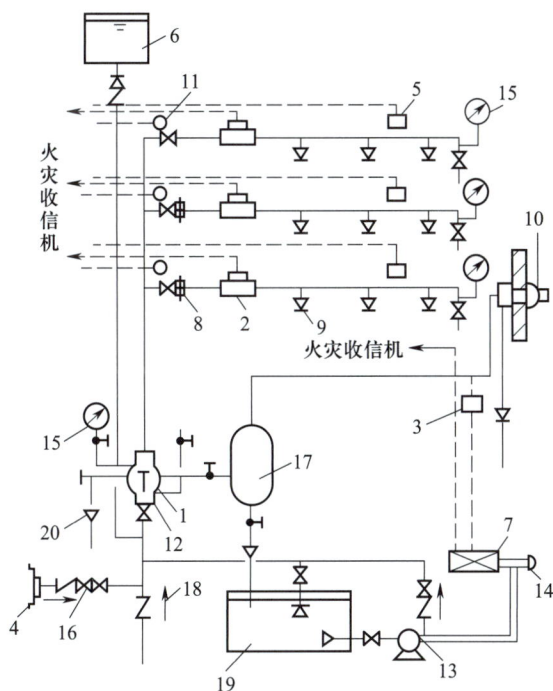

图 4-4 湿式自动喷水灭火系统

1-湿式报警阀；2-水流指示器；3-压力继电器；4-水泵接合器；
5-感烟探测器；6-水箱；7-控制箱；8-减压孔板；9-喷头；10-水力警铃；
11-报警装置；12-闸阀；13-水泵；14-按钮；15-压力表；16-安全阀；
17-延迟器；18-止回阀；19-蓄水池；20-排水漏斗

c. 预作用自动喷水灭火系统。主要由火灾探测系统、闭式喷头、预作用阀、报警装置及供水系统组成。预作用自动喷水灭火系统将火灾自动探测控制技术和自动喷水灭火技术相结合，系统平时处于干式状态，当发生火灾时，能对火灾进行初期警报，同时迅速向管网充水使系统成为湿式状态，进而喷水灭火。系统的这种转变过程包含着预备动作的作用，故称预作用自动喷水灭火系统。

d. 重复启闭预作用系统。重复启闭预作用系统是在预作用系统的基础上发展起来的一种自动喷水灭火系统新技术，该系统不但能自动喷水灭火，而且当火被扑灭后又能自动关闭系统。这种系统在灭火时尽量减少水的破坏力，但不失去灭火的功能。

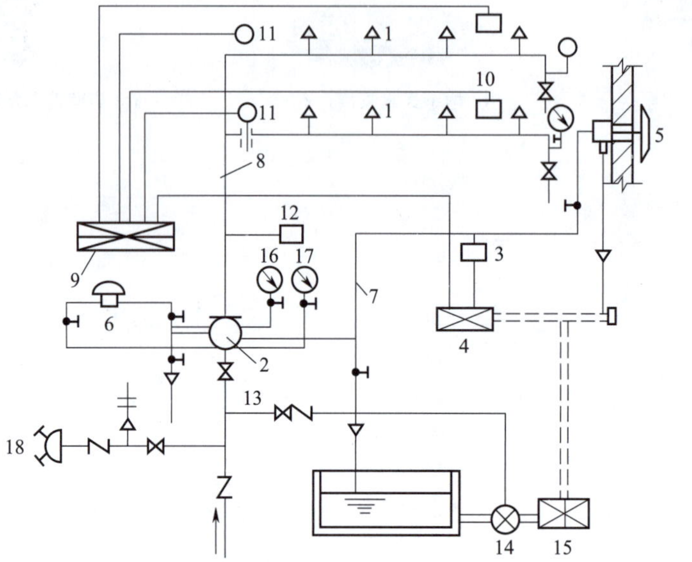

图 4-5   干式自动喷水灭火系统

1-闭式喷头；2-干式报警器；3-压力继电器；4-电气自控箱；

5-水力警铃；6-快开器；7-信号管；8-配水管；9-火灾收信器；

10-火灾探测器；11-报警装置；12-气压保持器；13-阀门；

14-消防水泵；15-电动机；16-阀后压力表；17-阀前压力表；18-水泵接合器

② 开式自动喷水灭火系统由开式喷头、管道系统、雨淋阀、火灾探测装置、报警控制组件和供水设施等组成，根据喷头形式和使用目的的不同，可分为雨淋喷水灭火系统、水幕系统、水喷雾灭火系统。

a. 雨淋喷水灭火系统。雨淋喷水灭火系统由开式喷头、管道系统、雨淋阀、火灾探测器、报警控制装置、控制组件和供水设备等组成。雨淋喷水灭火系统出水迅速，喷水量大，覆盖面积大，其降温和灭火效率显著。

b. 水幕系统。水幕系统不直接扑灭火灾，而是阻挡火焰热气流和热辐射向临近保护区扩散，起到防火分隔作用。

c. 水喷雾灭火系统。水喷雾灭火系统利用喷雾喷头在一定压力下将水流分解成粒径为 $100 \sim 700 \, \mu m$ 的细小雾滴，通过表面冷却、窒息、乳化、稀释的共同作用实现灭火和防护，保护对象主要是火灾危险大、扑救困难的专用设施或设备。

（2）自动喷水灭火系统组成

自动喷水灭火系统由水源、加压储水设备、喷头、管网、报警装置、水流指示器、末端水试装置等组成。下面介绍自动喷水灭火系统的主要设备。

① 喷头。在接触火灾烟气流受热的作用下，在预定的温度围内自行启动或根据火灾信号由控制设备启动进行喷水灭火的装置，分为闭式喷头、开式喷头和特殊喷头三类。

② 管网。自动喷水灭火系统中的给水管道常采用镀锌钢管，连接方式采用螺纹连接（也叫丝扣连接）或法兰连接。有时也使用镀锌无缝钢管作为供水管道。

③ 报警装置。自动喷水系统中能自动接通或切断水源并能启动报警器的装置，由湿式阀、试验阀、蝶阀、装配管、装置压力表、供应压力表、试验管流量计、过滤器、延时器、水力警铃、压力开关、漏斗等组成，目前市场上的报警装置是成套供应的。湿式报警装置型号为 ZSS，其他类型的干湿两用报警装置型号为 ZSL，预作用报警装置型号为 ZSU，电动雨淋报警装置型号为 ZSYL。

④ 水流指示器。水流指示器是自动喷水灭火系统的一个组成部分，安装于管网配水干管或配水管的始端，用于显示火警发生区域，启动各种电报警装置或消防水泵等电气设备。

⑤ 末端水试装置。安装在系统管网或分区管网的末端，用以检验系统供水流量、供水压力、报警功能和联动功能的装置。

4.1.2　火灾自动报警系统

火灾自动报警系统用于探测初期火灾并发出警报，以便采取相应措施（如疏散人员，呼叫消防队，启动灭火系统，操作防火门、防火卷帘、防烟和排烟风机等）的系统。火灾自动报警与消防联动是现代消防工程的主要内容，其功能是自动监测区域内火灾发生时的热、光和烟雾，从而发出声光报警并联动其他设备的输出接点，控制自动灭火系统、紧急广播、事故照明、电梯、消防给水和排烟系统等，实现监测、报警和灭火自动化。火灾自动报警及消防联动控制系统如图 4-6 所示。火灾自动报警系统常用装置如图 4-7 所示。

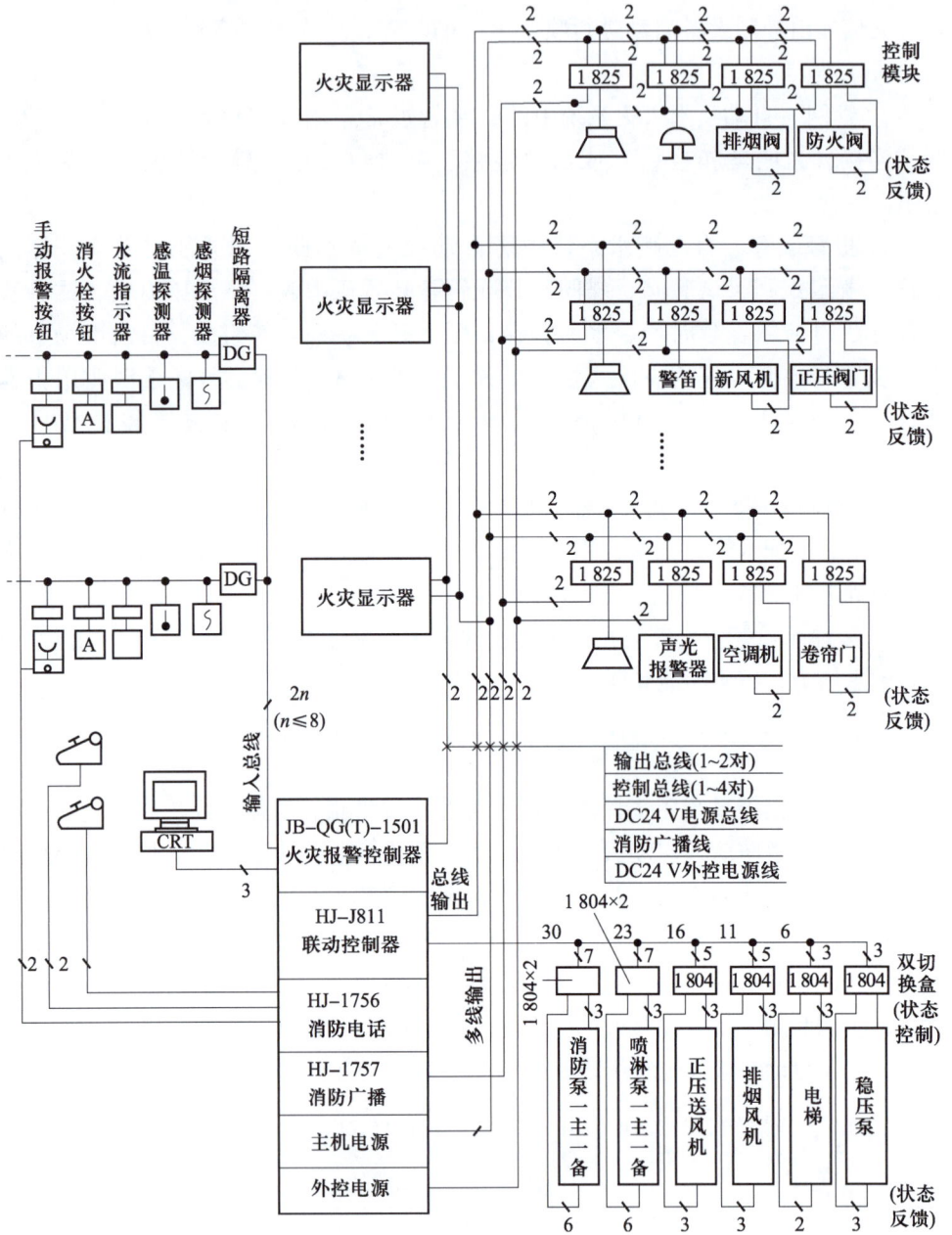

图 4-6   火灾自动报警及消防联动控制系统

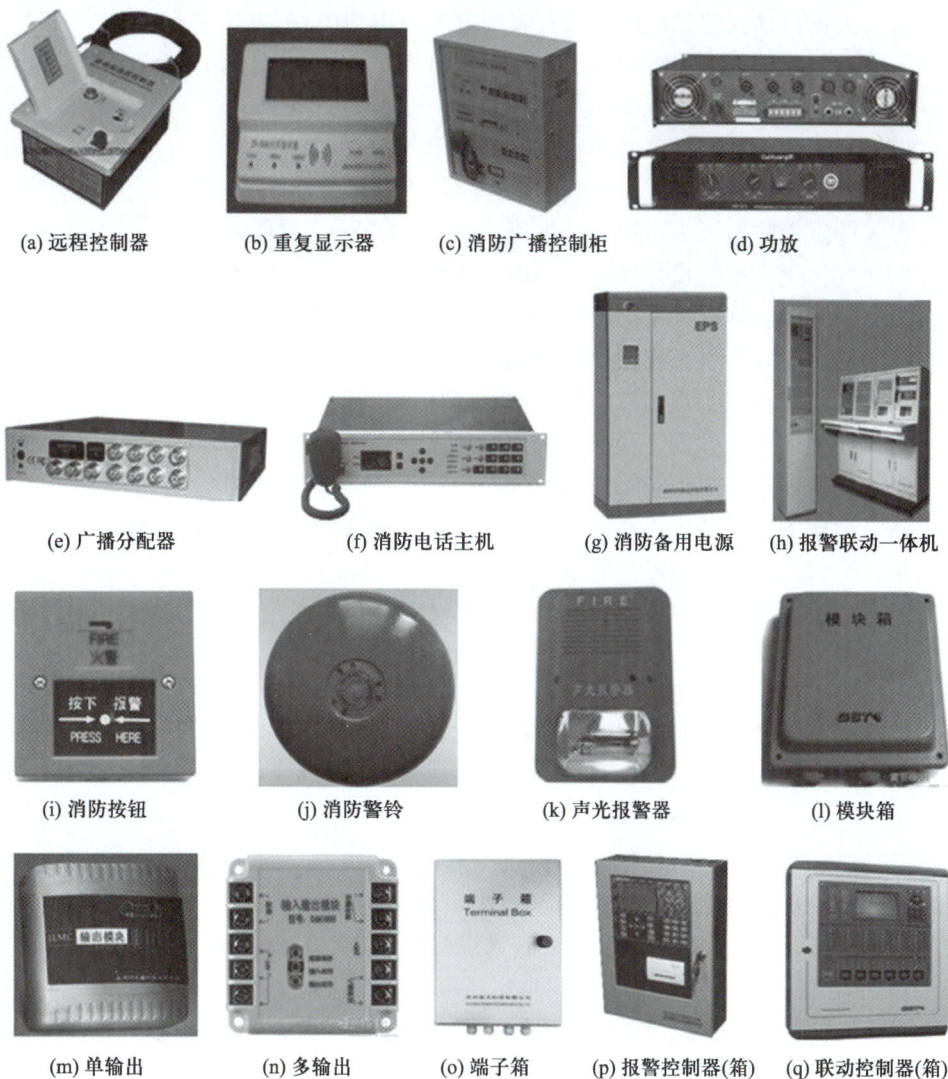

(a) 远程控制器　(b) 重复显示器　(c) 消防广播控制柜　(d) 功放

(e) 广播分配器　(f) 消防电话主机　(g) 消防备用电源　(h) 报警联动一体机

(i) 消防按钮　(j) 消防警铃　(k) 声光报警器　(l) 模块箱

(m) 单输出　(n) 多输出　(o) 端子箱　(p) 报警控制器(箱)　(q) 联动控制器(箱)

图 4-7　火灾自动报警系统常用装置

4.2 消防工程定额清单计价

4.2.1 定额的其他规定

2018 版《浙江安装定额》第九册《消防工程》（以下简称《第九册定额》）适用于新建、扩建、改建项目中的消防工程。

1.《第九册定额》编制的主要依据

①《自动喷水灭火系统设计规范》（GB 50084—2017）。

②《火灾自动报警系统设计规范》（GB 50116—2013）。

③《泡沫灭火系统设计规范》（GB 50151—2010）。

④《火灾自动报警系统施工及验收规范》（GB 50166—2007）。

⑤《二氧化碳灭火系统设计规范》（GB/T 50193—1993，2010 版）。

⑥《自动喷水灭火系统施工及验收规范》（GB 50261—2017）。

⑦《气体灭火系统施工及验收规范》（GB 50263—2007）。

⑧《泡沫灭火系统施工及验收规范》（GB 50281—2006）。

⑨《固定消防炮灭火系统设计规范》（GB 50338—2003）。

⑩《气体灭火系统设计规范》（GB 50370—2005）。

⑪《固定消防炮灭火系统施工与验收规范》（GB 50498—2009）。

⑫《通用安装工程工程量计算规范》（GB 50856—2013）。

⑬《消防联动控制系统》（GB 16806—2006）。

⑭《沟槽式连接管道工程技术规程》（CECS 151—2003）。

⑮《自动消防炮灭火系统技术规程》（CECS 245—2008）。

⑯《全国统一安装工程基础定额》（GJD 201—2006～GJD 209—2006）。

⑰《建设工程劳动定额　安装工程》（LD/T 74.1～74.4—2008）。

⑱《通用安装工程消耗量定额》（TY 02—31—2015）。

⑲《浙江省安装工程预算定额》（2010 版）。

⑳《浙江省建设工程施工机械台班费用定额》（2018 版）。

㉑《浙江省建筑安装材料基期价格》（2018 版）。

㉒ 相关标准图集和技术手册。

2. 下列内容执行其他册相应定额

① 阀门、稳压装置、消防水箱安装，执行 2018 版《浙江安装定额》第十册《给排水、采暖、燃气工程》相应定额。

② 各种消防泵安装，执行 2018 版《浙江安装定额》第一册《机械设备安装工程》相应定额。

③ 不锈钢管和管件、铜管和管件及泵房间管道安装，管道系统强度试验、严密性试验，执行 2018 版《浙江安装定额》第八册《工业管道工程》相应定额。

④ 刷油、防腐蚀、绝热工程，执行 2018 版《浙江安装定额》第十二册《刷油、防腐蚀、绝热工程》相应定额。

⑤ 电缆敷设、桥架安装、配管配线、接线盒、电动机检查接线、防雷接地装置等安装，执行 2018 版《浙江安装定额》第四册《电气设备安装工程》相应定额。

⑥ 各种仪表的安装，执行 2018 版《浙江安装定额》第六册《自动化控制仪表安装工程》的相应定额。带电信号的阀门、水流指示器、压力开关、驱动装置及泄漏报警开关的接线、校线等，执行 2018 版《浙江安装定额》第六册《自动化控制仪表安装工程》"继电线路报警系统 4 点以下"子目，定额基价乘以系数 0.2。

⑦ 各种套管、支架的制作与安装，执行 2018 版《浙江安装定额》第十三册《通用项目和措施项目工程》的相应定额。

3. 界限划分

① 消防系统室内外管道以建筑物外墙皮 1.5 m 为界，入口处设阀门者以阀门为界；消防泵房管道以泵房外墙皮为界；室外消防管道执行 2018 版《浙江安装定

额》第十册《给排水、采暖、燃气工程》中室外给水管道安装相应定额。

② 厂区范围内的装置、站、罐区的架空消防管道执行《第九册定额》相应子目。

③ 与市政给水管道的界限：以与市政给水管道碰头点（井）为界。

【例4-1】某住宅小区消火栓室外管网采用镀锌钢管螺纹连接，其消火栓室外管道应执行（　　）定额。

A. 第九册《消防工程》水喷淋镀锌钢管螺纹连接

B. 第九册《消防工程》消火栓镀锌钢管螺纹连接

C. 第十册《给排水、采暖、燃气工程》室外镀锌钢管螺纹连接

D. 第十册《给排水、采暖、燃气工程》室内镀锌钢管螺纹连接

【答案】C

【解析】参见2018版《浙江安装定额》第九册第4页；室外消防管道执行第十册《给排水、采暖、燃气工程》中室外给水管道安装相应定额。

微课
例4-1讲解
与学习

4.2.2　水灭火系统定额的组成内容

本节内容包括水喷淋管道、消火栓管道、水喷淋（雾）喷头、报警装置、水流指示器、温感式水幕装置、减压孔板、末端试水装置、集热板、消火栓、消防水泵接合器、灭火器、消防水炮等安装。

本节适用于工业和民用建（构）筑物设置的水灭火系统的管道、各种组件、消火栓、消防水炮等的安装。

1. 管道安装相关规定

① 钢管（法兰连接）定额中包括管件及法兰安装，但管件、法兰数量应按设计图纸用量另行计算，螺栓按设计用量加3%损耗计算。

② 若设计或规范要求钢管需要热镀锌，其热镀锌及场外运输费用另行计算。

③ 消火栓管道采用钢管（沟槽连接或法兰连接）时，执行水喷淋钢管相关定额项目。

④ 管道安装定额均包括一次水压试验、一次水冲洗，如发生多次试压及冲洗，执行2018版《浙江安装定额》第十册《给排水、采暖、燃气工程》相关定额。

⑤ 设置于管道之间、管廊内的管道、法兰、阀门、支架安装，其定额人工乘以系数1.2。

⑥ 弧形管道安装执行相应管道安装定额，其定额人工、机械乘以系数1.4。

⑦ 管道预安装（即二次安装，指确实需要且实际发生管子吊装上去进行点焊预安装，然后拆下来，经镀锌后再二次安装的部分），其人工费乘以系数2.0。

⑧ 喷头追位增加的弯头主材按实计算，其安装费不另计。

2. 其他有关说明

① 报警装置安装项目，定额中已包括装配管、泄放试验管及水力警铃进出水管安装。水力警铃进水管按设计图示尺寸执行管道安装相应项目；其他报警装置适用于雨淋、干湿两用及预作用报警。

② 水流指示器（马鞍形连接）项目，主材中包括胶圈、U形卡。

③ 喷头、报警装置及水流指示器安装定额均按管网系统试压、冲洗合格后安装考虑的，定额中已包括丝堵、临时短管的安装、拆除及摊销。

④ 温感式水幕装置安装定额中已包括给水三通至喷头、阀门之间的管道、管件、阀门、喷头等全部安装内容，但管道的主材数量按设计管道中心长度另加损耗计算；喷头数量按设计数量另加损耗计算。

⑤ 末端试水装置安装定额中已包括 2 个阀门、1 套压力表（带表弯、旋塞）的安装费。

⑥ 集热板安装项目，主材中应包括所配备的成品支架。

⑦ 室内消火栓箱的箱体安装时，钢丝网及砂浆抹面执行《浙江省房屋建筑与装饰工程预算定额》（2018 版）的相应项目。

⑧ 组合式消防柜安装，执行室内消火栓安装的相应定额项目，基价乘以系数 1.1。

⑨ 单个消火栓安装参照 2018 版《浙江安装定额》第十册《给排水、采暖、燃气工程》阀门安装相应定额项目，消火栓带箱安装执行室内消火栓安装定额项目。

⑩ 室外消火栓、消防水泵接合器安装，定额中包括法兰接管及弯管底座（消火栓三通）的安装，本身价值另行计算。

⑪ 消防水炮安装定额中仅包括本体安装，不包括型钢底座制作安装和混凝土基础砌筑；型钢底座制作安装执行 2018 版《浙江安装定额》第十三册《通用项目和措施项目工程》设备支架制作安装相应项目，混凝土基础砌筑执行《浙江省房屋建筑与装饰工程预算定额》（2018 版）的有关定额。

4.2.3　水灭火系统预算定额的套用及定额工程量计算

① 管道安装按设计图示管道中心线长度以"m"为计量单位。不扣除阀门、管件及各种组件所占长度，水喷淋镀锌钢管接头管件（丝接）含量、消火栓镀锌钢管接头管件（丝接）含量、消火栓钢管接头管件（焊接）含量详见二维码"接头管件含量"。

② 喷头、水流指示器、减压孔板按设计图示数量计算。按安装部位、方式，分规格以"个"为计量单位。

③ 报警装置、消火栓、消防水泵接合器均按设计图示数量计算，分形式按成套产品以"套""组"为计量单位。

④ 末端试水装置按设计图示数量计算，分规格以"组"为计量单位。

⑤ 温感式水幕装置安装以"组"为计量单位。

⑥ 灭火器按设计图示数量计算，分形式以"套、组"为计量单位。

⑦ 消防水炮按设计图示数量计算，分规格以"台"为计量单位。

⑧ 集热板安装按设计图示数量计算，以"套"为计量单位。

⑨ 成套产品包括内容详见二维码"水灭火系统成套产品包括内容"。

【例4-2】自动喷水灭火系统中，地下室安装直立型 ZSTZ 自喷喷头 DN15（假定市场信息价 11.9 元/个）共计 140 个，楼层安装带装饰环直立型 ZSTZ 自喷喷头 DN15（假定装饰环市场信息价 1.6 元/个）共计 560 个。本题中安装费的人材机单

接头管件含量

水灭火系统
成套产品包
括内容

价均按 2018 版《浙江安装定额》取定的基价考虑。本题管理费费率 21.72%，利润率 10.40%，风险不计，计算保留 2 位小数。试进行综合单价计算及套用定额。

【解】地下室直立型 ZSTZ 自喷喷头 DN15 按无吊顶安装，套用定额 9-1-34 计量单位为"个"。

楼层带装饰环直立型 ZSTZ 自喷喷头 DN15 按有吊顶安装，套用定额 9-1-37。

$$地下室直立型 ZSTZ 喷头未计价主材单位价值 = (1.01) \times 11.9$$
$$= 12.02(元/个)$$

查 9-1-34 定额材料费为 2.82 元，材料费共计为 12.02+2.82 = 14.84(元)

楼层直立型 ZSTZ 喷头未计价主材单位价值 = (1.01)×11.9+1.6 = 13.62(元/个)

查 9-1-37 定额材料费为 3.02 元，共计材料费为 13.62+3.02 = 16.64(元)

计算及套用定额如表 4-1 所示。

例 4-2 讲解与学习

表 4-1　综合单价计算表

定额编码	定额项目名称	计量单位	数量	综合单价/元						合计/元
				人工费	材料费	机械费	管理费	利润	小计	
9-1-34	水喷淋喷头无吊顶 DN15	个	140.00	9.45	14.84	0.23	2.10	1.01	27.63	3868.20
9-1-37	水喷淋喷头有吊顶 DN15 (带装饰环)	个	560.00	14.18	16.64	0.43	3.17	1.52	35.94	20126.4

4.2.4　火灾自动报警系统定额的组成内容

火灾自动报警系统内容包括点型探测器、线型探测器、按钮、消防警铃、声光报警器、空气采样型探测器、消防报警电话、广播功率放大器及广播录放盘、消防广播、消防专用模块（模块箱）、远程控制盘、消防报警备用电源、报警联动控制一体机的安装。

① 本章包括以下工作内容。

a. 设备和箱、机及元件的搬运，开箱检查，清点，杂物回收，安装就位，接地，密封，箱、机内的校线、接线、压接端头（挂锡）、编码，测试、清洗，记录整理等。

b. 本体调试。

② 有关说明。

a. 感烟探测器（有吊顶）、感温探测器（有吊顶）安装执行相应探测器（无吊顶）安装定额，基价乘以系数 1.1。

b. 闪灯执行声光报警器安装定额子目。

c. 电气火灾监控系统

● 探测器模块执行消防专用模块安装定额项目。

● 剩余电流互感器执行相关电气安装定额项目。

● 温度传感器执行线性探测器安装定额项目。

③ 本章不包括事故照明及疏散指示控制装置安装内容，执行 2018 版《浙江安装定额》第四册《电气设备安装工程》相关定额项目。

④ 按钮安装定额适用于火灾报警按钮和消火栓报警按钮，带电话插孔的手动报警按钮执行按钮定额，基价乘以系数 1.3。

⑤ 短路隔离器安装执行消防专用模块安装定额项目。

⑥ 火灾报警控制微机（包括计算机主机、显示器、打印机安装、软件安装及调试等）执行 2018 版《浙江安装定额》第五册《建筑智能化工程》相应定额。

【例 4-3】 总线制火灾自动报警系统中，离子感烟探测器 JTY-LZ-881（设市场信息价 80 元/只）安装（有吊顶），共计 120 只，试进行综合单价计算及套用定额。

【解】 根据项目的描述：总线制、离子感烟探测器 JTY-LZ-881、有吊顶，套用定额 9-4-1，计量单位为"个"。

未计价主材单位价值 = 1.00×80 = 80（元/只）

计算地下室直立型 ZSTZ 自喷喷头 DN15 按无吊顶安装综合单价各组成费用。

人工费：23.91 元

材料费：

其中，计价材料费：3.55 元

未计价主要材料费：1.00×80 = 80（元）

材料费合计：3.55+80 = 83.55（元）

机械费：0.19 元

管理费：（23.91+0.19）×21.72% = 5.23（元）

利润：（23.91+0.19）×10.4% = 2.51（元）

综合单价 = 23.91+83.55+0.19+5.23+2.51 = 115.39（元）

计算及套用定额如表 4-2 所示。

微课

例 4-3 讲解与学习

表 4-2　综合单价计算表

定额编码	定额项目名称	计量单位	数量	综合单价/元						合计/元
				人工费	材料费	机械费	管理费	利润	小计	
9-4-1 换	感烟探测器安装（无吊顶）	个	120.00	23.91	83.55	0.19	5.23	2.51	115.39	13846.80

4.2.5　火灾自动报警系统预算定额的套用及定额工程量计算

① 火灾报警系统按设计图示数量计算。

② 点型探测器按设计图示数量计算，不分规格、型号、安装方式与位置，以"个""对"为计量单位。探测器安装包括探头和底座的安装及本体调试。红外光束探测器是成对使用的，在计算时一对为两只。

③ 线型探测器依据探测器长度，按设计图示数量计算，分别以"m"为计量单位。

④ 空气采样管依据图示设计长度计算，以"m"为计量单位；空气采样报警器依据探测回路数按设计图示计算，以"台"为计量单位。

⑤ 报警联动一体机按设计图示数量计算，区分不同点数，以"台"为计量单位。

4.2.6 消防系统调试定额的组成内容

① 本章内容包括自动报警系统调试、水灭火控制装置调试、防火控制装置联动调试、气体灭火系统装置调试。

② 本章适用于工业与民用建筑项目中的消防工程系统调试。

③ 有关说明。

a. 系统调试是指消防报警和防火控制装置灭火系统安装完毕且连通，并达到国家有关消防施工验收规范、标准，进行的全系统检测、调整和试验。

b. 定额中不包括气体灭火系统调试试验时采取的安全措施，应另行计算。

c. 自动报警系统装置包括各种探测器、手动报警按钮和报警控制器，灭火系统控制装置包括消火栓、自动喷水、七氟丙烷、二氧化碳等固定灭火系统的控制装置。

d. 防火门监控系统、消防电源监控系统、电气火灾监控系统的调试，执行自动报警系统调试的相应定额。

4.2.7 消防系统调试预算定额的套用及定额工程量计算

① 自动报警系统调试区分不同点数根据报警控制器台数按系统计算。自动报警系统点数按实际连接的具有地址编码的器件数量计算。火灾事故广播、消防通信系统调试按消防广播喇叭及音箱、电话插孔和消防通信的电话分机的数量分别以"只"或"部"为计量单位。

② 自动喷水灭火系统调试按水流指示器数量以"点"为计量单位；消火栓灭火系统按消火栓启泵按钮数量以"点"为计量单位；消防水炮控制装置系统调试按水炮数量以"点"为计量单位。

③ 防火控制装置调试按设计图示控制装置的数量计算。

④ 切断非消防电源的点数以执行切除非消防电源的模块数量确定点数。

⑤ 气体灭火系统装置调试按调试、检验和验收所消耗的试验容量总数计算，以"点"为计量单位。

【例4-4】某火灾自动报警工程，工程内容包括感烟探测器123个，感温探测器75个，手动报警按钮105个，带电话插孔的手动报警按钮63个，消防广播56个，试计算该工程火灾自动报警系统的工程量，并列出其所使用的定额。

【解】火灾自动报警系统调试工程量：123+75+105+63＝366（点），套定额子目为9-5-4，自动报警系统调试512点以内，计量单位为"系统"。

火灾事故广播、消防通信系统调试工程量：63+56＝119（点），套定额子目为9-5-10，广播喇叭及音箱、电话插孔调试，计量单位为"10只"。

防火控制装置调试，包括电动防火门、防火卷帘门、正压送风阀、排烟阀、

例4-4讲解与学习

防火控制阀消防电梯等防火控制装置；电动防火门、防火卷帘门、正压送风阀、排烟阀、防火控制阀调试等调试以"个"计算，消防电梯以"部"计算。

例 4-5 讲解
与学习

【例 4-5】火灾自动报警系统中，手动报警按钮 J-SJP-HM2000（假定市场信息价 60 元/只）安装共计 20 只，带电话插孔手动报警按钮 J-SAP-M-S2114DH（假定市场信息价 70 元/只）安装共计 16 只。本题中安装费的人材机单价均按2018 版《浙江安装定额》取定的基价考虑。本题管理费费率 21.72%，利润率10.40%，风险不计，计算保留 2 位小数。试进行综合单价计算及套用定额。

【解】根据定额规定，均套用定额 9-4-7。计量单位为"只"。

$$J-SJP-HM2000 未计价主材单位价值 = 1.00 \times 60 = 60(元)$$
$$J-SAP-M-S2114DH 未计价主材单位价值 = 1.00 \times 70 = 70(元)$$

计算及套用定额如表 4-3 所示。

表 4-3 综合单价计算表

定额编码	定额项目名称	计量单位	数量	综合单价/元						合计/元
				人工费	材料（设备）费	机械费	管理费	利润	小计	
9-4-7	按钮安装	个	20.00	12.83	62.58	0.07	2.80	1.34	79.62	1592.40
9-4-7 换	按钮安装	个	16.00	16.68	73.35	0.09	16.77	1.74	108.63	1738.08

例 4-6 讲解
与学习

【例 4-6】下列哪些调试属于防火控制装置的调试（   ）。

A. 防火卷帘门控制装置调试　　　　B. 消防水炮控制装置调试

C. 消防水泵控制装置调试　　　　　D. 离心式排烟风机控制装置调试

E. 电动防火门（窗）调试

【答案】ACDE

【解析】2018 版《浙江安装定额》第九册《消防工程》第 69、70 页，防火控制装置包括防火卷帘门调试、电动防火门（窗）调试，电动防火阀、电动排烟间、电动正压送风阀调试，切断非消防电源调试，消防风机调试，消防水泵调试，电梯调试。

4.3 消防工程国标清单计价

4.3.1 工程量清单计价基础

消防工程工程量清单计价主要执行 2013 版《通用安装工程计算规范》附录 J "消防工程"的规定。

1. 常用消防工程清单项目

这里主要介绍常用于工程实际的消防清单项目，实际操作过程中主要是围绕以下几点进行的。

① 清单编号与定额编号的区别。

② 清单项目与定额项目的区别。

③ 清单计算规则及计量单位与定额计算规则及计量单位的区别。

④ 清单工作内容与定额工作内容的区别。

关键应掌握清单与定额的表现形式不同：一个清单项目是由若干个定额项目组成的，最终由这些定额项目组成了清单项目的综合单价，详见二维码"常用消防工程清单项目"。

2. 清单定额工程量计算规则

清单定额工程量计算规则与定额工程量计算规则基本相同。

例如管道计算规则：按设计图示管道中心线长度以延长米计算，不扣除阀门、管件及各种组件所占长度。

4.3.2 工程量清单编制

清单编制应注意的问题：

① 管道安装室内外划分界限同定额规定，在清单项目特征描述时应注明。

② 湿式报警装置包括湿式阀、蝶阀、装配管、供水压力表、装置压力表、试验阀、泄放试验阀、泄放试验管、试验管流量计、过滤管、延时器、水力警铃、报警截止阀、漏斗、压力开关等安装。

干湿两用报警装置、电动雨淋报警装置与预作用报警装置的安装规范也有相关组成内容的规定，在编制清单时应注意项目所包括的内容，不漏项，不重复。

③ 凡涉及管沟及井类的土石方开挖、垫层、基础、砌筑、抹灰、地井盖板预制安装、回填、运输、路面开挖及修复、管道支墩等，应按附录 D"市政工程"相关项目编码列项。

④ 为方便操作，各个省市都颁布了清单与定额配套使用的"清单指引"，从而明确清单项目与定额项目之间的关系，明确清单项目根据规范要求是由哪些定额项目组价而成的，具体使用按各个省市的规定执行。

【例 4-7】室内消火栓镀锌钢管 DN100（螺纹连接）安装，工程量 120 m，试编制清单及定额项目。

【解】根据计价规范要求，消火栓镀锌钢管清单编号为 030901002001，计量单位为"m"，清单及定额项目编制如表 4-4 所示。

表 4-4　清单及定额项目

项目编码 （额定编码）	清单（定额）项目名称	单　位	数　量
030901002001	消火栓钢管	m	120
9-1-27	室内镀锌钢管螺纹连接 DN100	10 m	12

【例 4-8】室内消火栓系统管道沟槽式法兰短管安装的法兰闸阀型号为 Z44T-1.6 DN100，工程量 10 个，试编制清单及清单组项。

【解】按定额章说明，用沟槽式法兰短管安装的"法兰阀门安装"应执行

常用消防工程
清单项目

例 4-7 讲解
与学习

例 4-8 讲解
与学习

2018版《浙江安装定额》第八册《工业管道工程》相应法兰阀门安装子目，螺栓不得重复计算。编制结果如表4-5所示。

表4-5 清单及清单组项

项目编码 （额定编码）	清单（定额）项目名称	单　位	数　量
Z031003018001	法兰阀门（沟槽式法兰连接）	个	10
8-3-24	低压法兰闸阀 Z44T-1.6 DN100	个	10
10-2-182	沟槽法兰短管安装 DN100	个	20

4.3.3 工程量清单计价编制

火灾自动报警系统（编码030904）见表4-6。

表4-6 火灾自动报警系统（编码030904）

项目编码	项目名称	项目特征	计量单位	定额工程量计算规则	工程内容
030904001	点型探测器	① 名称 ② 规格 ③ 线制 ④ 类型	个	按设计图示数量计算	① 底座安装 ② 探头安装 ③ 校接线 ④ 编码 ⑤ 探测器调试
030904002	线型探测器	① 名称 ② 规格 ③ 安装方式	m	按设计图示长度计算	① 探测器安装 ② 接口模块安装 ③ 报警终端安装 ④ 校接线
030904003	按钮	① 名称 ② 规格	个	按设计图示数量计算	① 安装 ② 校接线 ③ 编码 ④ 调试
030904004	消防警铃				
030904005	声光报警器				
030904006	消防报警电话插孔（电话）	① 名称 ② 规格 ③ 安装方式	个（部）		
030904007	消防广播（扬声器）	① 名称 ② 功率 ③ 安装方式	个		
030904008	模块（模块箱）	① 名称 ② 规格 ③ 类型 ④ 输出形式	个（台）		

续表

项目编码	项目名称	项目特征	计量单位	定额工程量计算规则	工程内容
030904009	区域报警控制箱	① 多线制 ② 总线制 ③ 安装方式 ④ 控制点数量 ⑤ 显示器类型	台	按设计图示数量计算	① 本体安装 ② 校接线、摇测绝缘电阻 ③ 排线、绑扎、导线标识 ④ 显示器安装 ⑤ 调试
030904010	联动控制箱				
030904011	远程控制箱（柜）	① 规格 ② 控制回路			
030904012	火灾报警系统控制主机	① 规格、线制 ② 控制回路 ③ 安装方式			① 安装 ② 校接线 ③ 调试
030904013	联动控制主机				
030904014	消防广播及对讲电话主机（柜）				
030904015	火灾报警控制微机（CRT）	① 规格 ② 安装方式			① 安装 ② 调试
030904016	务用电源及电池主机（柜）	① 名称 ② 容量 ③ 安装方式	套		
030904017	报警联动一体机	① 规格、线制 ② 控制回路 ③ 安装方式	台		① 安装 ② 校接线 ③ 调试

注：1. 消防报警系统配管、配线、接线盒均按本规范附录 D 电气设备安装工程相关项目编码列项。

2. 消防广播及对讲电话主机包括功放、录音机、分配器、控制柜等设备。

3. 点型探测器包括火焰、烟感、温感、红外光束、可燃气体探测器等。

【例 4-9】某宾馆客房火灾报警系统，层高 3.8 m，吊顶高 3.2 m。挂式区域报警器型号为 AR5，板面尺寸为 500 mm×800 mm（宽×高），安装高度距地 1.5 m，感烟探测器 4 只及感温探测器 4 只均用二总线制。每只感烟探测器 50 元，每只感温探测器 60 元。本题中安装费的人材机单价均按 2018 版《浙江安装定额》取定的基价考虑。本题管理费费率 21.72%，利润率 10.40%，风险不计，计算保留 2 位小数。试进行探测器综合单价计算。

【解】探测器综合单价计算见表 4-7。

微课

例 4-9 讲解与学习

表4-7   综合单价计算表

| 项目编码
（定额编码） | 清单
（定额）
项目名称 | 计量
单位 | 数量 | 综合单价/元 | | | | | | 合计/元 |
				人工 费	材料 （设备） 费	机械 费	管理 费	利润	小计	
030904001001	点型探测器	个	4.00	27.65	53.55	0.19	6.05	2.90	90.34	361.36
9-4-1换	点型探测器 安装感烟 （无吊顶）	个	4.00	27.65	53.55	0.19	6.05	2.90	90.34	361.36
030904001002	点型探测器	个	4.00	27.65	63.55	0.19	6.05	2.90	100.34	401.36
9-4-2换	点型探测器 安装感烟 （无吊顶）	个	4.00	27.65	63.55	0.19	6.05	2.90	100.34	401.36
合计										762.72

4.4   消防工程计价案例

4.4.1   消防水系统

1. 工程概况

某医院整形中心自动喷水灭火工程（层高5.0 m），其施工图如图4-8、图4-9所示。吊顶距顶板1.0 m。自动喷淋系统从医院门诊楼地下室经室外引入。湿式报警阀安装在整形中心立管上，安装高度1.5 m；采用普通型喷头φ5（20/68℃）。末端试水装置出水口离地1.5 m。

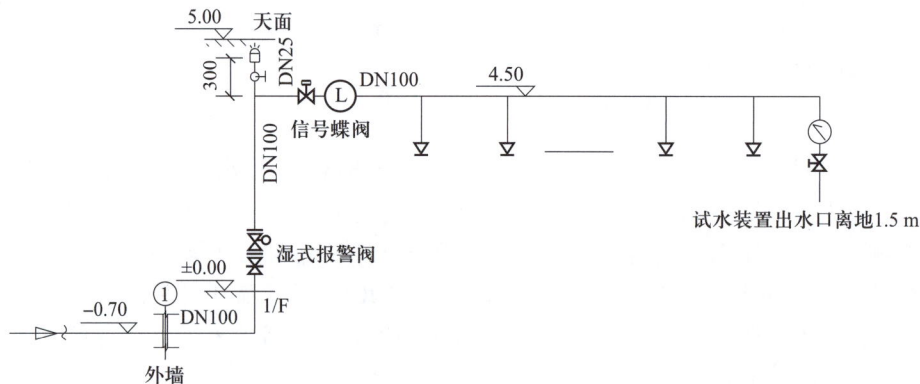

图4-8   自动喷淋系统

① 管材。系统采用镀锌钢管，室内明敷，室外部分埋地敷设。管径DN≤50采用螺纹连接，DN>50采用卡箍连接。

自动喷水工程
计价案例（1）

自动喷水工程
计价案例（2）

自动喷水工程
计价案例（3）

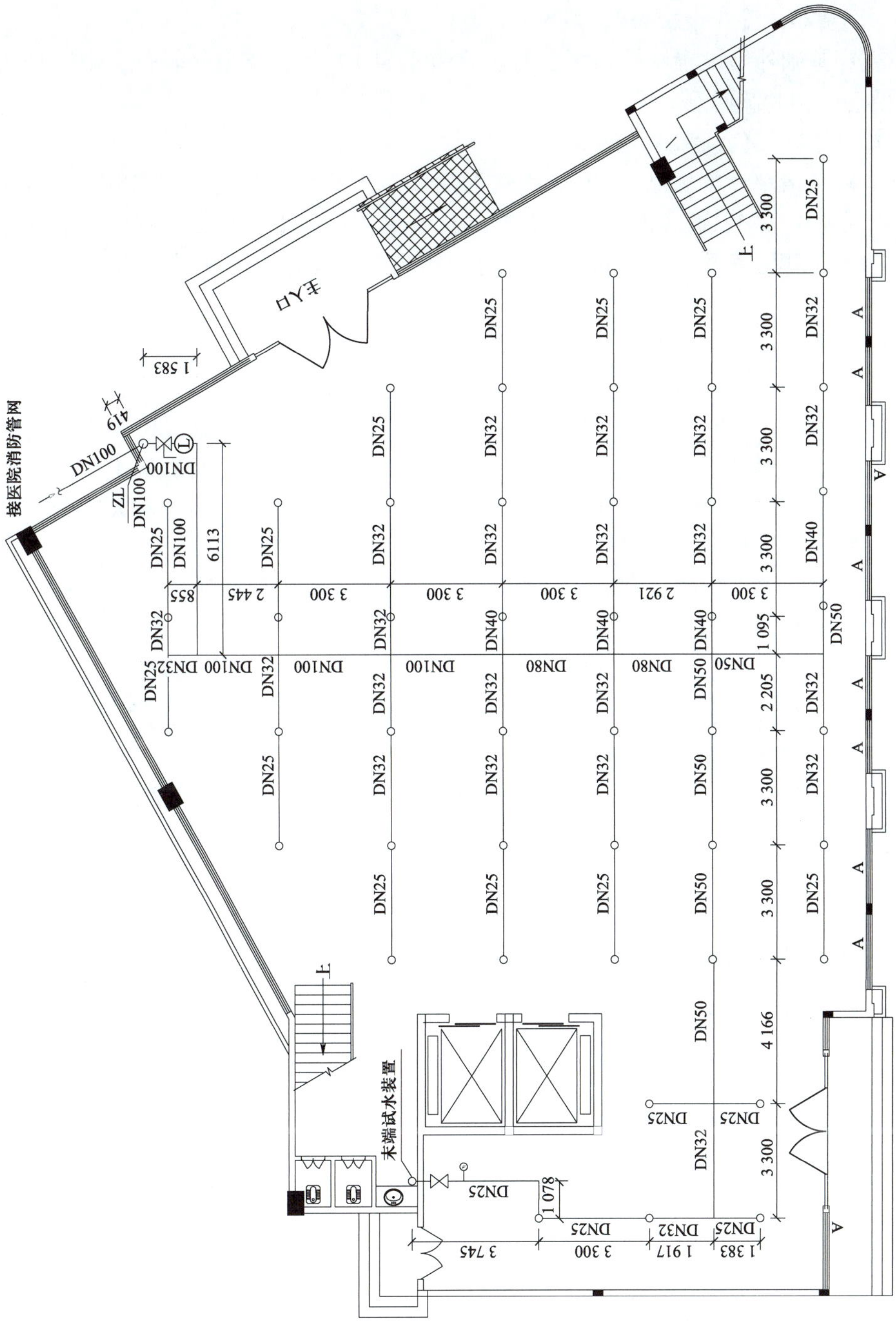

图 4-9 自动喷淋一层平面布置图

② 闸阀采用 Z41H-1.6C DN100，信号蝶阀采用 XD941X-1.6 DN100，水流指示器采用 ZSJZ 型（马鞍式）DN100，截止阀采用 J11H-1.6 DN25，自动排气阀采用 ZP-I DN25，湿式报警阀采用 ZSFZX-100。

③ 穿基础外墙设置刚性防水套管。管道支架 100 kg，支架除轻锈，刷红丹防锈漆两遍、调和漆两遍。

④ 管道刷红色调和漆两遍。

⑤ 以《清单计价规范》、2013 版《通用安装工程计算规范》、2018 版《浙江省计价规则》、2018 版《浙江安装定额》及《关于增值税调整后我省建设工程计价依据增值税税率及有关计价调整的通知》（浙建建发〔2019〕92 号）为计价依据。

⑥ 主要材料价格为当地市场信息价。

⑦ 本例管理费和利润按 2018 版《浙江省计价规则》中施工取费的中值计取。管理费费率按水、电、暖通、消防、智能、自控及通信工程一般计税法的中值计取，费率为 21.72%；利润按水、电、暖通、消防、智能、自控及通信工程一般计税法的中值计取，利润率为 10.40%；管理费、利润计算基础均为定额人工费和定额机械费之和，风险费暂不计取。

⑧ 施工技术措施费计取脚手架搭拆费，组织措施费计取安全文明施工费。

2. 工程量计算

计算范围：自动喷淋系统管线计算至外墙 1.5 m。由于系统比较简单，可以按水流方向，分系统逐步计算。定额工程量计算见二维码"定额工程量计算表"。

3. 定额清单计价

应用定额清单计价法，采用品茗胜算造价计控软件编制，具体详见二维码"自动喷水工程计价案例定额清单计价编制"。

4. 国标清单计价

应用国标清单计价法，采用品茗胜算造价计控软件编制，具体详见二维码"自动喷水工程计价案例国标清单计价编制"。

4.4.2 火灾自动报警系统

1. 工程概况

① 土建工程概况：本工程为浙江某市一临街综合楼中的厨房部分，整体建筑为框架结构，一层层高 4.5 m。一层设有消防控制室、副食品加工区等，施工图如图 4-10~图 4-12 所示。

② 一层吊顶离原顶为 0.8 m。

③ 本系统包括火灾自动报警及消防联动系统。火灾报警控制系统采用 JB-QB/LD128K(Q) 型智能火灾报警控制器。所有设备均集中在联动机柜内 LD5900(B)，柜子规格型号宽 610 mm×厚 480 mm×高 1800 mm，基础采用 10#槽钢，基础除锈，刷防锈漆两遍、调和漆两遍。

④ 火灾探测器的设置：走廊、门厅等其他空间设感烟探测器，厨房设感温探测器。

定额工程量计算表

自动喷水工程计价案例定额清单计价编制

自动喷水工程计价案例国标清单计价编制

符号	名称	安装方式	型号规格
B-J	联动一体柜	落地安装，底部抬高 0.1 m	LD5900（B） 宽 610 mm×厚 480 mm×高 1800 mm
	消火灾自动报警联动一体机	位于联动机柜内	JB-QB/LD128K（Q）
⊟	联动开关电源	位于联动机柜内	LD5801(10 A)
◇	地址编码感烟探测器	吸顶	LD300B（Z）
	地址编码感温探测器	吸顶	LD3300B（D）
Y	火灾手动报警按钮	底距地 1.5 m	P-M-LD2000B（D）
◎	消火栓报警按钮	位于消火栓箱内（底距地 1.4 m）	P-M-LD2000C（D）
⌂	火警电话	底距地 1.5 m	LD8100
⌂	声光报警器	距地 2.6 m	LD1000B
◁	消防广播扬声器	距地 2.6 m	LD7300B
B	声光报警驱动模块	位于吊顶内（或控制箱内）	LD6807A

图 4-10 消防报警图例

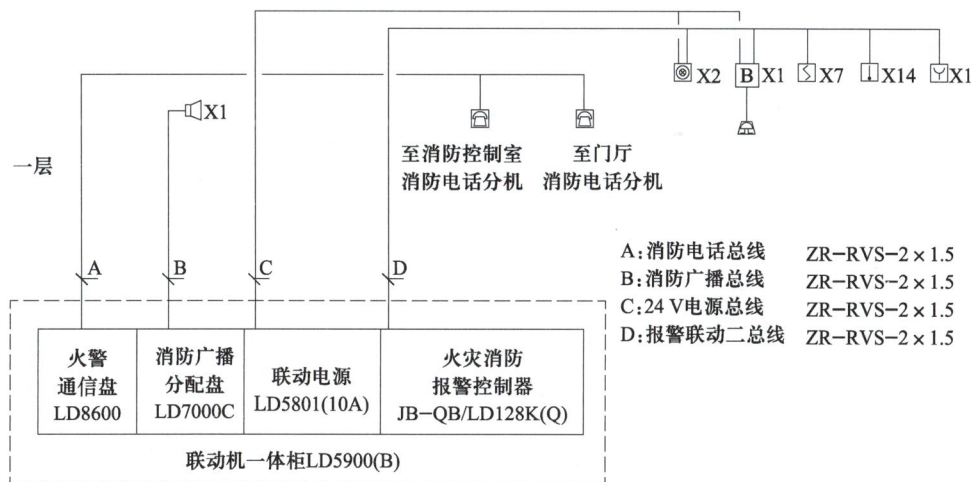

图 4-11 消防报警系统图

A：消防电话总线 ZR-RVS-2×1.5
B：消防广播总线 ZR-RVS-2×1.5
C：24 V电源总线 ZR-RVS-2×1.5
D：报警联动二总线 ZR-RVS-2×1.5

⑤ 消防广播：当发生火警信号后，由消防控制中心的广播分配盘完成手动或自动广播切换。本系统平时作背景广播，火警时自动切换为火警广播。消防广播线单独穿管敷设。

⑥ 报警信号线、电源线、联动控制线均选用 ZR-RVS 阻燃型导线，均穿钢管（SC）沿墙、顶棚暗敷设。管径选择：1～2 根为 SC15；3～4 根为 SC20。

⑦ 吊顶内接线盒至探测器导线保护管采用 17#普利卡管，长度 1 m。

⑧ 消火栓报警按钮安装高度离地 1.4 m，离消火栓箱顶 0.1 m。箱顶至消火栓报警按钮导线保护管采用 17#普利卡管，长度 0.2 m。

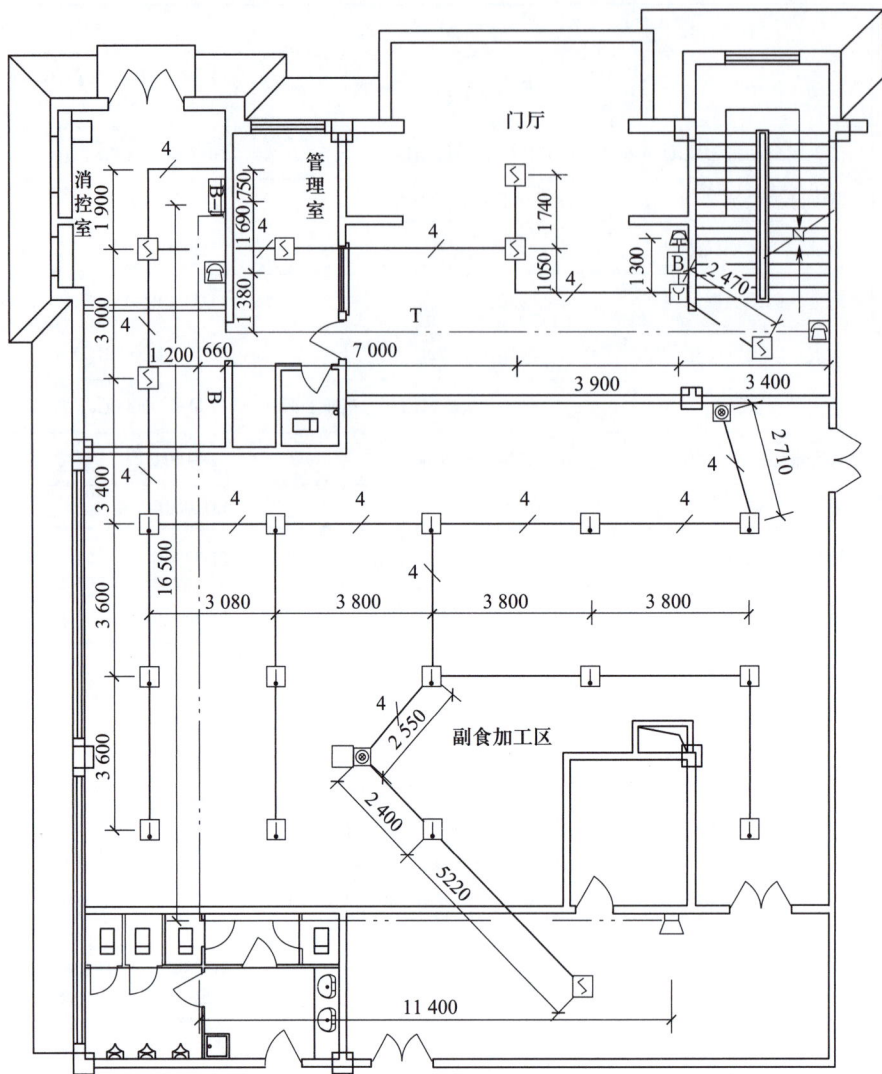

图4-12　消防报警一层平面布置图

⑨ 以《清单计价规范》、2013版《通用安装工程计价规范》、2018版《浙江省计价规则》、2018版《浙江安装定额》及《关于增值税调整后我省建设工程计价依据增值税税率及有关计价调整的通知》（浙建建发〔2019〕92号）为计价依据。

⑩ 主要材料价格为当地市场信息价。

⑪ 本例管理费和利润按2018版《浙江省计价规则》中施工取费的中值计取。管理费费率按水、电、暖通、消防、智能、自控及通信工程一般计税法的中值计取，费率为21.72%；利润按水、电、暖通、消防、智能、自控及通信工程一般计税法的中值计取，利润率为10.40%；管理费、利润计算基础均为定额人工费和定额机械费之和，风险费暂不计取。

⑫ 施工技术措施费计取脚手架搭拆费，组织措施费计取安全文明施工费。

2. 工程量计算

定额工程量计算详见二维码"定额工程量计算表"。

3. 定额清单计价

应用定额清单计价法，采用品茗胜算造价计控软件编制，具体详见二维码"火灾自动报警工程计价案例定额清单计价编制"。

4. 国标清单计价

应用国标清单计价法，采用品茗胜算造价计控软件编制，具体详见二维码"火灾自动报警工程计价案例国标清单计价编制"。

火灾自动报警工程计价案例国标清单计价编制

思考与练习

一、单项选择题

1. 室内自动喷淋灭火系统 DN70 的管采用管道弧形安装形式，采用镀锌钢管螺纹连接，其机械费单价为（　　）元/10 m。

A. 7.83　　　　　　　　　　B. 8.96

C. 10.96　　　　　　　　　　D. 12.54

2. 室内消火栓灭火系统 DN100 镀锌钢管采用沟槽连接安装，定额应套用（　　）。

A. 9-1-18　　　　　　　　　B. 9-1-27

C. 9-1-30　　　　　　　　　D. 10-1-174

3. DN65 的单个试验消火栓（不带箱）安装，其定额套用（　　）子目。

A. 9-1-73　　　　　　　　　B. 9-1-77

C. 10-2-7　　　　　　　　　D. 10-2-23

4. 安装在管道井中 DN80 的沟槽阀门其定额人工费单价为（　　）元。

A. 32.54　　　　　　　　　　B. 39.05

C. 59.89　　　　　　　　　　D. 50.09

5. 某自动喷淋系统管道上安装一 DN80 沟槽连接的水流指示器，已知：DN80 的水流指示器主材价格为 1650 元/个，DN80 沟槽法兰主材价格为 56 元/片，则其安装工程直接工程费单价为（　　）元/个（包括主材价）。

A. 1791.35　　　　　　　　　B. 1903.35

C. 1762.00　　　　　　　　　D. 1868.11

6. 某住宅小区消火栓室外管网采用镀锌钢管螺纹连接，其消火栓室外管道应执行（　　）定额。

A. 第九册《消防设备安装工程》水喷淋镀锌钢管螺纹连接

B. 第九册《消防设备安装工程》消火栓镀锌钢管螺纹连接

C. 第十册《给排水、采暖、燃气工程》室外镀锌钢管螺纹连接

D. 第十册《给排水、采暖、燃气工程》室内镀锌钢管螺纹连接

7. 在工程量清单组价时，下列哪项内容不应计入"末端试水装置"清单项目综合单价中（　　）。

A. 连接管　　　　　　　　　　B. 压力表

C. 控制阀   D. 本体调试

8. 在消防给水管道安装工程中，法兰阀门与配套法兰的安装，其连接用的螺栓安装费用（　　　）。

A. 已计入法兰安装费用   B. 已计入阀门安装费用

C. 按实计算   D. 已计入管件安装费用

9. 室内外消防给水管道界限以建筑物外墙皮（　　　）为界，入口处设阀门者以阀门为界。

A. 1 m   B. 1.5 m

C. 2 m   D. 2.5 m

10. 末端试水装置安装，区分不同规格按设计图示数量以"（　　　）"计算。

A. 组   B. 个

C. 台   D. 副

11. ZR-BRV-2×2.5 导线穿管敷设，则定额套用（　　　）。

A. 管内穿多芯软导线   B. 管内穿照明线

C. 管内穿动力线   D. 管内穿双绞线

12. 某电缆型号为 KYJY-5×2.5 沿桥架敷设，则定额套用（　　　）。

A. 4-8-178   B. 4-12-5

C. 4-8-88   D. 5-1-174

13. 某火灾自动报警工程可燃气体探测器数量为 90 个，声光报警器数量为 32 个，消防广播数量为 45 个，则其火灾自动报警系统调试基价为（　　　）元。

A. 4648.87   B. 2511.64

C. 113.55   D. 3200.56

14. 烟感探测器吊顶安装，其定额人工费单价为（　　　）。

A. 21.74   B. 23.91

C. 27.65   D. 25.14

15. 按钮安装定额适用于火灾报警按钮和消火栓报警按钮，带电话插孔的手动报警按钮执行按钮定额，基价乘以系数（　　　）。

A. 1.1   B. 1.2

C. 1.3   D. 1.4

二、多项选择题

1. 下列（　　　）内容在套定额时，对定额需进行换算调整使用。

A. 组合式消防柜安装

B. 自动喷淋系统管道弧形安装的机械费

C. 自动喷淋系统干湿两用沟槽连接的 DN100 干湿两用报警装置安装

D. 自动喷淋系统 DN65 的管道安装在管廊内

E. 消火栓灭火系统设置在管道井中的支架

2. 室内单栓消火栓 DN65 安装，其安装工程套价过程中，进行主材费组价时应包括的内容分别有（　　　）。

A. 消火栓箱   B. 水龙带

C. 水龙带接口　　　　　　　　　　D. 阀门

E. 水枪

3. 下列说法错误的包括（　　　）。

A. 不带箱的试验消火栓安装套第十册螺纹阀门安装定额，主材也按螺纹阀门消火栓价计

B. 不带箱的试验消火栓安装套第十册螺纹阀门安装定额，主材按消火栓价计

C. 灭火半径为 25 m 的双栓消火栓，主材水龙带按 25 m 的长度计算价格

D. 自动喷淋系统中，DN100 的钢管采用法兰连接安装时，管道安装中已包括管件与法兰的安装费和材料费。所以，管件与法兰材料费不得再计算

E. 自动喷淋系统中，DN100 的钢管采用法兰连接安装时，管道安装中已包括管件与法兰的安装费，但不包括管件与法兰的材料费。所以，应按实计算管件与法兰的数量，套其材料费价格

4. 下列哪些调试属于防火控制装置的调试（　　　）。

A. 防火卷帘门控制装置调试　　　　B. 消防水炮控制装置调试

C. 消防水泵控制装置调试　　　　　D. 离心式排烟风机控制装置调试

E. 电动防火阀、电动排烟阀调试

5. 安装工程计价采用综合单价法，下列哪些费用应计入综合单价内（　　　）。

A. 高层建筑增加费

B. 超高增加费

C. 脚手架搭拆费

D. 定额各章节中规定的各种换算系数

E. 安装与生产同时进行的降效增加

6. 在套用安装预算定额时，遇下列（　　　）情况可对相应定额换算后使用。

A. 感温探测器（有吊顶）安装，执行相应探测器（无吊顶）安装定额

B. VV3×35 铝芯电力电缆头制作安装

C. 带电话插孔的手动报警按钮执行按钮定额

D. 无法兰连接的薄钢板风管安装

E. 刚性防水套管穿卫生间楼板敷设

答案

工业管道工程计量与计价

[教学导航]

■ **学习情境**

在对安装工程计价有初步了解的基础上，进行工业管道专业工程计价的学习。

■ **学习目标**

通过本情境的学习，使学习者对工业管道工程计价有深入的了解，掌握工业管道工程定额清单和国标清单计价方法。

■ **学习方法**

在熟悉工业管道工程定额相关理论知识、了解工程计价规则的基础上，通过案例的分析学习，加深对工业管道工程计价方法的理解。

■ **素养目标**

1. 培养学生实事求是、求真务实、开拓创新的科学精神。
2. 培养学生敬业、精益、专注、创新的工匠精神。

5.1　工业管道工程基础知识

在工业生产过程中，按产品生产工艺流程要求，用管道把生产设备连接成完整的生产工艺系统，这些管道是生产过程不可分割的组成部分，故称这些管道为工业管道。工业管道又可细分为工艺管道和动力管道两种。

工艺管道一般是指直接为产品生产输送主要物料（介质）的管道，也称为物料管道；动力管道是指为生产设备输送动力媒介质的管道。

5.1.1　工业管道分类

1. 按介质压力分类

低压管道：$0 < P \leqslant 1.6\,\text{MPa}$。

中压管道：$1.6\,\text{MPa} < P \leqslant 10\,\text{MPa}$。

高压管道：$10\,\text{MPa} < P \leqslant 42\,\text{MPa}$。

蒸汽管道：$P \geqslant 9\,\text{MPa}$、工作温度 $\geqslant 500\,℃$ 时为高压。

2. 按介质温度分类

低温管道（$T \leqslant -40\,℃$）。

常温管道（$-40\,℃ < T \leqslant 120\,℃$）。

中温管道（$120\,℃ < T \leqslant 450\,℃$）。

高温管道（$T > 450\,℃$）。

3. 按介质性质分类

蒸汽、水介质管道，腐蚀性介质管道，化学危险品介质管道，易凝固、易沉淀介质管道，粉粒状固体物料介质管道。

5.1.2　工业管道常用管材和管件

1. 钢管

① 水煤气输送钢管。也称有缝钢管，按表面是否镀锌分为镀锌钢管（白铁管）和焊接钢管（黑铁管），按管壁厚度不同又分为普通钢管、薄壁管和厚壁钢管。水煤气输送钢管用于输送蒸汽、煤气、压缩空气和冷凝水等。

② 无缝钢管。无缝钢管用普通碳素钢、优质碳素钢、低合金钢或合金结构钢轧制而成，是工业管道最常用的一种管道。无缝钢管的规格通常用外径×壁厚表示，如 $\phi159×5$ 表示无缝钢管外径 159 mm、壁厚 5 mm。

③ 钢板卷管。钢板卷管用钢板卷制焊接而成，由施工企业自制或加工厂制造，适用于输送水、蒸汽、油及一般物料。

④ 螺旋电焊钢管。螺旋电焊钢管用钢板螺旋卷制焊接而成，焊缝为螺旋缠绕，螺旋电焊钢管单根管较长，适用于输送蒸汽、水、油及油气等管道，特别适用于长距离输送管道。

⑤ 不锈钢管。全称不锈耐酸钢管，具有很高的耐腐蚀性能，在化肥、化纤、医药、炼油等工业企业的管道工程中应用十分广泛。

2. 铸铁管

① 一般用铸铁管。使用灰口铁制造，按用途划分，可分为给水铸铁管和排水铸铁管；按连接方式划分，又可分为承插铸铁管和法兰铸铁管。

② 工业用铸铁管。均为法兰连接，表面与介质接触层有氧化硅保护膜制成，能抗腐蚀，可以输送腐蚀性强的介质，如硫酸和碱类。

3. 有色金属管

① 铜管。按制造材料分为紫铜管和黄铜管，按制造工艺分为拉制管和挤制管。主要用于换热设备、制氧设备中的低温管路，以及机械设备中的油管和控制系统的管路。

② 铝及铝合金管。铝及铝合金管是化学工业常用管道。铝管规格用外径×壁厚表示，常用规格范围为 $\phi 14\,mm \times 2\,mm \sim \phi 120\,mm \times 5\,mm$。适用于输送脂肪酸、硫化氢、二氧化碳、硝酸和醋酸，但不适用于输送盐酸和碱液。

铝管的管子配件目前无统一的标准。

③ 钛管。钛管是近年来新出现的一种管材，因具有重量轻、强度高、耐腐蚀性强和耐低温等特点受到关注。

4. 非金属管

① 塑料管。塑料管分为硬聚氯乙烯管（UPVC 管）、聚乙烯管（PE 管）、聚丙烯管、聚丁烯管和工程塑料管（ABS 管）等。塑料管的连接方法主要有螺纹连接、焊接连接、承插粘接和热熔连接。

② 玻璃钢管。玻璃钢管也称玻璃纤维缠绕夹砂管（RPM 管），以玻璃纤维及其制品（玻璃布、玻璃带、玻璃毡等）为增强材料，以合成树脂为结合剂，经过一定成型工艺制作而成。玻璃钢管具有质轻、高强、耐温、耐腐蚀、绝缘等特点。其规格范围为公称直径 DN25～300，在温度 150℃ 以下、压力 3.0 MPa 以下使用；连接形式有法兰、活套法兰、承插固定连接等。

5. 衬里管道

衬里管道是指具有耐腐蚀性衬里的管子。衬里管道既有机械强度、一定的受压能力，又有较好的防腐蚀性能。一般常在碳钢管内衬里，常用的衬里材料有铅、铝、不锈钢、搪瓷、玻璃、橡胶、玻璃钢和水泥砂浆等。

6. 管件

管件是管道系统中起连接、控制、变向、分流、密封、支撑等作用的零部件的统称。

（1）按用途分类

① 用于管子互相连接的管件。包括活接、管箍、夹箍、卡套、喉箍等。

② 改变管子方向的管件。包括弯头、弯管。

③ 改变管子管径的管件。包括变径（异径管）、异径弯头、支管台、补强管。

④ 增加管路分支的管件。包括三通、四通。

⑤ 用于管路密封的管件。包括垫片、生料带、线麻、法兰盲板、管堵、盲板、封头、焊接堵头。

⑥ 用于管路固定的管件。包括卡环、拖钩、吊环、支架、托架、管卡等。

（2）按材料分类

管件按材料分为铸钢管件、铸铁管件、不锈钢管件、塑料管件、PVC 管件、橡胶管件、石墨管件、锻钢管件、PPR 管件、合金管件、PE 管件、ABS 管件。

5.1.3　工业管道常用阀门

阀门是流体输送系统中的控制部件，具有截止、调节、导流、防止逆流、稳压、分流或溢流泄压等功能。

1. 阀门的分类

（1）按作用和用途分类

① 截断阀类。用于截断或接通介质流。包括闸阀、截止阀、隔膜阀、旋塞阀、球阀、蝶阀等。

② 调节阀类。用于调节介质的流量、压力等。包括调节阀、节流阀、减压阀等。

③ 止回阀类。用于阻止介质倒流。

④ 分流阀类。用于分配、分离或混合介质。包括各种结构的分配阀和疏水阀等。

⑤ 安全阀类。用于超压安全保护。

（2）按压力分类

① 真空阀。工作压力低于标准大气压的阀门。

② 低压阀。公称压力 PN<1.6 MPa 的阀门。

③ 中压阀。公称压力 PN 为 2.5~6.4 MPa 的阀门。

④ 高压阀。公称压力 PN 为 10.0~80.0 MPa 的阀门。

⑤ 超高压阀。公称压力 PN≥100 MPa 的阀门。

（3）按介质工作温度分类

① 高温阀。$t \geq 450$℃的阀门。

② 中温阀。120℃$\leq t < 450$℃的阀门。

③ 常温阀。-40℃$\leq t < 120$℃的阀门。

④ 低温阀。-100℃$\leq t < -40$℃的阀门。

⑤ 超低温阀。$t < -100$℃的阀门。

（4）按阀体材料分类

① 非金属材料阀门。如陶瓷阀门、玻璃钢阀门、塑料阀门。

② 金属材料阀门。如铜合金阀门、铝合金阀门、铅合金阀门、钛合金阀门、铁阀门、碳钢阀门等。

③ 金属阀体衬里阀门。如衬铅阀门、衬塑料阀门、衬搪瓷阀门。

2. 阀门产品型号及表示方法

（1）阀门表示方法

阀门组成的各部件常用 7 个单元表示，顺序排列见图 5-1 所示。

常用阀门型号的含义如表 5-1 所示。

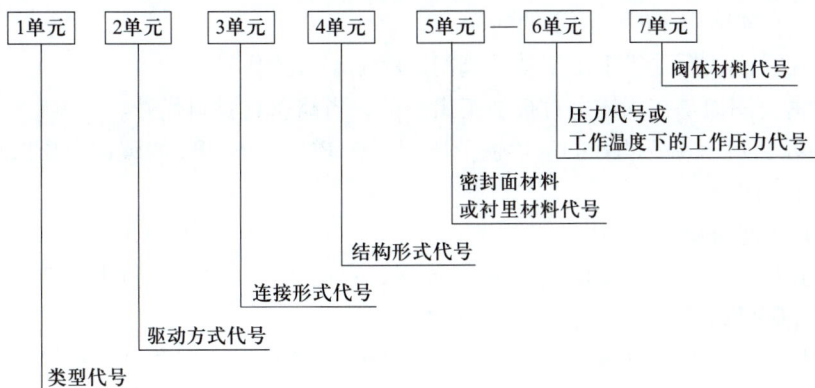

图 5-1　阀门产品型号及表示方法

表 5-1　阀门型号的含义一览表

1	2	3	4	5	6	7
汉语拼音字母表示阀门类型	一位数字表示传动方式	一位数字表示连接形式	一位数字表示结构形式	汉语拼音字母表示密封面或衬里	数字表示公称压力	汉语拼音字母表示阀体材料
Z 闸阀 J 截止阀 L 节流阀 Q 球阀 D 蝶阀 H 止回阀和底阀 G 隔膜阀 A 安全阀 T 调节阀 X 旋塞阀 Y 减压阀 S 疏水阀 DZ 电磁阀	0. 电磁动 1. 电磁-液动 2. 电-液动 3. 蜗轮 4. 正齿轮转动 5. 伞齿轮转动 6. 气动 7. 液动 8. 气-液动 9. 电动 其他手轮、手柄、扳手无符号表示	1. 内螺纹 2. 外螺纹 3. 法兰（用于双弹簧安全阀） 4. 法兰 5. 法兰（用于杠杆式、安全门、单弹簧安全门） 6. 焊接 7. 对夹 8. 卡箍 9. 卡套	略	T 铜合金 H 合金钢 B 锡基轴（巴氏合金） Y 硬质合金 X 橡胶 J 硬橡胶 SA 聚四氟乙烯 SB 聚三氟乙烯 SC 聚氟乙烯 SD 酚醛塑料 SN 尼龙 F 氟塑料 P 皮革（渗硼钢） S 塑料 D 渗氮钢 CJ 衬胶 TC 搪瓷 CS 衬塑料 CQ 衬铅 W 密封圈由阀体加工		Z 灰铸件（一般不表示） X 可锻铸铁 Q 球墨铸铁 T 铜合金 B 铅合金 II 铬钼合金钢 L 铬合金 P 铬镍钛钢 V（II）铬钼钒合金钢 R 铬镍钼钛钢 C 碳钢（一般不表示） G 硅铁

（2）在实际应用时应注意的问题

① 用手动或扳手等手工驱动的阀门省略驱动方式代号。

② 密封圈如是在阀体上直接加工出来的，省略密封材料代号。

③ 对于 PN≤1.6 MPa 的灰铸铁低压阀门或 PN≥1.6 MPa 的碳钢中压阀门，省略阀体材料代号。

（3）型号举例

① J41T-10T 型，表示手动，法兰连接，直通式，密封面材料为铜合金，公称压力为 1.0 MPa，阀体为铜合金的截止阀。

② D371-16 型，表示蜗轮驱动，对夹连接，中心垂直板密封，密封面由阀体直接加工，公称压力为 1.6 MPa，阀体为碳钢的蝶阀。

5.1.4　法兰

法兰是管道与管道、管道与设备以及设备部件之间连接的一种零配件。一般通过螺栓和垫片进行连接。

1. 法兰的分类

管道法兰按与管子的连接方式分成以下五种基本类型：平焊、对焊、螺纹、承插焊和活套法兰。

2. 法兰密封面形式

法兰密封面有平面（FF）、突面（RF）、凹凸面（MF）、榫槽面（TG）和梯形槽面（RJ）等。

① 平面密封面。主要用于设备管嘴的对应法兰。

② 突面密封面。突面密封法兰应用普遍，在一般操作条件下均能适用。但在高温、高压条件下，效果不能令人满意。适用压力≤4 MPa。

③ 凹凸面密封面。减少了垫片被吹出的可能性，但不能保证垫片不挤入管内。

④ 榫槽面和梯形槽面则比凹凸面更优越，适用于高温高压工况。

法兰形式和密封面选择与介质、操作工况有密切关系，一般由管道等级表确定。

3. 法兰的特点和适用条件

管道法兰是工业管道系统中最广泛使用的一种可拆连接件，常用的管法兰除螺纹、活套法兰外，其余均为焊接法兰。

① 螺纹法兰是利用法兰内孔加工的螺纹与带螺纹的管子旋合连接的，不必焊接，因而具有方便安装、方便维修的特点。螺纹法兰用于不易焊接或不能焊接的场合，在温度反复波动或高于260℃和低于-45℃的管道上不宜使用。

② 平焊法兰是将管子插入法兰内孔中进行焊接，具有容易对中、价格便宜等特点，但由于在法兰面附近焊接容易引起法兰面变形，因此一般用于压力温度低、不太重要的管道上，大多用于公用工程管道。

③ 对焊法兰是将法兰焊颈与管子焊端加工成一定形式的焊接坡口后直接焊接，这种法兰施工比较方便，法兰强度也高，适用于法兰处应力较大、压力温度波动较大和高温、高压及0℃以下的低温管道。工艺管道常用对焊法兰。

④ 承插焊法兰与平焊法兰相似，只是将管子插入法兰的承插孔中进行焊接，一般用于小口径管道。

⑤ 活套法兰是将法兰套在管子焊好的翻边短节上，法兰密封面加工在翻边短节上。其特点是法兰本体不与介质相接触，法兰与翻边短节可分别采用不同材料。这种法兰适用于腐蚀性介质的管道上，可以节省不锈钢、有色金属等耐腐蚀材料。活套法兰本身可旋转，易于安装。

5.1.5 工业管道附件和管架

① 阻火器。阻火器用于防止外界火种与管内易燃易爆气体直接接触而引发火灾或爆炸，安装在有易燃易爆气体的设备及管道的排空管上。

② 过滤器。过滤器用于防止管道所输送介质中的杂质进入传动设备或精密部位，包括 Y 型过滤器、锥型过滤器、直角式过滤器和高压过滤器等多种结构形式。

③ 视镜。视镜也称窥视镜，通过视镜可以直接观察管道内液体流动的情况，多安装在设备的排液、冷却水等液体管道上。

④ 补偿器。工业管道上所用补偿器也称膨胀节，其作用是消除管道因温度变化而产生热胀冷缩对管道的影响。常用的补偿器有自然补偿器、方形补偿器和波形补偿器。

⑤ 管道支架。管道支架起支承和固定管道的作用，常用的管道支架有滑动支架、固定支架、导向支架和吊架等。

5.1.6 工业管道工程施工图

根据图形及其作用，工业管道施工图可分为基本图和详图两大部分。基本图包括图纸目录，施工图说明，设备材料表，工艺流程图或系统图，设备、管道平面图，立面图和剖面图，轴测图。详图包括节点图、大样图和标准图。

1. 图纸目录

图纸目录是把一个工程项目的各种施工图按一定顺序排列，从中不仅可以知道该工程的工程名称、建设单位、设计单位，更主要的是知道图纸的名称、编号、张数。当拿到一个工程项目的图样时，应首先按图纸目录进行清点，以保证取得完整的设计资料。

2. 施工图说明

凡是在施工图中无法表达或不便表达，而又必须让工程技术人员知道的内容，可以用施工说明（有的也写为设计说明）的形式用文字阐述出来，如设计依据、与施工有关的技术数据、特殊要求、采用的施工验收规范和应遵循的技术标准等。

3. 设备材料表

设备材料表一般应列出工程项目所需的设备和主要材料的型号、规格、数量，以供建设单位和施工单位参考。

4. 工艺流程图或系统图

工艺流程图或系统图一般用于生产工艺比较复杂的工艺管道系统（如石油化工管道）和公用工程中的管道系统，通过流程图可以知道生产工艺是如何通过管道系统来实现的，生产设备在生产工艺中的位置和作用、仪表控制点的分布、介质流向等方面的内容，以便对生产工艺有较全面的理解，使施工活动更好地贯彻设计意图。

5. 设备、管道平面图

平面图表达设备、管道及建筑物（构筑物）的平面轮廓、设备位置、管道分布及其与建筑物、设备的平面关系，此外还要标注管径、标高、坡向、坡度和立管编号。平面图是施工中最基本的图样。

6. 立面图和剖面图

立面图和剖面图与平面图配套使用，平面图中无法表达的管道的垂直走向、分布及其与建筑物或设备的关系，都可以通过不同方向的剖面图表达出来。立面图和剖面图中标注有标高、管径和立管编号。立面图是按照投影原理，根据工程设计表达需要画出的立面视图；剖面图是从一定位置剖切平面图或立面图时，从剖切处按剖切的指示方向看到的立面图。剖切位置线用断开的两段粗实线表示。剖面图的编号一般采用数字或英文字母，按顺序编号。半剖面图一般适用于内外形状对称，其视图和剖面图均为对称图形的管件或阀件。

7. 轴测图

轴测图也称为透视图，它是一种立体图，能反映管道系统的空间布置形式。看轴测图时对照平面图、立面图或剖面图，就会建立起管道系统的立体概念。轴测图除标注管径、立管编号和主要位置的标高外，还示意性地标明管道穿越建筑物基础、地面、楼板、屋面的情形。

8. 大样图和节点图

大样图和节点图都是用于表示管道密集部位的连接方法和相互关系的局部详图，是对前面所介绍的几种图样的补充和局部细化。大样图是表示一组设备的配管或一组管配件组合安装的一种详图。大样图的特点是用双线图表示，对物体有真实感，并对组装体各部位的详细尺寸都做了注记。节点图能清楚地表示某一部分管道的详细结构及尺寸，是对平面图及其他施工图所不能反映清楚的某点图形的放大。节点用代号来表示它的所在部位。大样图和节点图常常采用标准图或设计院的重复使用图。

9. 标准图

标准图是由国家有关部委批准颁发的具有通用性质的详图，用于表示管道与设备、附件连接或安装的详细尺寸和具体要求。工程中采用的标准图图号会在设计图中进行说明。

5.2　工业管道工程预算定额清单计价

2018版《浙江安装定额》第八册《工业管道工程》（以下简称《第八册定额》）适用于新建、扩建、改建项目中厂区范围内的车间、装置、站、罐区及其相互之间各种生产用介质输送管道，厂区第一个连接点以内的生产用（包括生产与生活共用）给水、排水、蒸汽、燃气输送管道的安装工程。其中给水以入口水表井为界,排水以厂区围墙外第一个污水井为界,蒸汽和燃气以入口第一个计量表(阀门)为界,锅炉房、水泵房以外墙皮为界。

5.2.1 定额的组成内容

定额由七个定额章和六个附录组成。各定额章、附录的名称和排列顺序,以及各定额章所涵盖的子目编号如表 5-2 所示。

表 5-2　工业管道工程预算定额组成内容

定额章	名　　称	子目编号	附录	名　　称
一	管道安装	8-1-1~8-1-566	附录一	平焊法兰螺栓重量表
二	管件连接	8-2-1~8-2-540	附录二	榫槽面平焊法兰螺栓重量表
三	阀门安装	8-3-1~8-3-315	附录三	对焊法兰螺栓重量表
四	法兰安装	8-4-1~8-4-407	附录四	梯形槽式对焊法兰螺栓重量表
五	管道压力试验、吹扫与清洗	8-5-1~8-5-111	附录五	焊环活动法兰螺栓重量表
六	无损检测与焊口热处理	8-6-1~8-6-158	附录六	管口翻边活动法兰螺栓重量表
七	其他	8-7-1~8-7-192		

5.2.2 定额的其他规定

① 生产、生活共用的给水、排水、蒸汽、煤气输送管道,执行《第八册定额》;民用的各种介质管道,执行 2018 版《浙江安装定额》第十册《给排水、采暖、燃气工程》相应项目。

② 管道预制钢平台的摊销,执行 2018 版《浙江安装定额》第三册《静置设备与工艺金属结构制作安装工程》相应项目。

③ 刷油、防腐蚀、绝热工程,执行 2018 版《浙江安装定额》第十二册《刷油、防腐蚀、绝热工程》相应项目。

④ 各种套管、支架的制作安装,执行 2018 版《浙江安装定额》第十三册《通用项目和措施项目工程》的相应项目。

⑤ 凡涉及管沟、基坑及井类的垫层基础、砌筑,各类盖板预制安装、管道混凝土支墩的项目,执行 2018 版《浙江安装定额》相应项目。

5.2.3 定额的套用及定额工程量计算

1. 管道安装

(1) 定额项目划分

① 管道安装包括低压管道、中压管道、高压管道的安装。

各类管道的材质适用范围:

a. 碳钢管适用于焊接钢管、无缝钢管、16Mn 钢管。

b. 不锈钢管除超低碳不锈钢管按册说明外，适用于各种材质。

c. 碳钢板卷管安装适用于 16Mn 钢板卷管。

d. 铜管适用于紫铜、黄铜、青铜管。

e. 合金钢管除高合金钢管按章说明计算外，适用于各种材质。

② 管道安装不包括管件连接工作内容，其工程量可按设计用量执行第二章"管件连接"项目。

③ 管道预安装（即二次安装，指确实需要且实际发生管子吊装上去进行点焊预安装，然后拆下来，经镀锌后再二次安装的部分），其人工费按直管安装和管件连接的人工费之和乘以系数 2.0。

④ 直管段长度超过 30 m 的管道安装，其管道主材含量按施工图设计用量加规定的损耗量计算。

⑤ 有缝钢管螺纹连接项目包括封头、补芯安装内容，不得另行计算。

⑥ 伴热管项目包括煨弯工序内容，不得另行计算。

⑦ 管道安装不包括管件连接、阀门安装，法兰安装，管道压力试验、吹扫与清洗，焊口无损检测、预热及后热、热处理、硬度测定，管口焊接管内、外充氢保护，管件制作。

（2）定额工程量计算

各种管道安装按不同压力、材质、连接形式分别列项，其工程量按设计管道中心线长度以"m"为计量单位，不扣除阀门及各种管件所占长度。

加热套管安装按内、外管分别计算工程量，执行相应定额项目。

（3）定额使用说明

定额的管道壁厚是考虑了压力等级所涉及的壁厚范围综合取定的，执行定额时，不得调整。

方形补偿器弯头执行第二章"管件连接"相应项目，直管执行第一章"管道安装"相应项目。

2. 管件连接

（1）定额项目划分

定额包括碳钢管件、不碳钢管件、合金钢管件及有色金属管件、非金属管件、生产用铸铁管件安装等项目。

（2）定额工程量计算

① 各种管件连接均按不同压力、材质、连接形式，不分种类，以"个"为计量单位。

② 挖眼接管三通支线管径小于主管径 1/2 时，不计算管件工作量；在主管上挖眼焊接管接头、凸台等配件，按配件管径计算管件工程量。

③ 半加热外套管摔口后焊在内套管上，每个焊口按一个管件计算。外套碳钢管如焊在不锈钢管内套管上，焊口之间需加不锈钢短管衬垫，每处焊口按两个管件计算，衬垫短管按设计长度计算。如设计无规定，可按 50 mm 长度计算。

（3）定额使用说明

① 本章定额与《第八册定额》第一章"管道安装"配套使用。

② 管件连接中已综合考虑了弯头、三通、异径管、管帽、管接头等管口含量的差异，应按设计图纸用量执行相应定额。

③ 现场加工的各种管道，在主管上挖眼接管三通、撑制异径管，均应按不同压力、材质、规格，以主管径执行管件连接相应定额，不另计制作费和主材费。

④ 管件用法兰连接时，执行法兰安装相应项目，管件本身安装不再计算安装费。

⑤ 管件制作执行《第八册定额》第七章相应定额。

⑥ 在管道上安装的仪表一次部件，按本章管件连接相应定额，基价乘以系数 0.7。

⑦ 仪表的温度计扩大管制作安装，执行本章管件连接相应定额，基价乘以系数 1.5。

⑧ 焊接盲板（封头）执行本章管件连接相应定额，基价乘以系数 0.6。

3. 阀门安装

（1）定额项目划分

① 定额分为低压阀门、中压阀门、高压阀门等安装及安全阀调试。

② 本章各种阀门安装均已包括壳体压力试验和密封试验工作内容。

（2）定额工程量计算

① 各种阀门按不同压力、连接形式，不分种类以"个"为计量单位。压力等级按设计图纸规定执行相应定额。

② 各种法兰阀门安装与配套法兰的安装，应分别计算工程量。

③ 减压阀直径按高压侧计算。

④ 电动阀门安装包括电动机安装，检查接线工程量应另行计算。

（3）定额使用说明

① 电动阀门安装包括电动机的安装，检查接线执行第四册《电气设备安装工程》的相应定额。

② 各种法兰阀门安装，本章定额中只包括一个垫片和一副法兰用螺栓的安装；垫片材质与实际不符时，可按实调整；螺栓本身的价值另计，螺栓按施工图设计用量加损耗量计算。

③ 阀门壳体压力试验和密封试验介质是按水考虑的，如设计要求其他介质，可按实计算。

④ 阀门安装不包括阀体磁粉探伤、气密性试验、阀杆密封填料的更换等特殊要求的工作内容。

⑤ 阀门安装不做壳体压力试验和密封试验时，执行本章阀门安装相应定额项目乘以系数 0.6。

⑥ 直接安装在管道上的仪表流量计，执行本章阀门安装相应定额项目乘以系数 0.6。

⑦ 限流孔板、八字盲板执行本章阀门安装相应定额项目乘以系数 0.4。

4. 法兰安装

（1）定额项目划分

定额包括低、中、高压管道，管件，法兰，阀门上的各种法兰安装项目。

（2）工程量的计算

① 低、中、高压管道，管件，法兰，阀门上的各种法兰安装，应按不同压力、材质、规格和种类，分别以"副"为计量单位。压力等级按设计图纸规定执行相应定额。

② 用法兰连接的管道安装，管道与法兰分别计算工程量，执行相应定额。

（3）定额使用说明

① 不锈钢、有色金属的焊环活动法兰，执行本章翻边活动法兰安装相应定额项目，但应将定额中的翻边短管换为焊环，并另行计算其价值。

② 全加热套管法兰安装，按内套管法兰公称直径执行相应定额乘以系数 2.0。

③ 法兰安装以"片"为单位计算时，执行本章法兰安装相应定额项目乘以系数 0.61，螺栓数量不变。

④ 中压平焊法兰，执行本章低压相应定额项目乘以系数 1.2。

⑤ 中压螺纹法兰安装，执行本章低压螺纹法兰相应定额项目乘以系数 1.2。

⑥ 在管道上安装的节流装置，已包括短管装拆工作内容，执行本章法兰安装相应定额项目乘以系数 0.7。

⑦ 配法兰的盲板只计算主材费，安装费已包括在单片法兰安装中。

⑧ 各种法兰安装，本章定额只包括一个垫片和一副法兰用的螺栓的安装。垫片材质与实际不符时，可按实调整；螺栓本身的价值另计，螺栓按施工图设计用量加损耗量计算。

⑨ 法兰安装不包括安装后系统调试运转中的冷、热态紧固内容，发生时可另行计算。

5. 管道压力试验、吹扫与清洗

（1）定额项目划分

定额包括管道压力试验、管道系统吹扫、管道系统清洗、管道脱脂、管道油清洗。

（2）定额工程量计算

① 管道压力试验、泄漏性试验、吹扫与清洗按不同压力规格，以"m"为计量单位。

② 定额内均包括临时用空压机和水泵做动力进行试压、吹扫、清洗管道连接的临时管线、盲板、阀门、螺栓等材料摊销量；不包括管道之间的串通临时管口及管道排放口至排放点的临时管，其工程量应按施工方案另行计算。

③ 调节阀等临时短管制作装拆项目，使用管道系统试压、吹扫时需要拆除的阀件以临时短管代替连通管道，其工作内容包括完工后短管拆除和原阀件复位等。

④ 泄漏性试验适用于输送剧毒、有毒及可燃介质的管道，按压力、规格，不分材质以"m"为计量单位。

⑤ 当管道与设备作为一个系统进行试验时，如管道的试验压力小于或等于设备的试验压力，则按管道的试验压力进行试验；如管道试验压力超过设备的试验压力，且设备的试验压力不低于管道设计压力的115%时，可按设备的试验压力进

行试验。

（3）定额使用说明

① 管道液压试验是按普通水编制的，如设计要求其他介质，可按实调整。

② 液压试验和气压试验包括强度试验和严密性试验工作内容。

③ 管道清洗定额按系统循环清洗考虑。

④ 管道油清洗项目适用于传动设备，按系统循环法考虑，包括油冲洗、系统连接和滤油机用橡胶管的摊销，但不包括管内除锈，需要时另行计算。

6. 无损检测与焊口热处理

（1）定额项目划分

定额包括焊缝无损检测、焊口预热及后热、焊口热处理、硬度测定。

（2）定额工程量计算

① X 射线、γ 射线无损检测，按管材的双壁厚执行本章定额相应项目。

② 焊缝射线检测区别管道不同壁厚、胶片规格，以"张"为计量单位。

③ 焊缝超声波、磁粉和渗透检测按规格，以"口"为计量单位。

④ 焊口预热及焊口热处理按不同材质规格，以"口"为计量单位。

（3）定额使用说明

① 无损检测定额内综合考虑了高空作业降效因素。定额不包括固定射线检测仪器使用的各种支架制作、超声波检测对比试块的制作。

② 预热与热处理定额适用于碳钢、低合金钢和中高压合金钢各种施工方法的焊前预热或焊后热处理。

③ 电加热片、电阻丝、电感应预热及后热项目，如设计要求焊后立即进行热处理，预热及后热项目定额乘以系数 0.87。

④ 电加热片加热进行焊前预热或焊后局部处理中，如要求增加一层石棉布保温，石棉布的消耗量与高硅（氧）布相同，人工不再增加。

⑤ 用电加热片或电感应法加热进行焊前预热或焊后局部处理的项目中，除石棉布和高硅（氧）布为一次性消耗材料外，其他各种材料均按摊销量计入定额。

⑥ 电加热片是按履带式考虑的，实际与定额不同时可替换。

【例 5-1】无缝钢管 φ325×9，需进行 X 射线无损检验，采用胶片规格为 80 mm×300 mm。试根据 2018 版《浙江安装定额》套用定额。

【解】根据 2018 版《浙江安装定额》，套用定额时应按厚度 2×9＝18（mm），选定额子目 8-6-2（厚度 30 mm 以内）。

例 5-1 讲解与学习

7. 其他

（1）定额项目划分

定额包括焊口充氮保护（管道内部），蒸汽分气缸制作、安装，集气罐制作、安装，空气分气筒制作、安装，空气调节器喷雾管安装，钢制排水漏斗制作、安装，水位计安装，手摇泵安装，阀门操纵装置安装，调节阀临时短管制作、装拆，虾体弯制作，三通制作，三通补强圈制作、安装。

（2）定额工程量计算

① 管道焊接焊口充氮保护定额，适用于各种材质氩弧焊接或氩电联焊焊接方

法的项目，按不同的规格和充氩部位，不分材质以"口"为计量单位。执行定额时，按设计及规范要求选用项目。

② 分气缸（分、集水器）制作以"kg"为计量单位，安装以"个"为计量单位。

③ 集水罐制作、安装，空气分气筒制作、安装，钢制排水漏斗制作、安装以"个"为计量单位，空气调节器喷雾管安装、水位计安装以"组"为计量单位。

④ 手摇泵安装，调节阀临时短管制作、装拆以"个"为计量单位。

⑤ 阀门操纵装置安装以"kg"为计量单位。

（3）定额使用说明

① 分气缸、集气罐和空气分气筒的安装，本章定额内不包括附件安装，其附件可执行相应定额。

② 空气调节器喷雾管安装，按全国通用《采暖通风国家标准图集》（T704-12）以六种形式分列。

③ 不锈钢管、有色金属管的管架制作与安装，执行《第十三册定额》一般管架制作、安装定额，基价乘以系数1.1。

④ 虾体弯制作定额是按照90°弯编制的，如为30°弯，基价乘以系数0.35，如为45°弯和60°弯，基价乘以系数0.60。

⑤ 公称直径25 mm以内的调节阀临时短管制作、装拆，执行公称直径50 mm以内的相应定额，基价乘以系数0.80。

5.3　工业管道工程国标清单计价

5.3.1　工程量清单计价基础

工业管道工程工程量清单根据2013版《通用安装工程计算规范》附录H"工业管道工程"进行编制和计算。附录H由18个部分组成，共129个清单项目，包含管道、管件、阀门、法兰等，如表5-3所示。

计算规范附录H"工业管道工程"适用于厂区范围内的车间、装置、站、罐区及其相互之间各种生产用介质输送管道和厂区第一个连接点以内生产、生活共用的给水、排水、蒸汽、燃气的管道安装工程。

厂区范围内的生活用给水、排水、蒸汽、燃气的管道安装工程执行规范附录K"给排水、采暖、燃气工程"相应项目。

仪表流量计，应按规范附录F"自动化控制仪表安装工程"相关项目编码列项。

管道、设备和支架除锈、刷油及保温等内容，除注明者外，均应按附录M"刷油、防腐蚀、绝热工程"相关项目编码列项。

组装平台搭拆、管道防冻和焊接保护、特殊管道充气保护、高压管道检验、地下管道穿越建筑物保护等措施项目，应按规范附录N"措施项目"相关项目编码列项。

表 5-3 工业管道工程部分清单项目所含工程内容

系统组成	项目编码	项目名称	计量单位	所含工程内容
管道	030801001	低压碳钢管	m	① 安装 ② 压力试验 ③ 吹扫、清洗 ④ 脱脂
	030801005	低压碳钢板卷管		
	030801008	低压合金钢管		
	030801014	低压铜及铜合金管		
	030801015	低压铜及铜合金板卷管		
	030801002	低压碳钢伴热管		① 安装 ② 压力试验 ③ 吹扫、清洗
	030801004	低压不锈钢伴热管		
	030801006	低压不锈钢管		① 安装 ② 焊口充氩保护 ③ 压力试验 ④ 吹扫、清洗 ⑤ 脱脂
	030801007	低压不锈钢板卷管		
	030801009	低压钛及钛合金管		
	030801010	低压镍及镍合金管		
	030801011	低压锆及锆合金管		
	030801012	低压铝及铝合金管		
	030801013	低压铝及铝合金板卷管		
管件	030804001	低压碳钢管件	个	① 安装 ② 三通补强圈制作、安装
	030804002	低压碳钢板卷管件		
	030804008	低压铝及铝合金管件		
	030804009	低压铝及铝合金板卷管件		
	030804003	低压不锈钢管件		① 安装 ② 管件焊口充氩保护 ③ 三通补强圈制作、安装
	030804004	低压不锈钢板卷管件		
	030804005	低压合金钢管件		
阀门	030807001	低压螺纹阀门	个	① 安装 ② 操纵装置安装 ③ 壳体压力试验、解体检查及研磨 ④ 调试
	030807002	低压焊接阀门		
	030807003	低压法兰阀门		
法兰	030810001	低压碳钢螺纹法兰	副（片）	① 安装 ② 翻边活动法兰短管制作
	030810002	低压碳钢焊接法兰		
	030810003	低压铜及铜合金法兰		

5.3.2 工程量清单编制

工程量清单所列"工程内容"是完成该清单项目时可能发生的全部工作内容，实际编制时，可按此工作内容，对照设计图纸、施工规范，确定清单项目实际发生的工作内容，进行相应的特征描述，主要包括型号、规格、安装位置、敷设方式等内容。如实际工作内容在该工程内容中未列出可以进行补充。

只有正确地描述清单项目的特征，投标人才能依据项目特征，确定清单项目工作内容和完成此工作内容的材料规格及消耗，进行正确组价。

清单中项目特征的描述是编制清单正确与否的关键，是能否正确报价的基础。

1. 高、中、低压管道安装

（1）清单编制

低、中、高压管道安装的工程量清单项目编制，依据计算规范中的表 H.1、表 H.2 和表 H.3。

管道安装应根据其项目特征，即材质、规格、连接形式、试验要求等设置清单项目。管道安装特征包括以下几项。

① 材质。工程量清单项目必须明确描述管道的材质种类。

② 连接形式。包括螺纹连接、焊接、承插连接（胶圈连接、膨胀水泥等）、法兰连接等。

③ 焊接还应标出氧-乙炔焊、电弧焊、氩电联焊、埋弧自动焊、氩弧焊、焊口充氩保护等。

④ 规格。焊接钢管、铸铁管、玻璃钢管按公称直径表示；无缝钢管（碳素钢、合金钢、不锈钢、铝、铜）、塑料管以"外径乘以壁厚"表示，如 $\phi159\times5$、$\phi219\times6$ 等。

⑤ 管道压力试验、吹扫、清洗方式：管道安装的压力试验、吹扫、清洗方式一般设计会作出明确确定。如压力采用液压、气压、泄漏性试验或真空试验；吹扫采用水冲洗、空气吹扫、蒸汽吹扫；清洗采用碱洗、酸洗、化学清洗等。

总之，编制清单的目的是给投标单位正确报价，所以在描述项目特征时，必须使所描述的分项与组价的预算定额一一对应，项目特征就是定额套用的依据。

（2）清单工程量计算

工程量按设计图示管道中心线长度以"m"为单位计算，不扣除阀门、管件所占长度；方形补偿器以其所占长度列入管道安装定额工程量计算。

从上所知，工业管道工程中，管道清单定额工程量计算规则与定额工程量计算规则相同。

【例 5-2】某车间工业管道安装工程按计算规范编制工程量清单，其中分部分项工程量清单如表 5-4 所示，试分析其与 2018 版《浙江安装定额》定额项目的关系。

【解】根据 2018 版《浙江安装定额》，"中压螺纹卷管 $\phi325\times7$，电弧焊"应执行定额 8-1-405；"水压试验、水冲洗、脱脂"应执行定额 8-5-4、8-5-54、8-5-96。

2. 高、中、低压管件连接

（1）清单编制

低、中、高压管件安装的工程量清单项目编制依据计算规范中的表 H.4、表 H.5 和表 H.6。

例 5-2 讲解与学习

表 5-4　分部分项工程量清单

工程名称：某车间工业管道工程　　　　　　　　　　　　　　　　第 1 页共 1 页

序号	项目编号	项目名称	项目特征描述	计量单位	工程量
1	030802002001	中压螺纹卷管	① 材质：螺纹埋弧焊钢管 ② 规格：φ325×7 ③ 连接形式、焊接方法：电弧焊 ④ 压力试验、吹扫与清洗设计要求：水压试验、水冲洗 ⑤ 脱脂介质：二氯乙烷	m	10

管件包括弯头、三通、四通、异径管、管接头、管帽、方形补偿器弯头、管道上仪表一次部件、仪表温度扩大管制作、安装等。

管件安装应根据其项目特征，即管件材质、规格、连接形式、焊口充氩保护、补强圈材质、规格等设置清单项目。

管件安装的项目特征描述，同管道安装一样，要与将要套用的定额建立一一对应关系。

（2）清单工程量计算

工程量按设计图示数量计算，以"个"为计量单位。

（3）在编制与计算管件工程量清单时的注意事项

① 管件压力试验、吹扫、清洗、脱脂均包括在管道安装中。

② 在主管上挖眼接管的三通和摔制异径管，均以主管径按管件安装定额工程量计算，不另计制作费和主材费；挖眼接管的三通支线管径小于主管径 1/2 时，不计算管件安装工程量；在主管上挖眼接管的焊接接头、凸台等配件，按配件管径计算管件工程量。

③ 三通、四通、异径管均按大管径计算。

④ 管件用法兰连接时执行法兰安装项目，管件本身不再计算安装。

⑤ 半加热外套管摔口后焊接在内套管上，每处焊口按一个管件计算；外套碳钢管如焊接不锈钢内套管上时，焊口之间需加不锈钢短管衬垫，每处焊口按两个管件计算。

⑥ 管件安装工程量仅指管件安装，管件制作需另列清单项目。

【例 5-3】某车间工业管道安装工程按计算规范编制工程量清单，其中分部分项工程量清单如表 5-5 所示，试分析其与 2018 版《浙江安装定额》定额项目的关系。

表 5-5　分部分项工程量清单

工程名称：某车间工业管道工程　　　　　　　　　　　　　　　　第 1 页共 1 页

序号	项目编号	项目名称	项目特征描述	计量单位	工程量
1	030804001001	低压碳钢管件	① 材质：无缝钢管 ② 规格：φ108×4.5，90°弯头 ③ 连接形式、焊接方法：电弧焊	个	33

例 5-3 讲解
与学习

续表

序号	项目编号	项目名称	项目特征描述	计量单位	工程量
2	030804001002	低压碳钢管件	① 材质：无缝钢管 ② 规格：φ159×4.5，正三通 ③ 连接形式、焊接方法：电弧焊	个	26

【解】根据 2018 版《浙江安装定额》，"低压碳钢管无缝钢管 φ108×4.5 管件安装，90°弯头，电弧焊"，应执行定额 8-2-24；"低压碳钢无缝钢管 φ159×4.5 管件安装，正三通，电弧焊"应执行定额 8-2-26。这两个清单必须单独设立，不能合并，因为它们的项目特征不一样，组价时它们对应的定额子目、主材也不同。

3. 高、中、低压阀门安装

（1）清单编制

低、中、高压阀门安装的工程量清单项目编制依据计算规范中的表 H.7、表 H.8 和表 H.9。

阀门安装应根据其项目特征，即阀门名称、材质、型号规格、连接形式等设计要求设置清单项目。

① 名称。见前述阀门名称。

② 材质。包括碳钢、不锈钢、合金钢、铜等。

③ 型号及规格。阀门规格按公称直径。

④ 连接形式。包括螺纹连接、焊接、法兰连接等。

（2）清单工程量计算

工程量按设计图示数量计算，以"个"为计量单位。

（3）在编制与计算阀门安装清单时的注意事项

① 减压阀直径按高压侧计算。

② 电动阀门包括电动机安装。

③ 操纵装置安装按规范或设计技术要求计算。

【例5-4】某厂房工业管道安装，低压碳钢法兰闸阀安装型号、规格为 Z45T-16 DN100，试根据 2013 版《通用安装工程计算规范》编制其工程量清单。

【解】阀门名称、型号、材质公称直径等必须表示清楚。

分部分项工程量清单如表 5-6 所示。

例 5-4 讲解与学习

表5-6　分部分项工程量清单

工程名称：某车间工业管道工程   第 1 页共 1 页

序号	项目编号	项目名称	项目特征描述	计量单位	工程量
1	030807003001	低压法兰阀门	① 名称：低压法兰闸阀 ② 材质：碳钢 ③ 型号、规格：Z45T-16 DN100 ④ 连接形式：法兰连接	个	5

4. 高、中、低压法兰安装

（1）清单编制

低、中、高压法兰安装的工程量清单项目依据计算规范中的表 H.10、表 H.11 和表 H.12。

法兰安装应根据其项目特征，即法兰材质、结构形式、型号规格、连接形式等设计要求设置清单项目。

（2）清单工程量计算

工程量按设计图示数量计算，以"副（片）"为计量单位。

（3）在编制与计算法兰安装清单时的注意事项

① 法兰焊接时，要在项目特征中描述法兰的连接形式（平焊法兰、对焊法兰、翻边活动法兰及焊环活动法兰等），不同连接形式应分别列项。

② 配法兰的盲板不计安装工程量。

③ 焊接盲板（封头）按管件连接计算工程量。

5. 板卷管制作

（1）清单编制

板卷管制作工程量清单编制依据计算规范中的表 H.13 规定。

板卷管制作应根据其项目特征，即材质、规格、连接形式等设置清单项目。

① 材质。工程量清单项目必须明确描述材质的种类、型号，是碳钢板、不锈钢板还是铝及铝合金板制作。

② 连接形式。焊接，还应标出电弧焊、埋弧自动焊、氩弧焊、氩电联焊、焊口预热处理、充氩保护等。

③ 规格。碳钢管、不锈钢管按公称直径表示，铝板按管外径表示。

（2）清单工程量计算

工程量按设计图示质量计算，以"t"为计量单位。

6. 管件制作

（1）清单编制

管件制作工程量清单编制依据计算规范中的表 H.14 规定。

管件制作应根据其项目特征，即管件压力、材质、规格、连接形式设置清单项目。

① 材质。工程量清单项目必须明确描述材质的种类、型号，碳钢、不锈钢还是铝、铜制作。

② 连接形式。焊接，还应标出电弧焊、氩弧焊、氩电联焊、焊口预热处理、充氩保护等。

③ 规格。碳钢管、不锈钢管按公称直径表示，铜、铝、塑料管按管外径表示。

④ 板卷管管件制作要注明弯头、三通、四通、异径管等。

（2）清单工程量计算

板卷管件制作，工程量按设计图示质量计算，以"t"为计量单位。

管道虾体弯制作、管道煨弯，工程量按设计图示数量计算，以"个"为计量单位。

（3）编制与计算管件制作清单时的注意事项

管件包括弯头、三通、异径管，异径管按大头口径计算，三通按主管口径计算。

7. 管架制作安装

（1）清单编制

管架件制作工程量清单编制依据计算规范中的表 H.15 规定。

管架制作安装应根据其项目特征，即单件支架质量、材质、管架形式、支架衬垫材质、减震器形式及做法等设计要求设置清单项目。

管架分为一般管架、木垫式管架、弹簧式管架。

（2）清单工程量计算

工程量按设计图示质量计算，以"kg"为计量单位。

（3）在编制与计算管架制作安装清单时的注意事项

① 单件支架质量有 100 kg 以下和 100 kg 以上时，应分别列项。

② 支架衬垫需注明采用何种衬垫，如防腐木垫、不锈钢衬垫、铝衬垫等。

③ 采用弹簧减震器时，需注明是否做相应试验。

8. 无损探伤与热处理

（1）清单编制

无损探伤与热处理工程量清单编制依据计算规范中的表 H.16 规定。

管材表面无损探伤应根据其项目特征（探伤种类、管材规格等）设置清单项目。

焊缝无损探伤应根据其项目特征，即探伤种类、底片规格、管材规格或管壁厚度设置清单项目，以"张"或"口"为计量单位。

① 探伤的种类：X 射线、γ 射线、超声波、普通磁粉、荧光磁粉、渗透。

② 探伤的管材规格：公称直径、壁厚。

③ 底片规格：80 mm×300 mm、80 mm×150 mm。

热处理应根据其项目特征，即管道材质、规格及管壁厚、压力等级、热处理方法、硬度测定设计要求设置清单项目，以"口"为计量单位。

（2）清单工程量计算

工程量按规范或设计技术要求计算，以"m/m²"为计量单位。

（3）清单编制时的注意事项

探伤项目包括固定探伤仪支架的制作、安装。

9. 其他项目制作安装

其他项目制作安装工程量清单项目设置及计算规则，按计价规范附录 H.17 执行。

5.3.3　工程量清单计价编制

工业管道工程造价由分部分项工程量清单项目费、措施项目费、其他项目费、规费和税金组成。其中，分项工程清单项目费占工程造价的大部分，它由各工程量清单乘以其清单综合单价累加而成。所以清单综合单价编制是工程量清单计价的核心，这里主要讨论清单综合单价的编制。

清单综合单价编制的关键是计算出完成该清单项目全部工作内容的费用，要求仔细分析清单项目的全部工作内容，不能遗漏。因此，可依据计算规范或"清单计价指引"，参照预算定额或企业定额进行编制。

【例5-5】某车间工业管道安装，低压碳钢无缝钢管 φ159×5（热轧20#钢、电弧焊、水压试验、水冲洗）工程量汇总表如表5-7所示。试根据2013版《通用安装工程计算规范》、2018版《浙江省计价规则》、2018版《浙江安装定额》编写该管道安装工程量清单项目，并计算其综合单价。

表5-7 工程量汇总表

项 目 名 称	单 位	工 程 量	单 价
碳钢管电弧焊 DN150	10 m	32	5000 元/t
管道水压试验	100 m	3.2	
管道水冲洗	100 m	3.2	
管理费按 20% 计取			
利润按 10% 计取			

【解】先编制相应的工程量清单，然后再进行综合单价计算。
具体详见二维码"低压碳钢无缝钢管国标清单计价编制"。
计算过程：
低压碳钢管 159×5 安装：
低压碳钢管 159×5 安装的清单工程量 = 320 m
低压碳钢管 159×5 安装的定额工程量 = 320÷10 = 32.0（10 m）
无缝钢管理论质量计算公式：
（外径−壁厚）×壁厚×π×7.85×10^{-3} ≈（外径−壁厚）×壁厚×0.02466（kg/m）
无缝钢管 159×5 的理论质量 =（159−5）×5×0.02466 = 18.99（kg/m）
无缝钢管 159×5 的主材单价 = 5.00×18.99 = 94.95（元/m）

综合单价分析表要求清单低压碳钢管安装 159×5 每米的单价，所以钢管工程量为 1 m；根据定额 8-1-26，钢管消耗量为 0.941 m，故未计价主材的数量为 0.941 m。
管道水压试验：
管道水压试验的定额工程量 = 320÷10 = 32.0（10 m）
管道水冲洗：
管道水冲洗的定额工程量 = 320÷10 = 32.0（10 m）
同样可计算管道水压试验和管道水冲洗的费用。
管理费与利润的计算基数均为人工费+机械费之和：
管理费 =（15.97+7.06）×20% = 4.61（元）
利润 =（15.97+7.06）×10% = 2.3（元）

5.4 工业管道工程计价案例

以某水电站生活区无塔供水系统之泵房安装工程为例，进一步说明工业管道工程工程量清单进行工程计价的方法。

5.4.1　工程概况

1. 工程概况

本工程为某水电站生活区无塔泵站工程。

① 水池容积为 150 m³。

② 本工程给水设计流量为 50 m³/h，供水压力 0.4 MPa，要求水压试验。

③ 本水泵房及水池内管道均采用无缝钢管，电弧焊，法兰连接；所有钢管配件的压力等级均为 1.0 MPa。

④ 工作原理：运行时变频调速泵先工作，当调速泵不能满足要求时，自动启动恒速泵供水，反之亦然。在水泵出水管上安装压力传感器控制水泵按设计给定的压力工作。在水池中安装水位传感器，如水池水位低于低水位时，水位传感器发出指令停泵，在值班室设置远程控制盒，监控系统运行。

⑤ 水泵吸水管上设置蜗轮传动法兰式蝶阀，型号为 D341X-10Q，出水管上设置电动法兰式蝶阀，型号为 D941X-10Q，出水管上设置对夹式蝶形止回阀，型号为 H44H-16C，吸水管和供水管上均设置挠性软接头。

⑥ 导流墙距池顶板 200 mm，导流墙底部每隔 1000 mm 开流水孔 120 mm×120 mm。

⑦ 水池抹面前，应做充水试验。

⑧ 设备安装需在厂方技术人员指导下进行，并经厂方人员调试后方可运行。

⑨ 管道支架：采用型钢制作，工程量共 100 kg，支架手工除轻锈后，刷红丹防锈漆、调和漆各两遍。

2. 主要材料和工程设备一览表

表中的数量需按施工图统计计算，详见二维码"主要材料和工程设备一览表"。

3. 工程计价编制要求

① 以《清单计价规范》、2013 版《通用安装工程计算规范》、2018 版《浙江省计价规则》、2018 版《浙江安装定额》及《关于增值税调整后我省建设工程计价依据增值税税率及有关计价调整的通知》（浙建建发〔2019〕92 号）为计价依据。

② 管理费和利润按 2018 版《浙江省计价规则》中施工取费的中值计取。管理费费率按设备及工艺金属结构安装工程一般计税法的中值计取，费率为 19.31%；利润按设备及工艺金属结构安装工程一般计税法的中值计取，利润率为 9.91%；管理费、利润计算基础均为定额人工费和定额机械费之和，风险费暂不计取。

③ 施工组织措施项目：安全文明施工基本费（非市区工程）、二次搬运费、冬雨季施工增加费；措施费按中值取费。

要求按定额清单计价和国标清单计价两种方法分别编制给水泵站工艺管道施工图预算。

4. 工程施工图

水泵房平面布置图及各剖面图如图 5-2~图 5-5 所示。

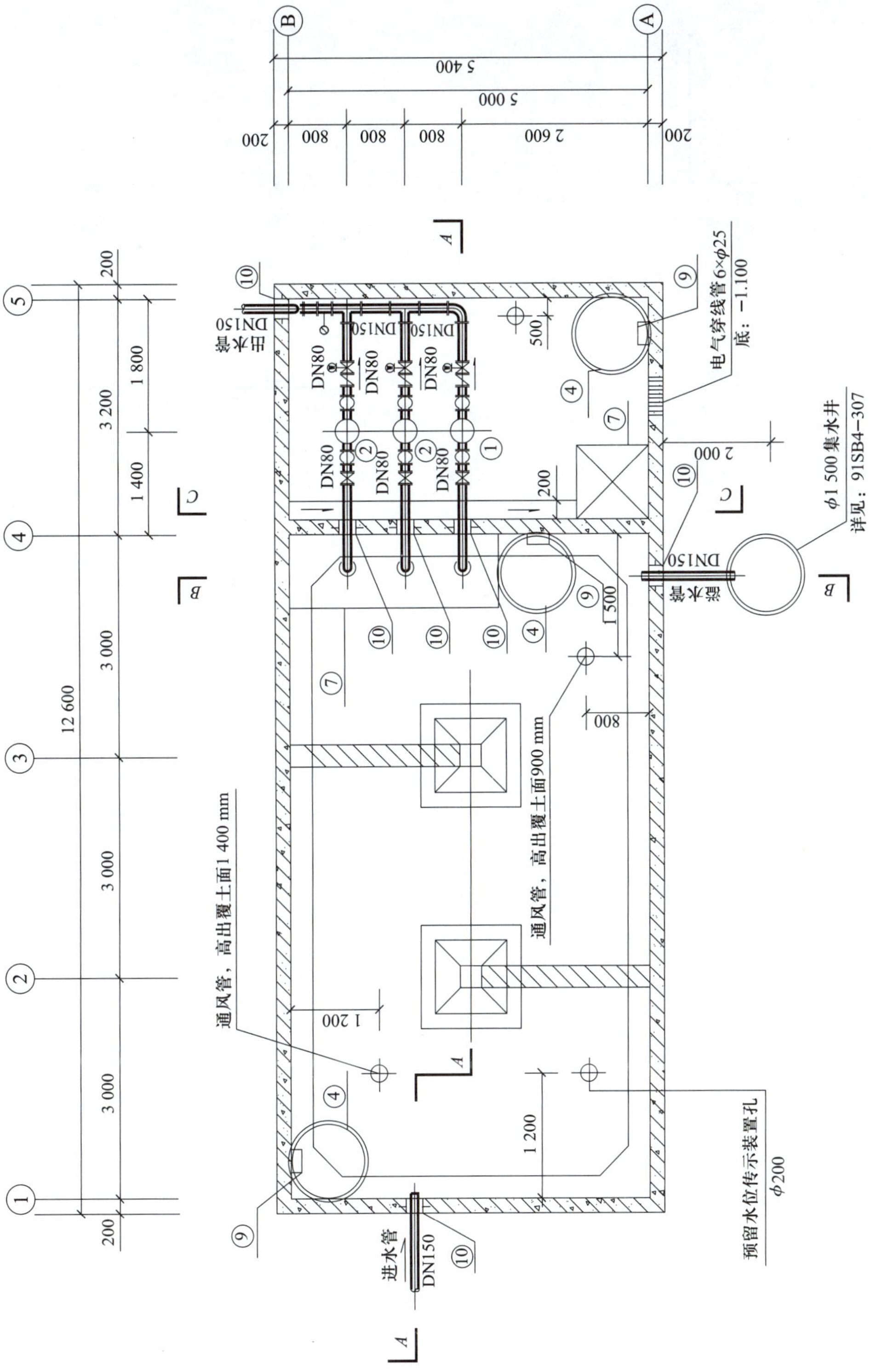

图 5-2 水泵房平面布置图

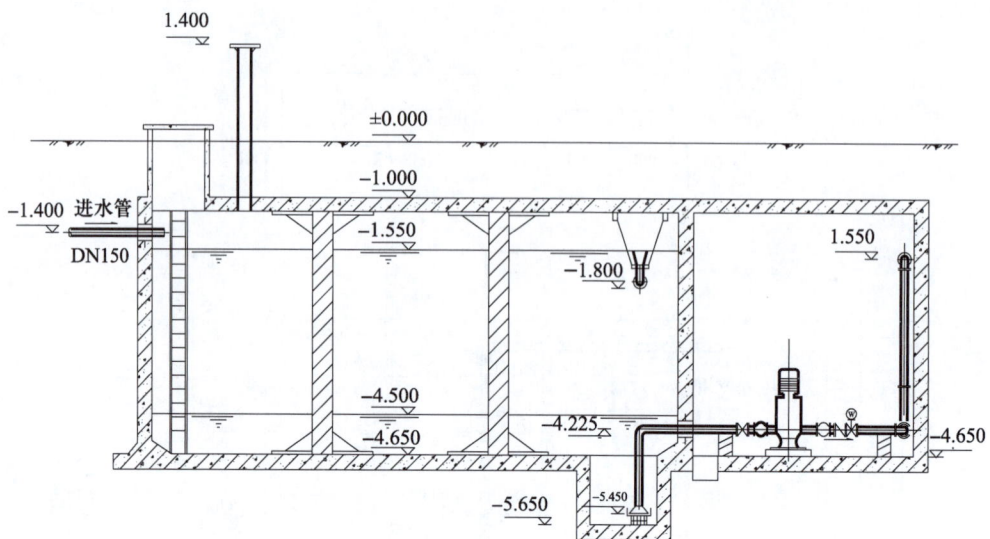

图 5-3   *A—A* 剖面图

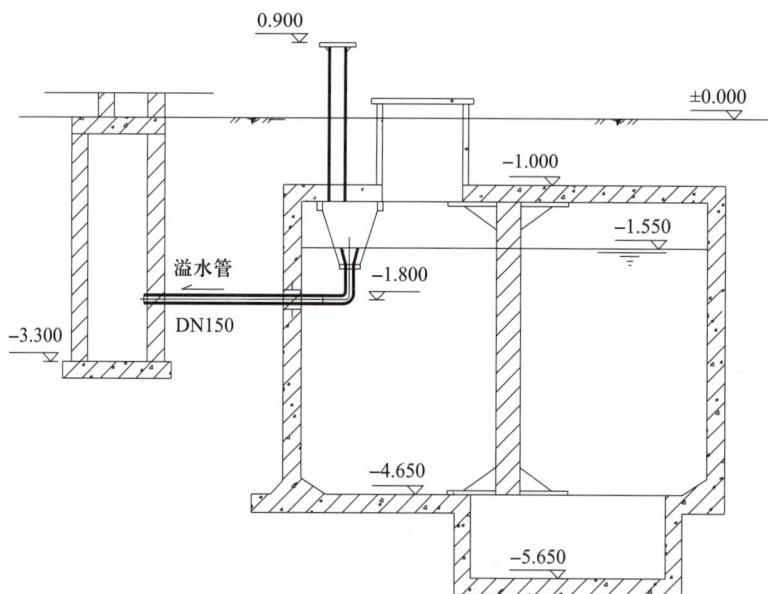

图 5-4   *B—B* 剖面图

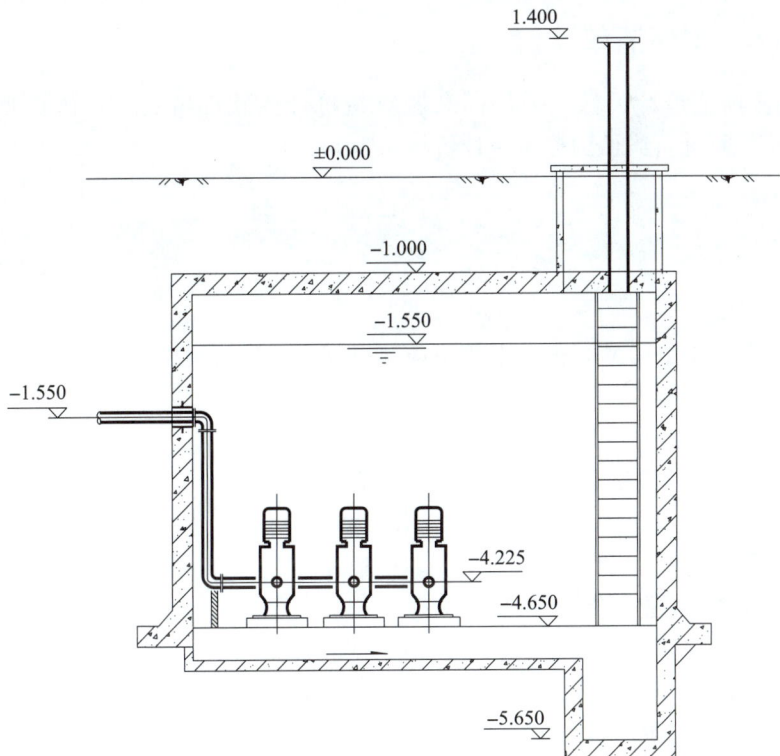

图 5-5 C—C 剖面图

5.4.2 工程量计算

1. 工程量计算

根据定额工程量计算规范计算工程量：

① 对于部分节点因施工工艺不同，管件可能会有不同的工程量，本题按常用工艺计算相应管件数量；

② 本工程因室外部分很少，故溢水管算全部，出水管与进水管按规范算至外墙皮；

③ 电动调节阀的检查接线、压力表暂不计算；

④ 各种水泵只计算工程量，不列出相应的造价。

定额工程量计算详见二维码"工业管道工程计价案例定额工程量计算表"。

2. 工程量汇总

将工程量进行汇总，分别列出清单工程量和定额工程量，详见二维码"工业管道工程计价案例工程量汇总表"。

5.4.3 定额清单计价

应用定额清单计价法，采用品茗胜算造价计控软件编制。具体详见二维码"工业管道工程计价案例定额清单计价编制"。

工业管道工程计价案例定额工程量计算表

工业管道工程计价案例工程量汇总表

工业管道工程计价案例定额清单计价编制

工业管道工程
计价案例国标
清单计价编制

5.4.4　国标清单计价

　　应用国标清单计价法，采用品茗胜算造价计控软件编制。具体详见二维码"工业管道工程计价案例国标清单计价编制"。

思考与练习

一、单选题

1. 介质压力为 10 MPa 的工业管道应执行（　　）安装定额。

A. 低压管道　　　　　　　　　B. 中压管道

C. 高压管道　　　　　　　　　D. 蒸汽管道

2. 无缝钢管的规格通常用（　　）×壁厚表示。

A. 外径　　　　　　　　　　　B. 内径

C. 公称直径　　　　　　　　　D. 通径

3. 按作用和用途分类，球阀属于（　　）。

A. 分流阀类　　　　　　　　　B. 调节阀类

C. 止回阀类　　　　　　　　　D. 截断阀类

4. 生产、生活共用的给水、排水、蒸汽、煤气输送管道，执行（　　）定额相应项目。

A. 第二册《热力设备安装工程》

B. 第八册《工业管道工程》

C. 第十册《给排水、采暖、燃气工程》

D. 第十三册《通用项目和措施项目工程》

5. 凡涉及管沟、基坑及井类的垫层基础、砌筑，各类盖板预制安装、管道混凝土支墩的项目，执行（　　）（2018 版）相应项目。

A.《浙江省市政工程预算定额》

B.《浙江省房屋建筑与装饰工程预算定额》

C.《浙江省通用安装工程预算定额》

D. 应根据情况执行上述定额

6. 外套碳钢管如焊在不锈钢管内套管上，焊口间需加不锈钢短管衬垫，每处焊口按两个管件计算，衬垫短管按设计长度计算。如设计无规定时，可按（　　）长度计算。

A. 30 mm　　　　　　　　　　B. 40 mm

C. 50 mm　　　　　　　　　　D. 100 mm

7. 现场加工的各种管道，在主管上挖眼接管三通、捧制异径管时，下列说法中正确的是（　　）。

A. 均应按不同压力、材质、规格，以主管径执行管件连接相应定额，不另计制作费和主材费。

B. 均应按不同压力、材质、规格，以副管径执行管件连接相应定额，另计制作费。

C. 均应按不同压力、材质、规格，以主管径执行管件连接相应定额，另计制作费。

D. 均应按不同压力、材质、规格，以副管径执行管件连接相应定额，不另计制作费和主材费。

8. 焊接盲板（封头）执行第八册《工业管道工程》中管件连接相应定额，基价乘以系数（　　）。

A. 0.5　　　　　　　　　　　　B. 0.6

C. 0.61　　　　　　　　　　　D. 0.8

9. 进行减压阀定额工程量计算时，直径按（　　）计算。

A. 低压侧　　　　　　　　　　B. 中压侧

C. 高压侧　　　　　　　　　　D. 设计要求

10. 工业管道工程中，管件用法兰连接时，执行（　　）相应项目。

A. 管件安装　　　　　　　　　B. 已包含在管道安装定额中

C. 阀门安装　　　　　　　　　D. 法兰安装

二、多选题

1. 第八册《工业管道工程》预算定额阀门安装中，不包括（　　）的工作内容。

A. 阀体磁粉探伤　　　　　　　B. 气密性试验

C. 阀杆密封添料的更换　　　　D. 壳体压力试验

E. 密封试验

2. 关于手摇泵安装，下列说法错误的是（　　）。

A. 以"个"为计量单位

B. 以"台"为计量单位

C. 执行第一册《机械设备安装工程》预算定额

D. 执行第八册《工业管道工程》预算定额

E. 执行第十册《给排水、采暖、燃气工程》预算定额

3. 第八册《工业管道工程》预算定额中，各种法兰安装定额包括（　　）的安装。

A. 一个垫片　　　　　　　　　B. 两个垫片

C. 一片法兰　　　　　　　　　D. 一副法兰

E. 三片法兰

4. 第八册《工业管道工程》预算定额适用于新建、扩建、改建项目中厂区范围内的（　　）及其相互之间各种生产用介质输送管道。

A. 车间　　　　　　　　　　　B. 装置

C. 井　　　　　　　　　　　　D. 站

E. 罐

5. 对焊法兰的特点包括（　　）。

A. 施工方便　　　　　　　　　B. 法兰强度高

　　C. 容易对中　　　　　　　　　D. 价格便宜

　　E. 适用于法兰处应力较大、压力温度波动较大和高温、高压及0℃以下的低温管道

　　6. 工业管道上所用补偿器也称为膨胀节，其作用是消除管道因温度变化而产生热胀或冷缩对管道的影响。常用的补偿器有（　　　）。

　　A. 自然补偿器　　　　　　　　B. 圆形补偿器

　　C. 方形补偿器　　　　　　　　D. 球形补偿器

　　E. 波形补偿器

　　7. 第八册《工业管道工程》预算定额中，碳钢管适用的材质包括（　　　）。

　　A. 焊接钢管　　　　　　　　　B. 无缝钢管

　　C. 16Mn 钢管　　　　　　　　D. 碳钢管卷板

　　E. 合金钢管

　　8. 第八册《工业管道工程》预算定额管道安装的工作内容，不包括（　　　）。

　　A. 管件连接　　　　　　　　　B. 阀门安装

　　C. 法兰安装　　　　　　　　　D. 管道压力试验、吹扫与清洗

　　E. 管口封闭

　　9. 工业管道工程中，电动阀门安装（　　　）。

　　A. 不包括电动机安装　　　　　B. 包括电动机安装

　　C. 包括检查接线工程量　　　　D. 检查接线工程量应另行计算

　　E. 不执行第八册《工业管道工程》预算定额

　　10. 液压试验和气压试验包括（　　　）的工作内容。

　　A. 强度试验　　　　　　　　　B. 化学清洗

　　C. 管道脱脂　　　　　　　　　D. 水冲洗

　　E. 严密性试验

答案

通风空调工程计量与计价

[教学导航]

■ 学习情境

在对安装工程计价有初步了解的基础上，对通风空调工程展开专业工程计价的学习。

■ 学习目标

通过本情境的学习，使学习者对通风空调工程计价有深入的了解，掌握通风空调工程工程量清单计价方法。

■ 学习方法

在熟悉通风空调工程定额相关原理，了解工程计价规则的基础上，通过案例分析学习，加深对通风空调工程定额清单计价和国标清单计价方法的理解。

■ 素养目标

1. 培养学生的团队协作能力和沟通能力。
2. 培养学生一丝不苟、实事求是的职业精神。

6.1 通风空调工程基础知识

6.1.1 通风空调系统的组成

通风空调工程在内容上一般可分为通风和空气调节两部分。

1. 通风系统的组成

通风是把室内废气直接或经处理排至室外，或把室外新鲜空气送进室内，保持室内环境符合卫生标准或生产工艺的需要。通风方式分为送风和排风两种形式。根据通风的作用范围不同可分为局部通风和全面通风；根据通风系统动力不同，分为自然通风和机械通风。

（1）送风系统主要设备和附件

送风系统是指将室外空气送入室内的通风系统。它主要由采风口、空气处理装置、风机、通风管道和空气分配装置、出风口等组成。

① 采风口。采风口是将室外空气引入送风系统的吸入口。通常有铝合金风口、不锈钢风口、钢制风口、塑料风口等。

② 空气处理装置。空气处理装置是将室外吸入的空气处理到设计参数的装置，一般用过滤器。过滤器常见有初效过滤器、中效过滤器和高效过滤器。

a. 初效过滤器是最常见的过滤器类型，通常采用金属丝网、玻璃丝等材料制成，具有一定的过滤能力，能够过滤掉较大颗粒的粉尘杂质。初效过滤器的价格较低，更换也十分方便，实用性较好。

b. 中效过滤器通常采用玻璃纤维和合成纤维制成，过滤器制作成抽屉式或者袋式。相比于初效过滤器，中效过滤器的过滤效果要好得多，能够过滤掉空气中较小颗粒的尘埃物质，过滤效果好。中效过滤器具有效率高、阻力低、容尘量大等优点，在实际应用中十分常见。

c. 高效过滤器一般包括 $0.3\ \mu m$ 级亚高效过滤器和 $0.1\ \mu m$ 级高效过滤器，其滤料为超细玻璃纤维，滤料都制成纸状，这些滤纸的孔隙非常小，并且允许采用的滤速很低，这就增强了小尘粒的筛滤作用和扩散作用，具有很高的过滤效率。

③ 风机。风机是依靠输入的机械能，提高气体压力并排送气体的机械，它属于机械通风动力装置。常见风机有轴流风机、离心风机、混流风机等。

a. 轴流风机是依靠叶轮的推力作用促使气流流动，它的气流方向与机轴相平行。

b. 离心风机的显著特点是风量、风压的范围都较广，因此对各类通风系统所要求的参数都有较大的适用性。

c. 混流风机是通过对叶片形状的改变，使气流在进入风机后，既有部分轴流作用，又产生部分离心作用。在安装方面，与轴流风机相似，具有接管方便、占用空间较小等优点。

④ 通风管道和空气分配装置。通风管道是将处理后的空气输送到需要的地方所使用的管道；空气分配装置是指三通、四通等将空气按需求进行分配的装置。

通风管道制作常使用的材料如下：

a. 薄钢板风管是制作通风管道和部件最常见的材料，一般分普通薄钢板和镀锌钢板两类。它的规格是以长边、短边和厚度来表示，常用的厚度为 0.5~4 mm。

b. 不锈钢板风管具有表面光洁，有较高的韧性和机械强度，耐腐蚀等优点，常用于输送含腐蚀性介质的通风系统或制作厨房排油烟风管等。

c. 铝板风管多数为纯铝和经退火处理过的合金铝板。铝板色泽美观，密度小，有良好的塑性，耐酸性较强，常用于有防爆要求的通风系统。

d. 非金属风管有硬聚氯乙烯、聚丙烯（PP）风管，无机玻璃钢风管，有机玻璃钢风管等类型。

e. 硬聚氯乙烯、聚丙烯（PP）风管具有表面平整光滑，耐酸碱腐蚀性强，物理机械性能良好，制作方便等特点，但不耐高温和太阳辐射，主要适用于 0~60℃ 的环境、有酸性腐蚀作用的通风管道。

f. 玻璃钢风管分为无机玻璃钢风管和有机玻璃钢风管。无机玻璃钢风管有一定的耐腐蚀性，为 A 级不燃材料，具有很好的防火性能，但是机械强度较差。有机玻璃钢风管有很强的耐酸碱性，机械强度较强，一般为可燃材料。玻璃钢风管常用于排除腐蚀性气体的通风系统中。

g. 复合板风管由两种或两种以上材料制作，以酚醛、玻镁复合风管为主要代表。

h. 砖、混凝土风道由砖砌或混凝土砌块等材料砌筑，或直接由混凝土浇筑而成。要求内壁光滑密实，严禁漏风或水渗入风道内。

⑤ 出风口。出风口是将送风系统的空气排出至室内的风口。材质与采风口类似，通常有铝合金风口、不锈钢风口、钢制风口、塑料风口等。

（2）排风系统主要设备和附件

排风系统是指把室内空气经处理或不处理排至室外的通风系统，主要由吸风口或局部排风罩、净化处理装置、风机、通风管道、排风口等组成。

① 吸风口或局部排风罩。吸风口或局部排风罩排除或捕集室内或工作区域的污染气体和有害物。

吸风口和送风系统采风口所用材质相近。通常有铝合金风口、不锈钢风口、钢制风口、塑料风口等。

局部排风罩是局部排风系统的重要组成部分。局部排风罩按密闭程度分为密闭式排风罩、半密闭排风罩和开敞式密闭罩；按其作用的原理不同，可分为密闭罩、通风柜、外部吸气罩、接受罩和吹吸式排风罩等。

② 净化处理装置。净化空气处理有害物的装置，使空气符合排放标准和大气环境质量标准后，再排入大气，如各类过滤器、除尘器。

③ 风机。类似于送风系统风机，也属机械通风动力装置，在除尘系统中采用除尘风机，所排气体有爆炸危险时采用防爆风机。

④ 通风管道。同送风系统通风管道。

⑤ 排风口、风帽。排风口安装于风管排入大气的末端，与送风系统的采风口和排风系统的吸风口类似；风帽是在排风口基础上增设了防风防雨罩，以防止杂物、雨水和飞鸟等进入风道；如高度较大，为保证安全，风帽配有风帽筝绳做拉

紧固定。

2. 空调系统的组成

空调工程不仅具有调节风量功能，同时还具备对空气温度、湿度、速度、洁净度等调节的功能。按空调方式分为集中、局部和半集中空调系统；按作用可概括地分为工艺性空调和生活舒适性空调；按空气来源可分为全新风式，新、回风混合式和全回风式；按负担热湿负荷的介质可分为全空气式、空气-水式、全水式和冷剂式。

空调系统由以下部件组成：

① 空气处理设备。对空气进行加热、冷却、加湿、干燥和过滤等处理的设备，以保持房间内空气的设计参数稳定在一定范围内。

② 通风机。

③ 通风管道。

④ 送（回）风口。

⑤ 系统部件。包括各种风阀（如多叶调节阀、三通调节阀、防火阀等）、消声器、消声静压箱、与风机连接的帆布软接等。

注意：通常大型中央空调系统包括风系统和水系统，还配有冷源和热源。水系统利用管路输送空气处理设备工作所需要的工作介质，如水。它是空调系统的一个必不可少的组成部分，在安装工程计价过程中，该部分属于给排水预算内容。

6.1.2   通风空调工程施工图

1. 通风空调工程施工图的组成

通风空调工程施工图一般包括图纸目录、设计施工说明、图例、主要设备材料表、平面图、系统图、详图和大样图等。

2. 通风空调工程施工图识读方法

识读通风空调工程施工图，不仅要掌握给排水安装工程的一些基本知识，还应按照合理的顺序看图，才能较快地看懂图纸。

（1）熟悉设计施工说明、图例及主要设备材料表

通过识读说明，了解通风空调工程的系统组成形式，系统各部位所用的材料、设备，施工做法，施工方法。对施工图的内容大致掌握，以便于后期划分项目，计算工程量。

主要设备材料表是施工图的重要组成部分，大多与设计施工说明放在同一张图纸上。较大、较复杂的工程，设计会单独出具一份主要设备材料表。表内详细列出工程中设备材料的名称、型号规格、数量及所需参照的标准图编号。某工程施工图的主要设备材料表如表6-1所示。

表6-1   某工程施工图的主要设备材料表

序号	名称	规格	单位	数量	备注
1	变风量空调机组	BFP-120	台	1	$Q=92.13\,\text{kW}$，$N=0.8\times3\,\text{kW}$
2	回风静压箱		个	1	$2000\times1000\times456$（H）

续表

序号	名称	规格	单位	数量	备 注
3	送风静压箱		个	1	2000×1000×600（H）
4	百叶风口	600×320	个	1	
5	防火调节阀	500×200	个	1	
6	防火调节阀	600×320	个	1	
7	防火调节阀	600×400	个	1	
8	方形散流器	200×200	个	100	带调节阀
9	百叶风口	1000×600	个	1	
10	风机盘管	FP-DP-05	台	12	顶篷式平送风，$N=20\,W$
11	风机盘管	FP-DP-06	台	14	顶篷式平送风，$N=20\,W$
12	风机盘管	FP-DP-07	台	1	顶篷式平送风，$N=35\,W$
13	风机盘管	FP-DP-08	台	1	顶篷式平送风，$N=35\,W$
14	变风量空调新风机组	BFP-30L	台	9	$Q=16.65\,kW$，$N=0.55\times1\,kW$
15	自垂式百叶送风口	600×400	个	38	
16	防火调节阀	400×200	个	18	
17	防火调节阀	300×200	个	10	
18	消防混流送风机	SWFI-7	台	2	$Q=18800\,m^3/h$，$N=3\,kW$
19	消防混流送风机	SWFI-7	台	2	$Q=15319\,m^3/h$，$N=3\,kW$
20	风机盘管	FP-DP-04	台	83	卧式暗装，$N=20\,W$
21	百叶风口	500×140	个	166	风机盘管送回风口
22	百叶风口	650×140	个	144	风机盘管送回风口
23	百叶风口	880×140	个	44	风机盘管送回风口
24	百叶风口	1010×140	个	32	风机盘管送回风口
25	百叶风口	760×140	个	48	风机盘管送回风口
26	吊顶式排气扇		个	175	
27	防火调节阀	200×200	个	175	
28	变风量空调新风机组	BFP-20L	台	2	$Q=10.63\,kW$，$N=0.37\times1\,kW$
29	屋顶式排风机	DWT-4	台	9	$Q=5300\,m^3/h$，$N=0.75\,kW$
30	混流排风机	SWFI-4	台	2	$Q=3053\,m^3/h$，$N=0.37\,kW$
31	防火调节阀	100×100	个	180	
32	膨胀水箱	1200×1200×1200	个	1	
33	自动排气阀		个	12	
34	风机盘管	FP-DP-05	台	72	卧式暗装，$N=20\,W$
35	风机盘管	FP-DP-06	台	24	卧式暗装，$N=20\,W$

续表

序号	名称	规格	单位	数量	备　注
36	风机盘管	FP-DP-07	台	22	卧式暗装，$N=20\,W$
37	风机盘管	FP-DP-08	台	16	卧式暗装，$N=20\,W$

（2）平面图

通风空调工程平面图识读一般可从风机或空调设备开始，以风机或空调设备为中心顺着风管查看风管走向、风管部件位置、风口位置等。风机或空调设备通常标注有设备编号，可以同时查看主要设备材料表了解设备参数。平面图上可看出风管规格、风管所需部件的型号、风口的型号规格等。同时，需要从设计施工说明中明确风管的材质、工程做法等。

（3）系统图

通风空调系统图的绘图原理与给排水系统图相同，轴测图以单线图绘制。识图时应与平面图对照，它主要反映风管的安装高度以及风管上各个部件的设置位置。

识图时注意风管上各个部件的图例与平面图的区别。

（4）大样图及详图

空调机房、冷水机房和屋面风机等设备和管道密集处，通常都绘有大样图或剖面图。通风空调大样图及详图主要是反映设备与风管的相对位置，安装或连接处做法等节点具体做法。要结合剖面图掌握设备、风管的安装位置和高度，设备、风管与供回水管的位置，设备的接管位置、高度，还有平面图上无法反映的内容，如风机盘管的送（回）风口的位置等。

通过剖面图还可以看到平面图上没有反映的一些部件，如送（回）风静压箱与机组要通过柔性减震连接等。

6.2　通风空调工程定额清单计价

通风空调工程浙江省内项目主要执行 2018 版《浙江安装定额》中的第七册《通风空调工程》。

该册定额适用于新建、扩建、改建项目中的通风空调工程。

6.2.1　定额的组成内容

第七册《通风空调工程》预算定额由五个定额章和两个附录组成。各定额章、附录的名称和排列顺序，以及各定额章所涵盖的子目编号如表 6-2 所示。

表 6-2　通风空调工程预算定额组成内容

定　额　章	名　　称	定额子目编号
一	通风空调设备及部件制作、安装	7-1-1～7-1-88
二	通风管道制作、安装	7-2-1～7-2-165

定　额　章	名　　称	定额子目编号
三	通风管道部件制作、安装	7-3-1～7-3-211
四	人防通风设备及部件制作、安装	7-4-1～7-4-38
五	通风空调工程系统调试	7-5-1～7-5-2
附录一	主要材料损耗率表	
附录二	风管、部件参数表	

6.2.2　定额的其他规定

① 通风设备、除尘设备为专供通风工程配套的各种风机及除尘设备。其他工业用风机（如热力设备用风机）及除尘设备安装应执行 2018 版《浙江安装定额》第一册《机械设备安装工程》、第二册《热力设备安装工程》相应定额。

② 空调系统中管道配管执行 2018 版《浙江安装定额》第十册《给排水、采暖、燃气工程》相应定额，制冷机机房、锅炉房管道配管执行 2018 版《浙江安装定额》第八册《工业管道工程》相应定额。

③ 刷油、防腐蚀、绝热工程，执行 2018 版《浙江安装定额》第十二册《刷油、防腐蚀、绝热工程》相应定额。

a. 薄钢板风管刷油按其工程量执行相应定额，仅外（或内）面刷油定额乘以系数 1.20，内外均刷油定额乘以系数 1.10（其法兰加固框、吊托支架已包括在此系数内）。

b. 薄钢板部件刷油按其工程量执行金属结构刷油项目，定额乘以系数 1.15。

c. 薄钢板风管、部件以及单独列项的支架，其除锈不分锈蚀程度，均按其第一遍刷油的工程量，执行 2018 版《浙江安装定额》第十二册《刷油、防腐蚀、绝热工程》中除轻锈的项目。

④ 安装在支架上的木衬垫或非金属垫料，发生时按实计入成品材料价格。

⑤ 定额中未包括风管穿墙、穿楼板的孔洞修补，发生时参照《浙江省房屋建筑与装饰工程预算定额》（2018 版）的相应定额。

⑥ 设备支架的制作安装、减振器、隔振垫的安装，执行 2018 版《浙江安装定额》第十三册《通用项目和措施项目工程》的相应定额。

⑦ 定额中部分内容是按常规使用的制作和安装合并考虑，如遇到需要单独计算制作或安装费用工程，制作和安装的人工、材料、机械拆分比例见表 6-3。

表 6-3　空调管道及部件制作和安装的人工、材料、机械比例表

序号	项目名称	制作/%			安装/%		
		人工	材料	机械	人工	材料	机械
1	空调部件及设备支架制作、安装	86	98	95	14	2	5
2	镀锌薄钢板法兰通风管道制作、安装	60	95	95	40	5	5
3	镀锌薄钢板共板法兰通风管道制作、安装	40	95	95	60	5	5

序号	项目名称	制作/%			安装/%		
		人工	材料	机械	人工	材料	机械
4	镀锌板法兰通风管道制作、安装	60	95	95	40	5	5
5	净化通风管道及部件制作、安装	40	85	95	60	15	5
6	不锈钢板通风管道及部件制作、安装	72	95	95	28	5	5
7	铝板通风管道及部件制作、安装	68	95	95	32	5	5
8	塑料通风管道及部件制作、安装	85	95	95	15	5	5
9	复合型风管制作、安装	60	—	99	40	100	1
10	风帽制作、安装	75	80	99	25	20	1
11	罩类制作、安装	78	98	95	22	2	5

【例6-1】某工程需要安装旧有镀锌薄钢板共板法兰通风400×320管道180 m²，试完成该项目综合单价计算表。本题安装费的人材机单价均按2018版《浙江安装定额》取定的基价考虑。管理费费率21.72%，利润率10.40%，风险不计，计算保留2位小数。

【解】按题意，安装旧有通风管道不需要计算通风管道主要材料费，仅计算安装费即可。

查表6-3，镀锌薄钢板共板法兰通风管道安装费中人工、材料、机械占制作安装总价的比例分别为60%、5%、5%。

查定额：镀锌薄钢板共板法兰通风400×320管道应套用定额7-2-13。

分别计算综合单价各组成费用：

人工费：390.15×60%=234.09（元）

材料费：99.16×5%=4.96（元）

机械费：114.28×5%=5.71（元）

管理费：（234.09+5.71）×21.72%=52.08（元）

利润：（234.09+5.71）×10.40%=24.94（元）

综合单价：234.09+4.96+5.71+52.08+24.94=321.78（元）

合计：321.78×18=5792.04（元）

计算结果如表6-4所示。

表6-4　综合单价计算表

定额编码	定额项目名称	计量单位	数量	综合单价/元						合计/元
				人工费	材料费	机械费	管理费	利润	小计	
7-2-13H	镀锌薄钢板共板法兰通风400×320管道安装	10 m²	18	234.09	4.96	5.71	52.08	24.94	321.78	5792.04

微课

例6-1讲解与学习

6.2.3 定额的套用及定额工程量计算

通风空调工程的定额工程量计算与定额套用内容主要围绕第七册《通风空调工程》定额的通风空调设备及部件、通风管道、通风管道部件、人防通风设备及部件的制作、安装以及通风空调工程系统调试五个定额章进行。

1. 通风空调设备及部件制作安装

本章主要包括空气加热器（冷却器）、除尘设备、空调器、多联体空调机室外机、风机盘管、空气幕、VAV 变风量末端装置、净化工作台、洁净室、风淋室、通风机、钢板密闭门、钢板挡水板安装以及滤水器、溢水盘、过滤器及框架等的制作安装。

（1）空气加热器（冷却器）、除尘设备安装

① 工作内容。开箱、检查设备及附件、吊装、找平、找正、加垫、螺栓固定、灌浆。

② 定额项目划分。根据设备重量划分项目。

③ 定额工程量计算。按设计图示数量计算，以"台"为计量单位。

（2）空调器安装

空调器安装分为整体式空调机组（吊式）安装、整体式空调机组（落地）安装、分体式及窗式空调器安装、组合式空调机组四类。

① 工作内容。开箱、检查设备及附件、吊装、找平、找正、灌浆、螺栓固定、单机试运转。

② 定额项目划分。整体式空调机组以制冷量（kW）大小划分项目。分体式空调器分墙上安装、落地安装、吸顶安装三类划分项目。组合式空调机组安装依据设计风量（m³/h）划分项目。

③ 定额工程量计算。整体式空调机组、分体式空调器安装按设计图示数量计算，分别以"台""套"为计量单位。

组合式空调机组安装依据设计风量，按设计图示数量计算，以"台"为计量单位。

④ 定额使用说明。成套分体空调器安装定额包含室内机、室外机安装，以及长度在 5 m 以内的冷媒管及其保温、保护层的安装、电气接线工作，未计价主材包含设备本体、冷媒管、保温及保护层材料、电线。

（3）多联体空调机室外机安装

① 工作内容。开箱、检查设备及附件、就位、找平、找正、固定。

② 定额项目划分。多联体空调机室外机以制冷量（kW）大小划分项目。

③ 定额工程量计算。多联体空调机室外机安装按设计图示数量计算，以"台"为计量单位。

（4）风机盘管安装

① 工作内容。开箱、检查设备及附件、试压、底座螺栓、打膨胀螺栓、制作安装吊架、胀塞、上螺栓、吊装、找平、找正、加垫、螺栓固定。

② 定额项目划分。风机盘管安装以落地式、吊顶式、壁挂式、卡式、嵌入式等几类安装形式划分项目。

③定额工程量计算。风机盘管安装按设计图示数量计算，以"台"为计量单位。

④定额使用说明。诱导器安装和多联式空调系统的室内机安装均执行风机盘管子目。

（5）空气幕安装

①工作内容。开箱、检查设备及附件、吊装、找平、找正、固定。

②定额项目划分。空气幕以幕长度进行项目划分。

③定额工程量计算。空气幕安装按设计图示数量计算，以"台"为计量单位。

（6）VAV变风量末端装置安装

①工作内容。开箱、检查设备及附件、底座螺栓、吊装、找平、找正、加垫、螺栓固定。

②定额项目划分。VAV变风量末端装置分为单风道型和风机动力型两类项目。

③定额工程量计算。VAV变风量末端装置安装按设计图示数量计算，以"台"为计量单位。

（7）钢板密闭门安装

①工作内容。找正、上螺栓、固定。

②定额项目划分。钢板密闭门分为单风道型和风机动力型两类，又分别根据密闭门大小划分项目。

③定额工程量计算。钢板密闭门安装按设计图示数量计算，以"个"为计量单位。

（8）钢板挡水板安装

①工作内容。找平、找正、上螺栓、固定。

②定额项目划分。钢板挡水板根据挡水板片距划分为两项。

③定额工程量计算。钢板挡水板安装按设计图示尺寸以空调器断面面积计算，以"m^2"为计量单位。

④定额使用说明。玻璃钢和PVC挡水板执行钢板挡水板安装子目。

（9）滤水器、溢水盘制作、安装

①工作内容。

制作：放样、下料、配制零件、钻孔、焊接上网、组合成型。

安装：找平、找正、焊接管道、固定。

②定额工程量计算。滤水器、溢水盘制作安装按设计图示尺寸以质量计算，以"kg"为计量单位。非标准部件制作安装按成品质量计算。

（10）过滤器、框架、净化工作台、洁净室、风淋室制作、安装

①工作内容。

过滤器安装：开箱、检查、配合钻孔、加垫、口缝涂密封胶、安装。

过滤器框架制作安装：放样、下料、制作、安装。

净化工作台、洁净室、风淋室安装：开箱、检查设备及附件、就位、找平、找正。

②定额项目划分。过滤器分为高效过滤器安装和中、低效过滤器安装两项。过滤器框架制作安装和净化工作台不分项。洁净室、风淋室根据重量划分项目。

③ 定额工程量计算。高、中、低效过滤器安装，净化工作台，风淋室安装按设计图示数量计算，以"台"为计量单位。过滤器框架制作安装按设计图示尺寸以质量计算，以"kg"为计量单位。

④ 定额使用说明。

低效过滤器包括 M-A 型、WL 型、LWP 型等系列。中效过滤器包括 ZKL 型、YB 型、M 型、ZX-1 型等系列。高效过滤器包括 GB 型、GS 型、JX-20 型等系列。净化工作台包括 XHK 型、BZK 型、SXP 型、SZP 型、SZX 型、SW 型、SZ 型、SXZ 型、TJ 型、CJ 型等系列。

（11）通风机安装

① 工作内容。

落地安装：开箱、检查设备及附件、底座螺栓、就位、找平、找正、垫垫、灌浆、螺栓固定、单机试运行。

吊式安装：开箱、检查设备及附件、吊装、找平、找正、垫垫、螺栓固定、单机试运行。

② 定额项目划分。通风机安装根据不同形式、规格划分项目。

③ 定额工程量计算。通风机安装按设计图示数量计算，以"台"为计量单位。

④ 定额使用说明。

a. 通风机安装子目包括电动机安装，其安装形式包括 A、B、C、D 等型，适用于碳钢、不锈钢、塑料通风机安装。

b. 卫生间通风器执行《第四册定额》中换气扇安装的相应定额。

c. 轴流式通风机如果安装在墙体里，参照轴流式通风机吊式安装的相应定额子目，人工、材料乘以系数 0.7。箱体式风机安装执行通风机安装的相应子目，基价乘以系数 1.2。

2. 通风管道制作、安装

本章内容包括镀锌薄钢板法兰通风管道制作、安装，镀锌薄钢板共板法兰通风管道制作、安装，薄钢板法兰通风管道制作、安装，镀锌薄钢板矩形净化通风管道制作、安装，不锈钢板通风管道制作、安装，铝板风管制作、安装，塑料风管制作、安装，玻璃钢通风管道安装，复合型风管制作、安装，柔性软风管安装，固定式挡烟垂壁安装，弯头导流叶片及其他等。

（1）工作内容

制作：放样、下料、卷圆、折方、轧口、咬口、制作直管、管件、法兰、吊托支架、钻孔、铆焊、上法兰、组对。

安装：找标高、配合预留孔洞、吊托支架制作安装、组装、风管就位、找平、找正、制垫、加垫、上螺栓、紧固。

（2）定额工程量计算

① 风管制作、安装以设计图示内径尺寸以展开面积计算，以"m²"为计量单位。不扣除检查孔、测定孔、送风口、吸风口等所占面积。

圆形风管　　　　　　　　　　$F = \pi D L$

式中　F——圆形风管展开面积，m²；

　　　　D——圆形风管直径，m；

　　　　L——管道中心线长度，m。

　　矩形风管按设计图示内周长乘以管道中心线长度计算。

　　② 风管长度均以设计图示中心线长度（主管与支管以其中心线交点划分）计算，包括弯头、变径管、天圆地方等管件的长度，但不包括部件所占长度。直径和周长以图示尺寸为准展开，咬口重叠部分已包括在定额内，不得另行增加。

　　③ 柔性软风管安装，按设计图示中心线长度计算，以"m"为计量单位。

　　④ 弯头导流叶片制作、安装，按设计图示叶片的面积计算，以"m^2"计算。风管导流叶片数由风管长边确定，可以参考表6-5。

表6-5　导流叶片长边确定片数

长边规格/mm	500	630	800	1000	1250	1600	2000
导流叶片数/片	4	4	6	7	8	10	12

　　每片导流叶片面积可参考表6-6。

表6-6　短边导流叶片与面积

短边规格/mm	200	250	320	400	500	630	800	1000	1250	1600	2000
每片面积/mm^2	0.075	0.091	0.114	0.140	0.170	0.216	0.273	0.425	0.502	0.623	0.755

　　⑤ 软管（帆布）接口制作按图示规格计算，以"m^2"为计量单位。

　　⑥ 风口检查孔制作、安装按设计图示尺寸以质量计算，以"kg"为计量单位。

　　⑦ 温度、风量测定孔制作、安装依据其型号，按设计图示数量计算，以"个"为计量单位。

　　⑧ 固定式挡烟垂壁按设计图示长度计算，以"m"为计量单位。

　　（3）定额使用说明

　　① 风管导流叶片不分单叶片和香蕉形双叶片均执行同一子目。

　　② 薄钢板通风管道、净化通风管道、玻璃钢通风管道、复合型风管制作安装子目中，包括弯头、三通、变径管、天圆地方等管件及法兰、加固框和吊托支架的制作安装，但不包括过跨风管落地支架，落地支架制作安装执行《第十三册定额》的相应定额。

　　③ 净化圆形风管制作安装执行本章净化矩形风管制作安装子目。

　　④ 净化风管涂密封胶按全部口缝外表面涂抹考虑。如设计要求口缝不涂抹而只在法兰处涂抹时，每10 m^2风管应减去密封胶1.5 kg和0.37工日。

　　⑤ 净化风管及部件制作安装子目中，型钢未包括镀锌费，如设计要求镀锌时，应另加镀锌费。

　　⑥ 净化通风管道子目按空气洁净度100000级编制。

　　⑦ 不锈钢板风管、铝板风管制作安装子目中包括管件，但不包括法兰和吊托支架，法兰和吊托支架应单独列项计算，执行相应子目。

　　⑧ 不锈钢板风管咬口连接制作安装参照本章镀锌薄钢板法兰风管制作安装子

目，其中材料乘以系数 3.5，不锈钢法兰和吊托支架不再另外计算。

⑨ 风管制作安装子目规格所表示的直径为内径，边长为内边长。

⑩ 塑料风管制作安装子目中包括管件、法兰、加固框，但不包括吊托支架制作安装，吊托支架执行《第十三册定额》的相应定额。

⑪ 塑料风管制作安装子目中的法兰垫料如与设计要求使用品种不同时可以换算，但人工消耗量不变。

⑫ 塑料通风管道胎具材料摊销费的计算方法：塑料风管管件制作的胎具摊销材料费，未包括在内，按以下规定另行计算。

a. 风管工程量在 30 m² 以上的，每 10 m² 风管的胎具摊销木材为 0.06 m³，按材料价格计算胎具材料摊销费。

b. 风管工程量在 30 m² 以下的，每 10 m² 风管的胎具摊销木材为 0.09 m³，按材料价格计算胎具材料摊销费。

⑬ 玻璃钢风管定额中未计价主材在组价时应包括同质法兰和加固框，其重量暂按风管全重的 15% 计。风管修补应由加工单位负责。

⑭ 软管接头如使用人造革而不使用帆布时可以换算。

⑮ 子目中的法兰垫料按橡胶板编制，如与设计要求使用的材料品种不同时可以换算，但人工消耗量不变。使用泡沫塑料者，每 1 kg 橡胶板换算为泡沫塑料 0.125 kg；使用闭孔乳胶海绵者，每 1 kg 橡胶板换算为闭孔乳胶海绵 0.5 kg。

⑯ 柔性软风管适用于由金属、涂塑化纤织物、聚酯、聚乙烯、聚氯乙烯薄膜、铝箔等材料制成的软风管。

⑰ 固定式挡烟垂壁适用于防火玻璃和挡烟布等材料制成的固定式挡烟垂壁。

【例 6-2】镀锌薄钢板法兰风管制作安装 $\phi500$，$\delta=0.75$ mm，长度 10 m，镀锌薄钢板 $\delta=0.75$ mm，价格为 45 元/m²。试完成该项目综合单价计算表。本题安装费的人材机单价均按 2018 版《浙江安装定额》取定的基价考虑。管理费费率 21.72%，利润率 10.40%，风险不计，计算保留 2 位小数。

【解】风管展开面积 $F=\pi DL=3.14\times0.5\times10=15.7$（m²）

套用定额 7-2-3，计量单位为 10 m²，镀锌薄钢板法兰风管制作安装基价为 713.7 元。

综合单价组成费用：

人工费：533.25 元

材料费：

其中，计价材料费：169.16 元

未计价主要材料费：11.38×45=512.1（元）

材料费合计：169.16+512.1=681.26（元）

机械费：11.29 元

管理费：（533.25+11.29）×21.72%=118.27（元）

利润：（533.25+11.29）×10.40%=56.63（元）

综合单价：533.25+681.26+11.29+118.27+56.63=1400.70（元）

合计：1400.70×1.57＝2199.10（元）

计算结果如表6-7所示。

表6-7 综合单价计算表

定额编码	定额项目名称	计量单位	数量	综合单价/元						合计/元
				人工费	材料费	机械费	管理费	利润	小计	
7-2-3	镀锌薄钢板法兰通风管道φ500安装	10 m²	1.57	533.25	681.26	11.29	118.27	56.63	1400.70	2199.10

3. 通风管道部件制作、安装

这部分内容包括通风管道各种调节阀、风口、散流器、消声器的安装及静压箱、风帽、罩类的制作与安装等。

（1）调节阀安装

① 工作内容。量孔、钻孔、对口、校正、垫垫、加垫、上螺栓、紧固、试动。

② 定额项目划分。分别按不同类型、型号规格划分。

③ 定额工程量计算。碳钢调节阀安装依据其类型、直径（圆形）或周长（方形），按设计图示数量计算，以"个"为计量单位。

④ 定额使用说明。

a. 碳钢阀门安装定额适用于玻璃钢阀门安装，铝及铝合金阀门安装执行本章碳钢阀门安装的相应定额，人工乘以系数0.8。

b. 蝶阀安装子目适用于圆形保温蝶阀，方形、矩形保温蝶阀，圆形蝶阀，方形、矩形蝶阀；风管止回阀安装子目适用于圆形风管止回阀、方形风管止回阀。

c. 对开多叶调节阀安装定额适用于密闭式对开多叶调节阀与手动式对开多叶调节阀安装。

d. 计算风管长度时不包括部件所占长度，因此计算风管长度要减去部件所占长度，部件长度一般如表6-8所示。

表6-8 通风阀门长度表

部 件 名 称	部 件 长 度
蝶阀	200 mm
止回阀	300 mm
对开调节阀	210 mm
圆形防火阀	$D \leqslant 320$ mm，$L = 210$ mm $D > 320$ mm，$L = 320$ mm
矩形防火阀	$A \leqslant 630$ mm，$L = 210$ mm $A > 630$ mm，$L = 250$ mm

【例6-3】手动对开多叶调节阀安装，规格400×320，主材价格110元/个，T308-1 10只，试完成该项目综合单价计算表。本题安装费的人材机单价均按2018版《浙江安装定额》取定的基价考虑。管理费费率21.72%，利润率10.40%，风险不计，计算保留2位小数。

【解】调节阀周长为1440mm，安装套用定额7-3-26，计量单位为"个"，基价为44.16元。分别计算综合单价各组成费用：

人工费：31.59元

材料费：

其中，计价材料单价：9.04元

未计价主要材料费：1.000×110=110（元）

材料费合计：9.04+110=119.04（元）

机械费：3.53元

管理费：(31.59+3.53)×21.72%=7.63（元）

利润：(31.59+3.53)×10.40%=3.65（元）

综合单价：31.59+119.04+3.53+7.63+3.65=165.44（元）

合计：165.44×10=1654.41（元）

计算结果如表6-9所示。

表6-9　综合单价计算表

定额编码	定额项目名称	计量单位	数量	综合单价/元						合计/元
				人工费	材料费	机械费	管理费	利润	小计	
7-3-26	对开多叶调节阀安装周长2800以内400×320	个	10	31.59	119.04	3.53	7.63	3.65	165.44	1654.41

（2）风口安装

① 工作内容。对口、上螺栓、制垫、加垫、找正、找平、固定、试动、调整。

② 定额项目划分。分别按不同类型、型号规格划分。

③ 定额工程量计算。按设计图示数量计算，以"个"为计量单位。

④ 定额使用说明。

a. 木风口、碳钢风口、玻璃钢风口安装，执行铝合金风口的相应定额，人工乘以系数1.2。

b. 送吸风口安装定额适用于铝合金单面送吸风口、双面送吸风口。

c. 风口的宽与长之比小于或等于0.125为条缝形风口，执行百叶风口的相关定额，人工乘以系数1.1。

d. 铝制孔板风口如需电化处理时，电化费另行计算。

e. 风机防虫网罩安装执行风口安装相应定额，基价乘以系数0.8。

f. 带调节阀（过滤器）百叶风口安装、带调节阀散流器安装，执行铝合金风口安装的相应定额，基价乘以系数1.5。

【例6-4】单层铝合金百叶风口安装，规格400×240，主材价格60元/个，10只。试完成该项目综合单价计算表。本题安装费的人材机单价均按2018版《浙江安装定额》取定的基价考虑。管理费费率21.72%，利润率10.40%，风险不计，计算保留2位小数。

例6-4讲解与学习

【解】风口周长为1280 mm，安装套用定额7-3-43，计量单位为"个"。分别计算综合单价各组成费用：

人工费：12.56元

材料费：

其中，计价材料费：3.73元

未计价主要材料费：$1.000×60=60$（元）

材料费合计：$3.73+60=63.73$（元）

机械费：0.12元

管理费：$(12.56+0.12)×21.72\%=2.75$（元）

利润：$(12.56+0.12)×10.40\%=1.32$（元）

综合单价：$12.56+63.73+0.12+2.75+1.32=80.48$（元）

合计：$80.48×10=804.83$（元）

计算结果如表6-10所示。

表6-10　综合单价计算表

定额编码	定额项目名称	计量单位	数量	综合单价/元						合计/元
				人工费	材料费	机械费	管理费	利润	小计	
7-3-43	百叶风口安装周长1280以内400×240	个	10	12.56	63.73	0.12	2.75	1.32	80.48	804.83

（3）风帽安装

① 工作内容。

制作：放样、下料、卷制、咬口、制作法兰、零件、钻孔、铆焊、组装。

安装：找正、找平、制垫、加垫、上螺栓、拉箏绳、固定。

② 定额项目划分。根据材质、形状、重量划分项目。

③ 定额工程量计算。

a. 铝板圆伞形风帽的制作，铝板风管圆、矩形法兰制作按设计图示尺寸以质量计算，以"kg"为计量单位。

b. 碳钢风帽的制作与安装均按其质量以"kg"为计量单位；非标准风帽制作与安装按成品质量以"kg"为计量单位。风帽为成品安装时制作不再计算。

c. 碳钢风帽箏绳制作与安装按设计图示规格长度以质量计算，以"kg"为计量单位。

d. 碳钢风帽泛水制作与安装按设计图示尺寸以展开面积计算，以"m²"为计量单位。

e. 玻璃钢风帽安装依据成品质量按设计图示数量计算，以"kg"为计量单位。

④ 定额使用说明。

a. 定额包括各型风帽，为系统末端装置，分为伞形、锥形及筒形风帽，附件有滴水盘、泛水、筝绳。

b. 定额基价为制作和安装完全价格，可按册说明规定的制作安装划分比例，分别组成制作及安装定额基价。

（4）罩类制作安装

① 工作内容。

制作：放样、下料、卷圆、制作罩体、来回弯、零件、法兰、钻孔、铆焊、组合成型。

安装：埋设支架、吊装、对口、找正、制垫、加垫、上螺栓、固定配重环及钢丝绳。

② 定额项目划分。根据罩的形式划分项目。

③ 定额工程量计算。罩类的制作与安装均按其质量以"kg"为计量单位。

④ 定额使用说明。

a. 定额包括皮带防护罩、电动机防雨罩、侧吸罩、中小型零件焊接台排气罩、整体分组式槽边侧吸罩、吹吸式槽边通风罩、各型风罩调节阀、条缝槽边抽风罩、泥心烘炉排气罩、升降式回转排气罩、上下吸式圆形回转罩、升降式排气罩、手锻炉排气罩等制作安装项目。

b. 定额中未包括的排气罩套用近似子目。

c. 定额基价为制作和安装完全价格，为成品安装时不再计算制作费用，可按册说明规定的制作安装划分比例，分别组成制作及安装定额基价。

（5）消声器安装

① 工作内容。吊托支架制作安装、组对、找正、找平、制垫、上螺栓、固定。

② 定额项目划分。根据消声器类型和型号规格划分项目。

③ 定额工程量计算。微穿孔板消声器、管式消声器、阻抗式消声器成品安装、消声弯头安装按设计图示数量计算，以"个"为计量单位。

④ 定额使用说明。

a. 定额包括微穿孔板消声器、管式消声器、阻抗式消声器、片式消声器、消声弯头安装等项目。

b. 消声器安装支吊架，应另列项目计算。

c. 各式消声器除锈、刷油套用《第十二册定额》中的有关定额子目。

d. 定额基价为制作和安装完全价格，可按册说明规定的制作安装划分比例，分别组成制作及安装定额基价。

【例6-5】阻抗式消声器规格1000×600，$L = 1000$ mm 安装，主材价格960元/个，共5个，试完成该项目综合单价计算表。本题安装费的人材机单价均按2018版《浙江安装定额》取定的基价考虑。管理费费率21.72%，利润率10.40%，风

例6-5讲解与学习

险不计,计算保留2位小数。

【解】消声器周长为3200 mm,安装套用定额7-3-187,计量单位为"个"。分别计算综合单价各组成费用:

人工费:274.46元

材料费:

其中,计价材料费:115.68元

未计价主要材料费:1.00×960=960(元)

材料费合计:115.68+960=1075.68(元)

机械费:0元

管理费:(274.46+0)×21.72%=59.61(元)

利润:(274.46+0)×10.40%=28.54(元)

综合单价:274.46+1075.68+0+59.61+28.54=1438.30(元)

合计:1438.30×5=7191.48(元)

计算结果如表6-11所示。

表6-11　综合单价计算表

定额编码	定额项目名称	计量单位	数量	综合单价/元						合计/元
				人工费	材料费	机械费	管理费	利润	小计	
7-3-187	阻抗式消声器安装周长4000以内1000×600	个	5	274.46	1075.68	0	59.61	28.54	1438.30	7191.48

(6)静压箱制作、安装

① 工作内容。

安装:吊装、组对、制垫、加垫、找平、找正、紧固固定。

制作:放样、下料、折方、咬口、开孔、制作箱体、出口短管及加固框、铆铆钉、嵌缝、焊锡。

贴吸音棉:放样、下料、粘贴。

② 定额项目划分。静压箱安装根据静压箱展开面积大小划分;静压箱制作划分为静压箱制作和贴吸音材料项目。

③ 定额工程量计算。静压箱安装按设计图示数量计算,以"个"为计量单位;静压箱制作按设计图示尺寸以展开面积计算,以"m^2"为计量单位。

(7)设备支架制作安装

依据册说明,设备支架的制作安装,减振器、隔振垫的安装,执行《第十三册定额》的相应定额。

依据章说明,薄钢板通风管道、净化通风管道、玻璃钢通风管道、复合型风管制作安装子目中,包括法兰、加固框和吊托支架的制作安装,但不包括过跨风管落地支架,落地支架制作安装执行《第十三册定额》的相应定额。

依据章说明，不锈钢板风管、铝板风管制作安装子目中不包括法兰和吊托支架，法兰和吊托支架应单独列项计算，执行相应子目。

依据章说明，塑料风管制作安装子目中包括管件、法兰、加固框，但不包括吊托支架制作安装，吊托支架执行《第十三册定额》的相应定额。

① 工作内容。

设备支架制作：切断、调直、煨制、钻孔、组对、焊接。

设备支架安装：打、堵洞眼，就位，固定，安装。

管道支吊架制作安装：准备工作、切断、煨制、钻孔、焊接、打洞、固定安装、堵洞。

成品抗震支架安装：打、堵洞眼，支架安装。

② 定额项目划分。

定额项目划分为管道支架制作、安装，成品抗震支架安装，设备支架制作、安装。设备支架根据单件重量划分类别。

③ 定额工程量计算。支架制作安装（成品抗震支架除外）均按施工图设计尺寸，以成品质量"kg"为计量单位。

成品抗震支架安装按施工图示数量，以"副"为计量单位。

④ 定额使用说明。

a. 支架制作安装不包括除锈、刷油防腐工作，应另行计算，套用《第十三册定额》中的有关定额子目。

b. 管道支架制作安装项目，如单件质量大于 100 kg，应执行设备支架制作、安装相应项目。

c. 弹簧式管架制作，不包括弹簧本身的价格，其价格应另行计算。

4. 人防通风设备及部件制作、安装

这部分内容包括人防设备工程中通风及空调设备安装，通风管道部件制作安装，防护设备、设施安装。

（1）定额工程量计算

① 人防通风机安装按设计图示数量计算，以"台"为计量单位。

② 人防各种调节阀制作、安装按设计图示数量计算，以"个"为计量单位。

③ LWP 型滤尘器安装按设计图示尺寸以面积计算，以"m^2"为计量单位。

④ 探头式含磷毒气及 γ 射线报警器安装按设计图示数量计算，以"台"为计量单位。

⑤ 过滤吸收器、预滤器、除湿器等安装按设计图示数量计算，以"台"为计量单位。

⑥ 密闭穿墙管制作、安装按设计图示数量计算，以"个"为计量单位。密闭穿墙管填塞按设计图示数量计算，以"个"为计量单位。

⑦ 测压装置安装按设计图示数量计算，以"套"为计量单位。

⑧ 换气堵头安装按设计图示数量计算，以"个"为计量单位。

⑨ 波导窗安装按设计图示数量计算，以"个"为计量单位。

（2）定额使用说明

① 电动密闭阀安装执行手动密闭阀安装子目，人工乘以系数 1.05。

②手动密闭阀安装子目包括一副法兰、两副法兰螺栓及橡胶石棉垫圈。如为一侧接管时，人工乘以系数0.6，材料、机械乘以系数0.5。不包括吊托支架制作与安装，如发生执行《第十三册定额》的相应定额。

③滤尘器、过滤吸收器安装子目不包括支架制作安装，其支架制作安装执行《第十三册定额》的相应定额。

④探头式含磷毒气报警器安装包括探头固定板和三角支架制作、安装。

⑤γ射线报警器定额已包含探头安装孔孔底电缆套管的制作与安装，但不包括电缆敷设。如设计电缆穿管长度大于0.5 m，超过部分另外执行相应子目。地脚螺栓（M12×200，6个）按与设备配套编制。

⑥密闭穿墙管填塞定额按油麻丝、黄油封堵考虑，如填料不同，不做调整。

⑦密闭穿墙管制作安装分类：Ⅰ型为薄钢板风管直接浇入混凝土墙内的密闭窗墙管；Ⅱ型为取样管用密闭穿墙管；Ⅲ型为薄钢板风管通过套管穿墙的密闭穿墙管。

⑧密闭穿墙管按墙厚0.3 m编制，如与设计墙厚不同，管材可以换管，其余不变；Ⅲ型穿墙管项目不包括风管本身。

⑨密闭穿墙套管为成品安装时，按密闭穿墙管制作安装定额乘以系数0.3，穿墙管主材另计。

5. 通风空调工程系统调试

此部分定额为通风空调工程系统调试项目。

（1）工作内容

通风空调系统：通风管道漏光试验、漏风试验、风量测定、温度测定、各系统风口阀门调整。

变风量系统：通风管道漏光试验、漏风试验、风系统平衡调试。

（2）定额工程量计算

通风空调工程系统调试费按通风空调系统工程人工总工日数，以"100工日"为计量单位。

变风量空调风系统调试费按变风量空调风系统工程人工总工日数，以"100工日"为计量单位。

（3）定额使用说明

空调水系统调试费执行《第十册定额》中预算定额相关子目。

【例6-6】某通风空调工程系统调试，人工总工日数为520工日。试完成该项目综合单价计算表。本题安装费的人材机单价均按2018版《浙江安装定额》取定的基价考虑。管理费费率21.72%，利润率10.40%，风险不计，计算保留2位小数。

【解】通风空调工程系统调试套用定额7-5-1，计量单位为100工日。分别计算综合单价各组成费用：

人工费：330.75元

材料费：

其中，计价材料费：577.40元

此项无未计价主材。

材料费合计：577.40+0＝577.40（元）

例6-6讲解
与学习

机械费：0 元

管理费：（330.75+0）×21.72%=71.84（元）

利润：（330.75+0）×10.40%=34.40（元）

综合单价：330.75+577.4+0+71.84+34.40=1014.39（元）

合计：1014.39×5.2=5274.81（元）

计算结果如表 6-12 所示。

表 6-12　综合单价计算表

定额编码	定额项目名称	计量单位	数量	综合单价/元						合计/元
				人工费	材料费	机械费	管理费	利润	小计	
7-5-1	通风空调系统调试费	100 工日	5.2	330.75	577.40	0	71.84	34.40	1014.39	5274.81

6.3　通风空调工程国标清单计价

6.3.1　工程量清单计价基础

通风空调工程工程量清单计价主要根据 2013 版《通用安装工程计算规范》附录 G "通风空调工程"编制。附录 G 由通风空调设备及部件制作安装、通风管道制作安装、通风管道部件制作安装、通风工程检测调试和相关问题及说明 5 部分组成。

工程量清单计算规范在实际应用过程中要注意以下几点。

① 清单编码与定额编号的区别。

② 清单项目与定额项目的区别。

③ 清单计算规则及计量单位与定额计算规则及计量单位的区别。

④ 清单工作内容与定额工作内容的区别。

通风空调工程部分清单项目所含工作内容如表 6-13 所示。

表 6-13　通风空调工程部分清单项目所含工作内容

系统组成	项目编码	项目名称	计量单位	所含工程内容
通风及空调设备及部件制作安装	030701003	空调器	台	① 本体安装或组装、调试 ② 设备支架制作、安装 ③ 补刷（喷）油漆
	030701004	风机盘管		① 本体安装、调试 ② 支架制作、安装 ③ 试压 ④ 补刷（喷）油漆

续表

系统组成	项目编码	项目名称	计量单位	所含工程内容
通风管道制作安装	030702001	碳钢通风管道	m²	① 风管、管件、法兰、零件、支吊架制作、安装 ② 过跨风管落地支架制作、安装
	030702007	复合型风管		① 风管、管件安装 ② 支吊架制作、安装 ③ 过跨风管落地支架制作、安装
通风管道部件制作安装	030703001	碳钢阀门	个	① 阀体制作 ② 阀体安装 ③ 支架制作、安装
	030703011	铝及铝合金风口、散流器		① 风口制作安装 ② 散流器制作、安装
通风工程检测、调试	030704001	通风工程检测、调试	系统	① 通风管道风量测定 ② 风压测定 ③ 温度测定 ④ 各系统风口、阀门调整

6.3.2　工程量清单编制

1. 工程量清单计价基础

清单定额工程量计算规则与定额工程量计算规则基本相同。例如：风管制作、安装以设计图示内径尺寸以展开面积计算，以"m²"为计量单位。不扣除检查孔、测定孔、送风口、吸风口等所占面积。

矩形风管按图示内周长乘以管道中心线长度计算。

风管长度计算一律以设计图示中心线长度（主管与支管以其中心线交点划分），包括弯头、三通、变径管、天圆地方等管件的长度，但不包括部件所占长度。风管展开面积不包括风管、管口重叠部分面积。风管渐缩管：圆形风管按平均直径；矩形风管按平均周长。

2. 工程量清单编制

工程量清单必须载明项目编码、项目名称、项目特征、计量单位和工程量。工程量清单按照国家"计价规范"编列清单子目的，即为国标工程量清单。按照浙江省定额编列清单子目的，即为定额工程量清单。

工程量清单应以单位工程为单位编制，应由分部分项工程项目清单、措施项目清单、其他项目清单、规费和税金项目清单组成。编制工程量清单时，遇"计价规范"、浙江省"计价依据"缺项的，由编制人根据"计价规范"和浙江省有关缺项规定自行补充，并在工程量清单编制说明中明确该项目包含范围、工作内容及定额工程量计算规则。

在实际操作过程中，描述项目特征应严格按照计价规范对于清单工作内容的提示进行。在计价规范中，每个清单项目都编列了该项目可能包括的工作内容，清单计价时应根据工程情况，实际发生了哪些工作就编列哪些工作，实际没有发生的工作内容就不能编列。

【例6-7】空调机房内镀锌薄钢板风管规格800×400，板厚$\delta=0.75$，制作安装长度为200 m，吊架制作安装1680 kg，设计要求吊架除轻锈、刷红丹漆防锈及银粉漆各两道。试根据2013版《通用安装工程计算规范》编制该项目工程量清单。

【解】根据清单计价规范要求，镀锌薄钢板风管制作安装项目编码为"030702001"，根据编码规则，编制清单时需加顺序码，所以项目编码为"030702001001"；计量单位根据清单计算规范为"m^2"。该项目工程量清单如表6-14所示。

例6-7讲解与学习

表6-14　分部分项工程量清单

项目编码	项目名称	项目特征	单位	数量
030702001001	碳钢通风管道	镀锌薄钢板送风法兰连接风管800×400，$\delta=0.75$，设计要求吊架除轻锈、刷红丹漆防锈及银粉漆各两道	m^2	480

6.3.3　工程量清单计价编制

工程量清单计价格式应按2018版《浙江省计价规则》第10章的规定执行。措施项目中的安全文明施工费、规费和税金的费率必须按本规则的有关规定计取，不得作为竞争性费用。综合单价中应包括招标文件中划分的应由投标人承担的风险范围及其费用，并在招标文件、合同中明确计价中的风险内容及范围，不得采用无限风险、所有风险或类似语句规定计价中的风险内容及范围。

工程量清单计价的编制关键在于计算清单项目的综合单价。在工程量清单计价过程中一定要明确：一条清单项目包含的工作内容要和一条或若干条定额项目包含的工作内容相同，由这些定额项目组成清单项目的综合单价。

表6-15举例列明了计价规范清单项目的工作内容和实际发生的工作内容对比。风机盘管采购时自带成品支架，因此，实际发生的工作内容减少了支架制作和支架刷漆。当可能发生的工作内容与实际发生的工作内容不同时，应该按实际发生的工作内容进行清单组价。

表6-15　计价规范清单项目的工作内容和实际发生的工作内容对比

项目编码	项目名称	可能发生的工作内容	实际发生的工作内容
030701004	风机盘管	① 本体安装、调试 ② 支架制作、安装 ③ 试压 ④ 补刷（喷）油漆	① 本体安装、调试 ② 支架安装 ③ 试压

【例6-8】在【例6-7】中，设计要求吊架除轻锈、刷防锈漆两遍，刷银粉漆两遍。按一般计税法中值考虑相关费率，暂不考虑风险费用。$\delta=0.75$镀锌薄钢板主材价50元/m^2，酚醛防锈漆10元/kg，银粉漆22元/kg。试根据2013版《通用安装工程计算规则》、2018版《浙江省计价规则》、2018版《浙江安装定额》列表计算其综合单价并计算合价。

【解】其工程量清单项目所包括的定额项目如表6-14所示，该清单项目的综合单价计算如表6-16所示。

例6-8讲解与学习

单位（专业）工程名称：

表6-16 工程量清单综合单价计算表

| 序号 | 编号 | 名称 | 计量单位 | 数量 | 综合单价/元 | | | | | | 合计/元 |
					人工费	材料费	机械费	管理费	利润	小计	
1	30702001001	镀锌薄钢板送风法兰连接风管 800×400，δ=0.75	m²	480	42.49	78.45	2.02	9.67	4.63	137.25	65881.74
	7-2-8	镀锌薄钢板矩形风管，长边长800	10 m²	48	395.55	768.87	10.99	88.30	42.28	1305.99	62687.55
	12-1-5	一般钢结构手工除锈（轻锈）	100 kg	16.8	20.93	1.53	8.75	6.45	3.09	40.74	684.49
	12-2-53	一般钢结构刷红丹防锈漆（第一遍）	100 kg	16.8	16.20	13.22	4.38	4.47	2.14	40.41	678.89
	12-2-54	一般钢结构刷红丹防锈漆（第二遍）	100 kg	16.8	15.66	10.90	4.38	4.35	2.08	37.38	627.93
	12-2-58	一般钢结构刷银粉漆（第一遍）	100 kg	16.8	15.53	10.07	4.38	4.32	2.07	36.38	611.10
	12-2-59	一般钢结构刷银粉漆（第二遍）	100 kg	16.8	15.53	8.92	4.38	4.32	2.07	35.23	591.78

6.4　通风空调工程计价案例

6.4.1　工程概况

本工程为某多功能厅空调系统工程，地点在市区。采用工程量清单计价法编制该工程施工图预算价及投标控制价。

1. 工程施工图

空调工程平面图如图 6-1 所示，A—A 剖面图如图 6-2 所示。

2. 施工图识读

① 图中标高为相对标高，以本层室内地坪为±0.00；风管采用镀锌薄钢板，风管采用带铝箔离心玻璃棉保温，$\delta = 30\,\text{mm}$；防火阀设置独立的支吊架。

② 空调器吊装在机房内，空调机房 A 轴外墙上有一个带新风调节阀的风管 500×400（新风管）。新风管的外墙侧装有新风铝合金防雨百叶风口，风口大小为 500×400。新风经过新风调节阀，进入空调器经过冷（热）处理后经过消声器。空调器出口为 1300×600，消声器入口为 1250×400。因此，此段风管为渐缩管。进入送风管 1250×400，在这里分出三个分支管 800×250，分支管 800×250 出空调机房处分别设置防火调节阀，在分支管上设置有 240×240 方形散流器共 6 个，送风通过这些散流器进入多功能厅。在空调机房②轴内墙上，有一个消声百叶风口（这是回风口）。大部分回风经过消声百叶风口回到空调机房，与新风混合后被吸入空调器进风口，完成一次循环，另外一小部分室内空气经门窗缝隙渗出室外，整个气流组织为上送下回。

③ 由 A—A 剖面图可以看出房间层高为 6 m，吊顶离地高度为 3.5 m，空调风管吊装在吊顶内，送风口直接开在吊顶上，风管底部标高为 4.25 m。

3. 计价要求

以《清单计价规范》、2013 版《通用安装工程计算规范》、2018 版《浙江省计价规则》、2018 版《浙江安装定额》及《关于增值税调整后我省建设工程计价依据增值税税率及有关计价调整的通知》（浙建建发〔2019〕92 号）为计价依据。主要材料价格为当地市场信息价。

按招标控制价要求计价，企业管理费、利润等费率按一般计税法中值确定。施工技术措施费考虑脚手架搭拆费，组织措施费仅计取安全文明施工费。

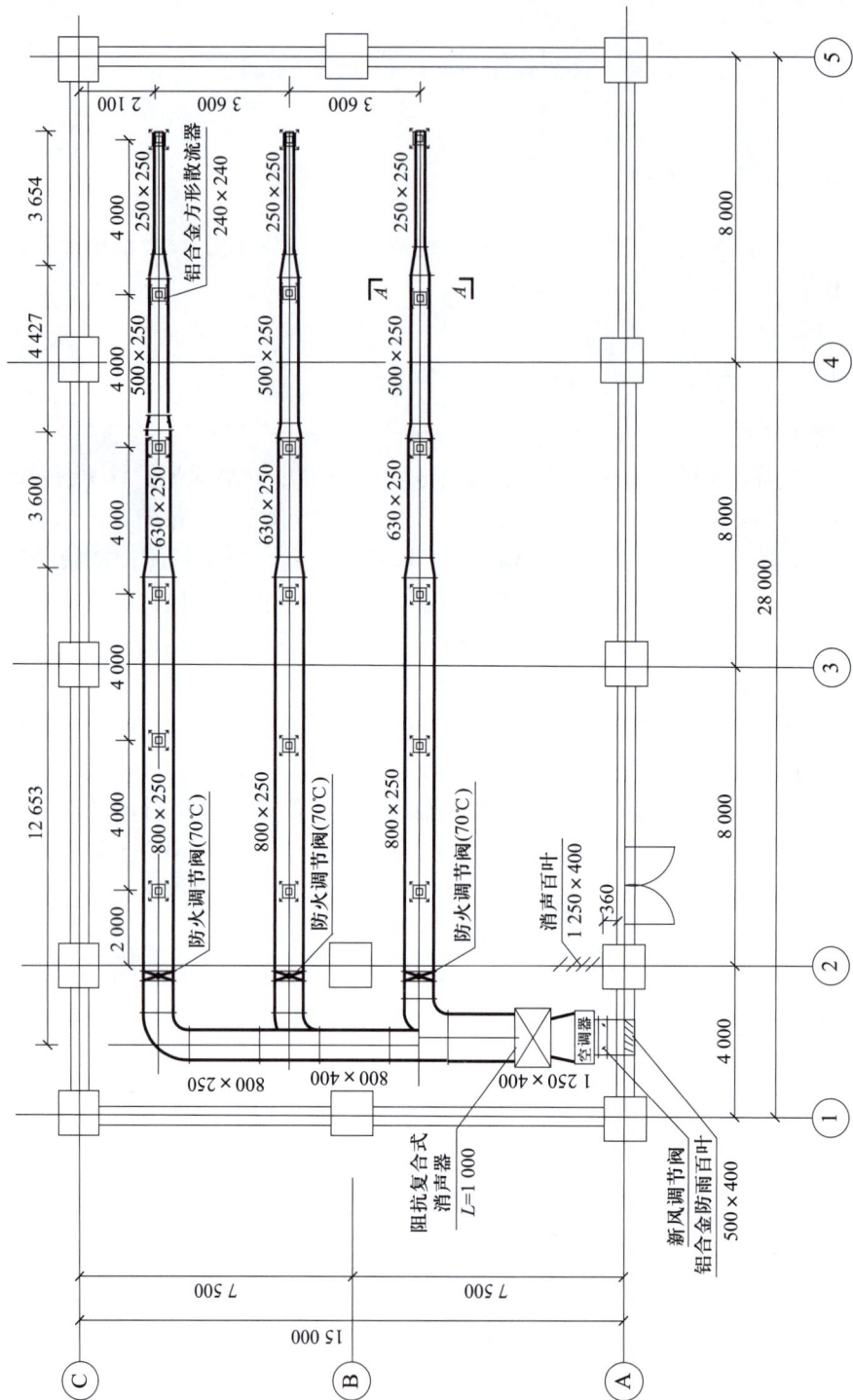

图6-1　空调工程平面图

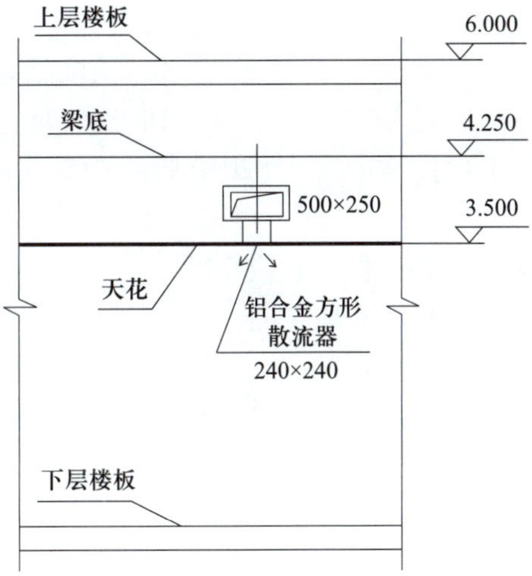

图 6-2 *A—A* 剖面图

6.4.2 工程量计算

1. 工程量的计算

依据定额工程量计算规则，计算工程量，详见二维码"通风空调工程计价案例定额工程量计算表"。

2. 工程量的汇总

根据定额分项类别划分，将相同项合并，完成工程量汇总计算，列出工程量，详见二维码"通风空调工程计价案例工程量汇总表"。

6.4.3 定额清单计价

应用定额清单计价法，采用品茗胜算造价计控软件编制，具体详见二维码"通风空调工程计价案例定额清单计价编制"。

6.4.4 国标清单计价

应用国标清单计价法，采用品茗胜算造价计控软件编制，具体详见二维码"通风空调工程计价案例国标清单计价编制"。

思考与练习

一、单选题

1. 根据 2013 版《通用安装工程计算规范》，下列项目以"m"为计量单位的是（　　）。

  A. 碳钢通风管　　　　　　　　　　B. 塑料通风管

  C. 柔性软风管　　　　　　　　　　D. 净化通风管

2. 在《浙江省安装工程预算定额》（2010 版）中，诱导器套用（　　　）

通风空调工程计价案例定额工程量计算表

通风空调工程计价案例工程量汇总表

通风空调工程计价案例定额清单计价编制

通风空调工程计价案例国标清单计价编制

定额。

  A. 风机   B. 风机盘管

  C. 空调器   D. 空气幕

  3. 在《浙江省安装工程预算定额》（2010 版）中，空调系统中管道配管执行的定额是（   ）。

  A. 第四册《电气设备安装工程》相应定额

  B. 第八册《工业管道工程》相应定额

  C. 第九册《消防工程》相应定额

  D. 第十册《给排水、采暖、燃气工程》相应定额

  4. 在《浙江省安装工程预算定额》（2010 版）中，制冷机房管道配管执行的定额是（   ）。

  A. 第四册《电气设备安装工程》相应定额

  B. 第八册《工业管道工程》相应定额

  C. 第九册《消防工程》相应定额

  D. 第十册《给排水、采暖、燃气工程》相应定额

  5. 在《浙江省安装工程预算定额》（2010 版）中，风管检查孔制作安装以（   ）为计量单位。

  A. 个   B. m^2

  C. m^3 D. kg

  6. 在《浙江省安装工程预算定额》（2010 版）中，溢水盘制作安装以（   ）为计量单位。

  A. 个   B. m^2

  C. m^3 D. kg

  7. 下列说法不正确的是（   ）。

  A. 空调管道支架上的木衬垫按实计入成品材料价格

  B. 通风机安装子目包括电动机安装

  C. 安装在墙体里的轴流式通风机，参照吊式安装的相应定额子目

  D. 塑料风管制作安装子目中的法兰垫料如与设计要求使用品种不同时不得换算

  8. 工程量清单的编制内容中，组成分部分项工程量清单的五个要件是（   ）。

  A. 项目编码、项目名称、项目计价、计量单位和工程量

  B. 项目名称、项目特征、项目计价、计量单位和工程量

  C. 项目编码、项目名称、项目特征、计量单位和工程量

  D. 项目计价、项目编码、项目名称、项目特征和计量单位

  9. 工程量清单的编制内容中，（   ）是指招标阶段直至签订合同协议时，招标人在招标文件中提供的用于支付必然发生但暂时不能确定价格的材料以及专业工程的金额。

  A. 暂列金额   B. 工程定额测定费

C. 暂估价   D. 总承包服务费

10. 分部分项工程量清单与计价表中，（　　）集中反映了构成每一个清单项目综合单价的各个价格要素的价格及主要的"工、料、机"消耗量。

A. 总说明表   B. 分部分项工程量清单与计价表

C. 工程量清单综合单价分析表   D. 措施项目清单表

二、多选题

1. 依据 2013 版《通用安装工程计算规范》的规定，通风空调工程中过滤器的计量方式有（　　）。

A. 以台计量，按设计图示数量计算

B. 以个计量，按设计图示数量计算

C. 以面积计量，按设计图示尺寸的过滤面积计算

D. 以面积计量，按设计图示尺寸计算

2. 空调系统由空气处理、空气输配、冷热源和自控系统等组成，下列选项属于空气处理部分的设备有（　　）。

A. 中效过滤器   B. 消声器

C. 加热器   D. 喷水室

3. 依据 2013 版《通用安装工程计算规范》的规定，风管工程计量中风管长度一律以设计图示中心线长度为准。风管长度中包括（　　）。

A. 弯头长度   B. 三通长度

C. 天圆地方长度   D. 部件长度

4. 风管长度计算时均以设计图示中心线长度（主管与支管以其中心线交点划分），包括（　　）的长度。

A. 风管部件   B. 变径管

C. 弯头   D. 天圆地方

5. 风管制作安装按设计图示内径尺寸以展开面积计算，以"m^2"为计量单位。扣除（　　）所占面积。

A. 检查孔   B. 测定孔

C. 导流片   D. 送风口

6. 下列选项中，关于工程量清单的编制原则，说法正确的是（　　）。

A. 政府宏观调控、企业自主报价、市场竞争形成价格

B. 与现行预算定额既有结合又有所区别的原则

C. 利于进入国际市场竞争，并规范建筑市场计价管理行为

D. 按照统一的格式实行工程量清单计价

E. 应考虑以后几年编制建设项目建议书和可行性研究报告投资估算的需要

7. 工程量清单的编制内容中，工程量的计算规则按主要专业划分。其中，安装工程包括（　　）等。

A. 机械设备安装工程、电器设备安装工程、热力设备安装工程

B. 炉窑砌筑工程、静置设备与工艺金属结构制作安装工程

C. 给排水、采暖、燃气工程，通风空调工程

D. 工业管道工程、装饰装修工程、消防工程

E. 通信设备及线路工程、建筑智能化系统设备安装工程、长距离输送管道工程

8. 工程量清单计价中，招标控制价的编制依据是（　　）。

A. 企业定额，国家或省级、行业建设主管部门颁发的计价办法

B. 国家或省级、行业建设主管部门颁发的计价定额和计价办法

C. 工程造价管理机构发布的工程造价信息，工程造价信息没有发布的参照市场价

D. 与建设项目相关的标准、规范、技术资料

E.《建设工程工程量清单计价规范》

9. 工程量清单计价中，发、承包双方应在工程合同条款中进行约定的事项有（　　）。

A. 预付工程款的数额、支付时间及抵扣方式

B. 工程排污费和工程定额测定费

C. 承担风险的内容、范围以及超出约定内容、范围的调整办法

D. 工程价款的调整因素、方法、程序、支付及时间

E. 工程质量保证（保修）金的数额、预扣方式及时间

10. 在下列各项按系数计取的费用中，按相关规定应在分部分项工程量清单项目的综合单价中计取的费用项目是（　　）。

A. 高层建筑增加费　　　　　　　B. 脚手架搭拆费

C. 有害环境增加费　　　　　　　D. 系统调整费

E. 安装与生产同时进行增加费

答案

建筑智能化工程计量与计价

[教学导航]

■ 学习情境

在对安装工程计价有初步了解的基础上，再对建筑智能化工程展开专业工程计价的学习。

■ 学习目标

通过本情境的学习，使学习者对建筑智能化工程计价有深入地了解，掌握建筑智能化工程《工程量清单计价》方法。

■ 学习方法

在熟悉建筑智能化工程定额计价的理论知识，了解工程计价规则的基础上，通过案例分析学习，加深对建筑智能化工程工程定额清单计价和国标清单计价方法的理解。

■ 素养目标

1. 培养学生养成勤奋踏实、兢兢业业的学习和工作态度。
2. 培养学生具有独立思考和不断创新的精神。

7.1　建筑智能化工程相关知识

7.1.1　工程计价基础

建筑智能化工程是由众多的智能化系统工程组成，这些系统的建设可以给人们的日常工作和休闲带来便利、舒适和智能。

1. 计算机及网络系统工程

① 输入输出设备（网络打印机、网络扫描仪等）。

② 控制设备，包括网络通信控制器（有线网络、无线网络）、各类插入式功能板卡及模块、多路鼠标键盘显示器集中控制设备（KVM）。

③ 各类存储设备，包括存储介质涵盖硬盘、磁带、光盘等，存储方式涵盖本地及网络环境。

④ 各类网络交换及相关设备，包括路由器、防火墙、交换机及连接设备的专用互联电缆。

⑤ 服务器设备，包括个人计算机、工作站、服务器、网络服务器及小型机等。

⑥ 无线设备，包括室内室外各类无线网络设备及天线。

2. 综合布线系统工程

综合布线系统工程按安装方法分为三大类：机柜机架及各类配线架终端盒、各类用于传输不同信号的线缆、光缆及同轴电缆、各类信息插座及相应的跳线。

综合布线系统工程按传输的信号种类分为三大类：数据信号、光信号、音视频信号。

有线电视系统的面板安装、电缆敷设均包括在综合布线系统工程中。

音频、视频系统工程中，所用到的线缆、电缆均包括在综合布线系统工程中。

在本章的计价中，要从这两大要素去灵活使用相应的工程量计量及计价。

3. 建筑设备自动化系统工程

建筑设备自动化系统工程主要包括：建筑设备监控系统（是指对电力、照明、智能化、空调、停车场等设备的监视、控制和管理系统）和能源及能耗监测系统（是指对电、水、天然气等进行远程监测，记录能耗使用情况的系统）。

完成以上系统工程，主要采用中央控制器、控制器、传感器、阀门执行机构以及各类变送器、采集器及专用计量表。

4. 有线电视、卫星接收系统工程

本系统不包括有线电视信号源供应商的设备，也不包括卫星接收天线的安装，仅包括用于用户信号网络的设备，如射频信号处理设备、用户管理设备、播控设备、线路传输、分配网络等设备。

5. 音频、视频系统工程

音频、视频系统工程包括扩声系统各类设备、会议系统各类设备、公共广播背景音乐各类设备、视频及显示各类设备。

6. 安全防范系统工程

安全防范系统工程包括闭路电视监控系统、入侵报警系统、一卡通系统（包含门禁、停车场管理及出入口管理系统）、安全检查设备、电子巡更等系统。

7. 智能建筑设备防雷接地

智能建筑设备防雷接地包括智能化系统设备防雷以及各类防浪涌的系统设备。

8. 住宅小区智能化系统设备安装工程

住宅小区智能化系统设备安装工程包括小区的对讲系统、住户智能家居控制系统。

7.1.2　常用材料和设备

1. 常用材料

常用材料包括综合布线双绞线、光缆、音视频电缆、信息面板、光纤面板、光纤（光缆）接头、摄像机室外防护罩、支架等。

2. 常用设备

常用设备包括：

① 成套供应的箱、盘、柜及跳线架、配线架等，光纤数字传输设备、会议电话、会议电视设备及配套设备、随机附件。

② 计算机网络终端、网络系统和附属设备。

③ 楼宇自控中央管理设备、通信设备、通信电源设备、控制器、传感器、变送器、流量计、远程总线抄表主机。

④ 有线电视前端设备、干线设备。

⑤ 扩声系统设备、背景音乐设备。

⑥ 楼宇安全防范探测器、报警控制器、报警信号传输设备、出入口控制设备、安全检查设备、电视监控设备，停车场车辆识别设备、出入口设备、显示、信号监控设备。

⑦ 家居控制管理中心设备、家居智能控制器。

7.1.3　建筑智能化工程施工图

1. 建筑智能化施工图的组成

建筑智能化工程的施工图一般包括图纸目录、设计施工说明、系统图、主要设备材料表、平面布置图等。

2. 建筑智能化施工图的识读方法

识读建筑智能化施工图，不仅要掌握智能化安装工程的一些基本知识，还应按照合理的顺序看图，才能较快地看懂图纸。

① 首先要对照图纸目录，检查成套图纸是否完整，各图纸的图名与图纸目录是否一致。在进行竣工结算计量计价时，尤其要认真、仔细地检查。

② 认真识读设计施工说明，了解本工程智能化设计内容、施工相关规范和标准图集。熟悉主要设备材料表中所列图例符号代表的具体内容与含义，以及它们

之间的相互关系。掌握本工程使用的智能化材料和设备等的类型与技术参数，作为计量计价的依据。

③正确解析系统图中的内容，智能化平面图中无法表述位于中心机房及主要接线箱、配线箱内的设备，用于中央系统的设备，一般都是体现在系统图中，系统图中表述的设备类型及技术参数是作为计量计价的依据。

④智能化施工要与土建工程及其他专业工程（电气、采暖通风或工业管道等）相互配合，因此必要时还需查阅土建工程相关图纸和其他专业图纸。

总之，编制工程计价文件时看图应有所侧重，要仔细弄清智能化系统的相关信息，以便能正确进行定额工程量计算和定额套用。

7.2　建筑智能化工程定额清单计价

智能化工程是常见的安装工程，浙江省内的项目主要执行2018版《浙江安装定额》中的第五册《建筑智能化工程》（以下简称"第五册定额"）。

定额适用于浙江省智能大厦、智能小区新建、扩建、改建项目中智能化系统设备的安装调试工程。

7.2.1　定额的组成内容

《第五册定额》由8个定额章组成。各定额章的名称和排列顺序以及各定额章所涵盖的子目编号，如表7-1所示。

表7-1　建筑智能化工程预算定额组成内容

定额章	名　称	子目编号	定额章	名　称	子目编号
一	计算机及网络系统工程	5-1-1～5-1-68	五	音频、视频系统工程	5-5-1～5-5-229
二	综合布线系统工程	5-2-1～5-2-66	六	安全防范系统工程	5-6-1～5-6-162
三	建筑设备自动化系统工程	5-3-1～5-3-126	七	智能建筑设备防雷接地	5-7-1～5-7-48
四	有线电视、卫星接收系统工程	5-4-1～5-4-112	八	住宅小区智能化系统设备安装工程	5-8-1～5-8-32

7.2.2　定额的其他规定

下列内容执行其他相应定额：

①基础辅助工程、铁构件制作安装、套管制作与安装等执行2018版《浙江安装定额》第十三册《通用项目和措施项目工程》相应定额。

②电源线、控制电缆、电线槽、桥架、电线管、接线盒、电缆保护管、UPS电源及附属设施、配电箱、防雷接地系统（不包含信号防雷）等安装，执行2018

版《浙江安装定额》第四册《电气设备安装工程》相应定额。

③ 室外线路工程的通信电（光）缆敷设部分，执行 2018 版《浙江安装定额》第十一册《通信设备及线路工程》相应定额。

④ 室外线路工程的沟、手孔井等执行 2018 版《浙江安装定额》相应定额。

7.2.3　定额的套用及定额工程量计算

1. 计算机及网络系统工程

（1）定额套用

① 计算机及网络系统工程定额计价主要套用《第五册定额》第一章的内容。本章定额包括输入设备、输出设备、存储设备、路由器设备、防火墙设备、服务器及相关设备、无线设备等的安装、调试、互联电缆制作、安装，计算机及网络系统联调，计算机及网络系统试运行，网络系统软件安装、调试。

② 本章有关机柜、机架、抗震底座安装执行《第五册定额》第二章有关定额。电源、防雷接地定额执行电源与电子设备防雷接地装置安装工程中有关定额。《第五册定额》不包括支架、基座制作和机柜的安装，发生时，执行 2018 版《浙江安装定额》第四册《电气设备安装工程》相关定额。

（2）定额工程量计算规则

① 机箱（柜）、网络传输设备、网络交换设备、网络控制设备、网络安全设备、存储设备安装及软件安装，以"台（套）"为计量单位。

② 互联电缆制作、安装，以"条"为计量单位。

③ 计算机及网络系统联调及试运行，以"系统"为计量单位。

【例 7-1】某建筑计算机网络工程安装 2 台小型机服务器，该设备由甲方提供。试完成该项目综合单价计算表。本题安装费的人材机单价均按 2018 版《浙江安装定额》取定的基价考虑。管理费费率 21.72%，利润率 10.40%，风险不计，计算保留 2 位小数。

【解】按题意，不需要计算小型机服务器主要材料费，仅计算安装费即可。

查定额：小型机服务器安装、调试应套用定额 5-1-51，计量单位为台。

① 计算工程量。

工程量=2

② 计算综合单价各组成费用。

人工费：220.46 元

材料费：3.06 元，甲供设备，未计价材料费不计。

机械费：4.32 元

管理费：（220.46+4.32）×21.72%=48.82（元）

利润：（220.46+4.32）×10.40%=23.38（元）

综合单价=220.46+3.06+4.32+48.82+23.38=300.04（元）

合计：300.04×2=600.08（元）

将上述数据填入综合单价计算表，见表 7-2。

例 7-1 讲解与学习

表7-2   综合单价计算表

定额编码	定额项目名称	计量单位	数量	综合单价/元						合计/元
				人工费	材料费	机械费	管理费	利润	小计	
5-1-51	小型机服务器安装、调试	台	2	220.46	3.06	4.32	48.82	23.38	300.04	600.08

2. 综合布线系统工程

（1）定额套用

① 综合布线系统工程定额计价主要套用定额第二章的内容。本章定额包括机柜，机架，大对数电缆，双绞线缆，光缆，跳线，配线架，跳线架，信息插座，光纤连接，光缆终端盒，布放尾纤，线管理器，测试、视频同轴电缆，系统调试、试运行等。

② 本章不包括的内容：钢管、PVC管、桥架、线槽敷设工程、管道工程、杆路工程、设备基础工程和埋式光缆的填挖土工程，若发生时，执行电气设备安装工程预算定额和有关土建工程定额。

③ 本章所涉及双绞线缆的敷设及模块、配线架、跳线架等的安装、打接等定额量，是按照超五类非屏蔽布线系统编制的，高于超五类的布线所用定额子目人工乘以系数1.1，屏蔽布线所用定额子目人工乘以系数1.2。

④ 在已建天棚内敷设线缆时，所用定额子目人工乘以系数1.2。

（2）定额工程量计算

① 双绞线缆、光缆、同轴电缆敷设、穿放、明布放，以"m"为计量单位。线缆敷设按单根延长米计算，预留长度按进入机柜（箱）2 m计算，不另计附加长度。

② 制作跳线以"条"为计量单位，跳线架、配线架安装，以"架"为计量单位。跳线为成品时，定额基价乘以系数0.5，跳线主材另计。

③ 安装各类信息插座、光缆终端盒和跳块打接，以"个"为计量单位。

④ 双绞线缆、光缆测试，以"链路"为计量单位。双绞线以4对（即8芯）为1个"链路"计量单位。光缆、大对数线缆以1对（即2芯）为1个"链路"计量单位。

⑤ 光纤连接，以"芯"（磨制法以"端口"）为计量单位。

⑥ 布放尾纤，以"条"为计量单位。

⑦ 系统调试、试运行，以"系统"为计量单位。

【例7-2】某建筑综合布线系统工程管/暗槽内穿放六类4对屏蔽双绞线31箱（305 m/箱），合计信息点数为210个，设该线缆信息价为610元/100 m。试完成该项目综合单价计算表。本题安装费的人材机单价均按2018版《浙江安装定额》取定的基价考虑。管理费费率21.72%，利润率10.40%，风险不计，计算保留2位小数。

微课

例7-2讲解与学习

【解】查定额：管内穿放六类4对屏蔽双绞线，应套用定额5-2-13。

① 计算工程量。

线缆长度 = 31×305 = 9455（m）

工程量 = 9455÷100 = 94.55

② 计算综合单价各组成费用。

人工费：81.81×1.1×1.2 = 107.99（元）

材料费：

其中，计价材料费：4.00元

未计价主要材料费：线缆单位价值 = （9455+210×2）×610÷9455 = 637.10（元）

材料费合计：641.10元

机械费：2.31元

管理费：（107.99+2.31）×21.72% = 23.96（元）

利润：（107.99+2.31）×10.40% = 11.47（元）

综合单价 = 107.99+641.10+2.31+23.96+11.47 = 786.83（元）

合计：786.83×94.55 = 74394.78（元）

将上述数据填入综合单价计算表，见表7-3。

表7-3 综合单价计算表

| 定额编码 | 清单项目名称 | 计量单位 | 数量 | 综合单价/元 | | | | | | 合计/元 |
				人工费	材料费	机械费	管理费	利润	小计	
5-2-13H	管/暗槽内穿放六类4对屏蔽双绞线	100 m	94.55	107.99	641.10	2.31	23.96	11.47	786.83	74394.78

3. 建筑设备自动化系统工程

（1）定额套用

① 建筑设备自动化系统工程定额计价主要套用《第五册定额》第三章的内容。其中包括建筑设备监控系统、能耗监测系统。

② 本章定额不包括设备的支架、支座制作，发生时，执行电气设备安装工程相关定额。

③ 有关线缆布放按综合布线工程执行。

（2）定额工程量计算

① 基表及控制设备、第三方设备通信接口安装、系统安装、调试，以"个"为计量单位。

② 中心管理系统调试、控制网络通信设备安装、控制器安装、流量计安装、调试，以"台"为计量单位。

③ 建筑设备监控系统中央管理系统安装、调试，以"系统"为计量单位。

④ 温/湿度传感器、压力传感器、电量变送器和其他传感器及变送器，以"支"为计量单位。

⑤ 电动阀门执行机构安装、调试，以"个"为计量单位。

⑥ 系统调试、系统试运行，以"系统"为计量单位。

【例7-3】 某建筑设备监控系统工程安装调试10个远传脉冲电表，设表信息价为260元/个。试完成该项目综合单价计算表。本题安装费的人材机单价均按2018版《浙江安装定额》取定的基价考虑。管理费费率21.72%，利润率10.40%，风险不计，计算保留2位小数。

【解】 查定额：远传脉冲电表安装调试，应套用定额5-3-74，计量单位为个。

① 计算工程量。

工程量=10

② 计算综合单价各组成费用。

人工费：32.81元

材料费：

其中，计价材料费：6.01元

未计价主要材料费：260元

材料费合计：266.01元

机械费：2.47元

管理费：（32.81+2.47）×21.72%=7.66（元）

利润：（32.81+2.47）×10.40%=3.67（元）

综合单价=32.81+266.01+2.47+7.66+3.67=312.62（元）

合计：312.62×10=3126.20（元）

将上述数据填入表7-4。

表7-4　综合单价计算表

定额编码	定额项目名称	计量单位	数量	综合单价/元						合计/元
				人工费	材料费	机械费	管理费	利润	小计	
5-3-74	远传脉冲电表安装调试	个	10	32.81	266.01	2.47	7.66	3.67	312.62	3126.20

4. 有线电视、卫星接收系统工程

（1）定额套用

① 主要套用《第五册定额》第四章的内容。本章定额适用于有线广播电视、卫星电视、闭路电视系统设备的安装、调试工程。

② 本章不包括以下工作内容。

a. 同轴电缆敷设、电缆头制作等项目执行《第五册定额》第二章"综合布线系统工程"相关定额。

b. <u>监控设备</u>等项目执行《第五册定额》第六章"安全防范系统工程"相关定额。

c. 其他辅助工程项目执行《第五册定额》第二章"综合布线系统工程"相关定额。

d. 所有设备按成套设备购置考虑，在安装时如需额外材料，则按实计算。

（2）定额工程量计算规则

① 前端射频设备安装、调试，以"套"为计量单位。

② 卫星电视接收设备、光端设备、有线电视系统管理设备安装、调试，以"台"为计量单位。

③ 干线传输设备、分配网络设备安装、调试，以"个"为计量单位。

④ 数字电视设备安装、调试，以"个"为计量单位。

【例7-4】某建筑有线电视系统小型工程暗装80个用户终端盒，其模块价为15元/个，面板价为5元/个。试完成该项目综合单价计算表。本题安装费的人材机单价均按2018版《浙江安装定额》取定的基价考虑。管理费费率21.72%，利润率10.40%，风险不计，计算保留2位小数。

微课

例7-4 讲解
与学习

【解】用户终端盒定额应分解为有线电视模块及有线电视面板。

查定额：用户终端盒安装（有线电视模块）应套用定额5-2-37，计量单位为个；用户终端盒安装（有线电视面板）应套用定额5-2-39，计量单位为个。

① 计算工程量。

工程量=80

② 计算综合单价各组成费用。

a. 用户终端盒安装（有线电视模块）。

人工费：3.24元

材料费：

其中，计价材料费：0.50元

　　　未计价主要材料费：15元

材料费合计：15.50元

机械费：0元

管理费：（3.24+0）×21.72%=0.70（元）

利润：（3.24+0）×10.40%=0.34（元）

综合单价=3.24+15.50+0+0.70+0.34=19.78（元）

合计：19.78×80=1582.40（元）

b. 用户终端盒安装（有线电视面板）。

人工费：3.24元

材料费：

其中，计价材料费：0.50元

　　　未计价主要材料费：5元

材料费合计：5.50元

机械费：0元

管理费：（3.24+0）×21.72%＝0.70（元）

利润：（3.24+0）×10.40%＝0.34（元）

综合单价＝3.24+5.50+0+0.70+0.34＝9.78（元）

合计：9.78×80＝782.40（元）

将上述数据填入表7-5。

表7-5　综合单价计算表

定额编码	定额项目名称	计量单位	数量	综合单价/元						合计/元
				人工费	材料费	机械费	管理费	利润	小计	
5-2-37	用户终端盒安装（有线电视模块）	个	80	3.24	15.50	0	0.70	0.34	19.78	1582.40
5-2-39	用户终端盒安装（有线电视面板）	个	80	3.24	5.50	0	0.70	0.34	9.78	782.40

5. 音频、视频系统工程

（1）定额套用

① 主要套用《第五册定额》第五章的内容。本章内容包括扩声系统设备，扩声系统调试，扩声系统测量，扩声系统试运行，公共广播、背景音乐系统设备，公共广播、背景音乐系统调试，公共广播、背景音乐系统试运行；视频系统设备安装工程。

② 线阵列音响安装按单台音箱重量分别套用定额子目。

③ 有关传输线缆敷设等项目执行《第五册定额》第二章"综合布线系统工程"相关定额。

④ 本章设备按成套购置考虑。

⑤ 各种拼接屏之间的粘接辅材及连接信号电缆已包含在定额基价内。

（2）定额工程量计算规则

① 信号源设备安装，以"只"为计量单位。

② 卡座、CD机、VCD/DVD机、DJ搓盘机、MP3播放机安装，以"台"为计量单位。

③ 耳机安装，以"副"为计量单位。

④ 调音台、周边设备、功率放大器、音箱、机柜、电源和会议设备安装，以"台"为计量单位。

⑤ 扩声设备级之间调试，以"个"为计量单位。

⑥ 公共广播、背景音乐系统设备安装，以"台"为计量单位。

⑦ 公共广播、背景音乐、分系统调试、系统测量、系统调试、系统试运行，以"系统"为计量单位。

【例7-5】某报告厅扩声系统工程安装1台调音台（12+4/4/2），该设备由甲方提供。试完成该项目综合单价计算表。本题安装费的人材机单价均按2018版《浙江安装定额》取定的基价考虑。管理费费率21.72%，利润率10.40%，风险不计，计算保留2位小数。

【解】按题意，不需要计算家居报警控制装置主要材料费，仅计算安装费即可。

查定额：调音台（12+4/4/2）安装、调试，应套用定额5-5-20，计量单位为台。

① 计算工程量。

工程量=1

② 计算综合单价各组成费用。

人工费：193.46元

材料费：5.43元

机械费：0.62元

管理费：（193.46+0.62）×21.72%=42.15（元）

利润：（193.46+0.62）×10.40%=20.18（元）

综合单价=193.46+5.43+0.62+42.15+20.18=261.85（元）

合计：261.85×1=261.85（元）

将上述数据填入综合单价计算表，见表7-6。

例7-5讲解与学习

表7-6　综合单价计算表

定额编码	定额项目名称	计量单位	数量	综合单价/元						合计/元
				人工费	材料费	机械费	管理费	利润	小计	
5-5-20	调音台（12+4/4/2）安装、调试	台	1	193.46	5.43	0.62	42.15	20.18	261.85	261.85

6. 安全防范系统工程

（1）定额套用

① 主要套用《第五册定额》第六章的内容。本章内容包括入侵探测设备安装、调试，出入口设备安装、调试，巡更设备安装、调试，电视监控摄像设备安装、调试，安全检查设备安装、调试，停车场管理设备安装、调试，安全防范分系统调试，安全防范系统设备调试，安全防范系统工程试运行。

② 安全防范系统工程中的显示装置等项目执行《第五册定额》第五章"音频、视频系统工程"相关定额。

③ 安全防范系统工程中的服务器、网络设备、工作站、软件、存储设备等项目执行《第五册定额》第一章"计算机及网络系统工程"相关定额。机柜（机箱）、跳线制作、安装等项目执行《第五册定额》第二章"综合布线系统工程"相关定额。

④ 有关场地电气安装工程项目执行《第四册定额》相应定额。

⑤ 用于智能小区的相关系统应执行《第五册定额》第八章"住宅小区智能化系统设备安装工程"。

（2）定额工程量计算

① 入侵探测设备安装、调试，以"个、台、套"为计量单位。

② 报警信号接收机安装、调试，以"系统"为计量单位。

③ 出入口控制设备安装、调试，以"台"为计量单位。

④ 巡更设备安装、调试，以"套"为计量单位。

⑤ 电视监控设备安装、调试，以"台"为计量单位。

⑥ 防护罩安装，以"套"为计量单位。

⑦ 摄像机支架安装，以"套"为计量单位。

⑧ 安全检查设备安装，以"台"或"套"为计量单位。

⑨ 停车场管理设备安装，以"台（套）"为计量单位。

⑩ 安全防范分系统调试及系统工程试运行，均以"系统"为计量单位。

【例7-6】某安全防范系统工程安装1对主动红外探测器，1套室外立杆式枪式红外摄像机及1套停车场道闸（无身份识别），该设备均由甲方提供。试完成该项目综合单价计算表。本题安装费的人材机单价均按2018版《浙江安装定额》取定的基价考虑。管理费费率21.72%，利润率10.40%，风险不计，计算保留2位小数。

例7-6讲解与学习

【解】查定额：

主动红外探测器，应套用定额5-6-7，计量单位：对。

探测器支架安装，应套用定额5-6-30，工程量2，计量单位：个。

带红外光源摄像机，应套用定额5-6-86，计量单位：台。

摄像机防护罩，应套用定额5-6-90，计量单位：台。

摄像机立杆，应套用定额5-6-93，计量单位：台。

智能车位探测器地面安装应套用定额装5-6-136，计量单位：台。

电动栏杆应套用定额5-6-138，计量单位：台。

① 计算工程量。

工程量：除探测器为2，以外全部为1。值得特别注明的是，摄像机立杆是不包含土建基础的，如需要自行安装混凝土基础，还需要参照浙江省土建相应定额。

② 计算综合单价各组成费用。

综合单价计算表见表7-7。

表7-7 综合单价计算表

定额编码	定额项目名称	计量单位	数量	综合单价/元						合计/元
				人工费	材料费	机械费	管理费	利润	小计	
5-6-7	主动红外探测器	对	1	52.11	4.37	0.31	11.39	5.45	73.63	73.63

续表

定额编码	定额项目名称	计量单位	数量	综合单价/元						合计/元
				人工费	材料费	机械费	管理费	利润	小计	
5-6-30	探测器支架安装	个	2	29.84	1.00	—	6.48	3.10	40.42	80.84
5-6-86	带红外光源摄像机	台	1	55.76	5.78	0.70	12.26	5.87	80.37	80.37
5-6-90	摄像机防护罩	台	1	6.62	2.94	—	1.44	0.69	11.69	11.69
5-6-93	摄像机立杆	台	1	113.30	20.00	—	24.61	11.78	169.69	169.69
5-6-136	智能车位探测器地面安装	台	1	56.57	5.50	0.31	12.35	5.92	80.65	80.65
5-6-138	电动栏杆	台	1	223.29	10.00	3.08	49.17	23.54	309.08	309.08

7. 智能建筑设备防雷接地

（1）定额套用

① 主要套用《第五册定额》第七章的内容。本章内容包括电涌保护器安装、调试，信号电涌保护器安装、调试，智能检测系统避雷安装、调试。

② 本章防雷、接地定额适用于电子设备防雷、接地安装工程。建筑防雷、接地定额、有关电涌保护器布放电源线缆等项目执行《第四册定额》有关定额。

③ 本章防雷、接地装置按成套供应考虑。

（2）定额工程量计算

① 电涌保护器安装、调试，以"台"为计量单位。

② 信号电涌保护器安装、调试，以"个"为计量单位。

③ 智能检测性 SPD 安装，以"台"为计量单位。

④ 智能检测 SPD 系统配套设施安装、调试，以"套"为计量单位。

⑤ 等电位连接，以"处"为计量单位。

【例 7-7】某停车场管理系统工程安装 2 套电动栏杆，该电动栏杆为电视摄像车牌识别运行，安装有 4 台电视摄像机，该设备及信号保护器设备由甲方提供成套。需对该设备增加信号电涌保护。试完成该项目综合单价计算表。本题安装费的人材机单价均按 2018 版《浙江安装定额》取定的基价考虑。管理费费率 21.72%，利润率 10.40%，风险不计，计算保留 2 位小数。

例 7-7 讲解与学习

【解】查定额：电视摄像头电涌保护器，应套用定额 5-7-33，计量单位为套；双绞线接口电涌保护器，应套用定额 5-7-36，计量单位为套。

① 计算工程量。

工程量＝4

② 计算综合单价各组成费用。

a. 电视摄像头电涌保护器。

人工费：3.24 元

材料费：1.50 元

机械费：0.69 元

管理费：（3.24+0.69）×21.72% = 0.85（元）

利润：（3.24+0.69）×10.40% = 0.41（元）

综合单价 = 3.24+1.50+0.69+0.85+0.41 = 6.69（元）

合计：6.69×4 = 26.76（元）

b. 双绞线接口电涌保护器。

人工费：3.24 元

材料费：1.50 元

机械费：0.69 元

管理费：（3.24+0.69）×21.72% = 0.85（元）

利润：（3.24+0.69）×10.40% = 0.41（元）

综合单价 = 3.24+1.50+0.69+0.85+0.41 = 6.69（元）

合计：6.69×4 = 26.76（元）

将上述数据填入表 7-8。

表 7-8 综合单价计算表

定额编码	定额项目名称	计量单位	数量	综合单价/元						合计/元
				人工费	材料费	机械费	管理费	利润	小计	
5-7-33	电视摄像头电涌保护器	套	4	3.24	1.50	0.69	0.85	0.41	6.69	26.76
5-7-36	双绞线接口电涌保护器	套	4	3.24	1.50	0.69	0.85	0.41	6.69	26.76

8. 住宅小区智能化系统设备安装工程

（1）定额套用

① 主要套用《第五册定额》第八章内容。本章定额包括家居控制系统设备安装、家居智能化系统设备调试、小区智能化系统设备调试、小区智能化系统试运行等项目。

② 有关综合布线、通信设备、计算机网络、家居三表、有线电视设备、背景音乐设备、防雷接地装置、停车场设备、安全防范设备等的安装、调试参照《第五册定额》相应子目。

③ 本章设备按成套购置考虑。

（2）定额工程量计算

① 住宅小区智能化设备安装工程，以"台"计算。

② 住宅小区智能化设备系统调试，以"套"（管理中心调试以"系统"）计算。

③ 小区智能化系统试运行、测试，以"系统"计算。

【例7-8】某小区智能化系统工程安装80台家居报警控制装置，该设备由甲方提供。试完成该项目综合单价计算表。本题安装费的人材机单价均按2018版《浙江安装定额》取定的基价考虑。管理费费率21.72%，利润率10.40%，风险不计，计算保留2位小数。

【解】按题意，不需要计算家居报警控制装置主要材料费，仅计算安装费即可。

查定额：小型机服务器安装、调试，应套用定额5-8-1，计量单位为台。

① 计算工程量。

工程量=80

② 计算综合单价各组成费用。

人工费：47.25元

材料费：4.44元

机械费：0元

管理费：（47.25+0）×21.72%=10.26（元）

利润：（47.25+0）×10.40%=4.91（元）

综合单价=47.25+4.44+0+10.26+4.91=66.87（元）

合计：66.87×80=5349.60（元）

将上述数据填入表7-9。

表7-9　综合单价计算表

定额编码	定额项目名称	计量单位	数量	综合单价/元						合计/元
				人工费	材料费	机械费	管理费	利润	小计	
5-8-1	家居报警控制装置	台	80	47.25	4.44	—	10.26	4.91	66.87	5349.60

7.3　建筑智能化工程国标清单计价

7.3.1　工程量清单计价基础

智能化工程清单根据2013版《通用安装工程计算规范》附录E"建筑智能化工程"进行编制和计算。附录E主要由8部分组成。

1. 建筑智能化工程清单项目

《清单计价规范》规定了建筑智能化工程清单项目，适用于楼宇、小区的建筑智能化系统工程。

规范还规定，与"建筑智能化工程"有关的相关工程问题及说明如下：

① 土方工程，应按照现行国家标准《房屋建筑与装饰工程工程量计算规范》（GB 50854—2013）相关项目编码列项。

② 开挖路面工程，应按照现行国家标准《市政工程工程量计算规范》（GB 50857—2013）相关项目编码列项。

③ 配管工程，线槽，桥架，电气设备，电气器件，接线箱、盒，电线，接地系统，凿（压）槽，打孔，打洞，人孔、手孔，立杆工程，应按照本规范附录"电气设备安装工程"相关项目编码列项。

④ 蓄电池组、六孔管道、专业通信系统工程，应按照本规范附录"通信设备及线路工程"相关项目编码列项。

附录 E "建筑智能化工程"共设置了 7 节 96 种清单项目，如表 7-10 所示。

表 7-10　建筑智能化工程清单项目

序　号	编　　码	名　　称	说　　明
1	030501	计算机应用、网络系统工程	其中设置了 17 种清单项目
2	030502	综合布线系统工程	其中设置了 20 种清单项目
3	030503	建筑设备自动化系统工程	其中设置了 10 种清单项目
4	030504	建筑信息综合管理系统工程	其中设置了 8 种清单项目
5	030505	有线电视、卫星接收系统工程	其中设置了 14 种清单项目
6	030506	音频、视频系统工程	其中设置了 8 种清单项目
7	030507	安全防范系统工程	其中设置了 19 种清单项目

2. 清单项目的表现形式

停车场管理系统（编码：030507）如表 7-11 所示，该表为计价规范附表 C. 12. 7。它反映了停车场管理系统工程量清单项目内容。

表 7-11　停车场管理系统（编码：030507）

项目编码	项目名称	项目特征	计量单位	计算规则	工程内容
030507016	车辆检测识别设备	① 名称 ② 类型	套	按设计图示数量计算	① 本体安装 ② 单体调试
030507016	出入口设备				
030507016	显示和信号设备	① 名称 ② 类别 ③ 规格			
030507016	监控管理中心设备	名称	系统		① 安装 ② 软件安装 ③ 系统联试 ④ 系统试运行

3. 在实际操作过程中要分清的问题

① 清单编码与定额编码的区别。

② 清单项目与定额项目的区别。

③ 清单计算规则及计量单位与定额计算规则及计量单位的区别。

④ 清单工作内容与定额工作内容的区别。

清单编码由 12 位组成，如 030502005001，它表示某规格双绞线缆安装，计量单位是"m"。定额编码是按分部分项内容参考第五册定额相关项目进行确定，如定额子目 5-2-13，它表示管内穿放四对双绞线缆安装，就是一个分部分项安装内容，计量单位是 100 m。

7.3.2　工程量清单编制

工程量清单的编制一般方法如学习情境 1 所述，这里主要针对建筑智能化工程常用分部分项工程量清单的编制进行说明。

7.3.3　工程量清单计价编制

1. 建筑智能化工程造价

在工程量清单计价模式下，建筑智能化工程造价是由分部分项工程量清单项目费、措施项目费、其他项目费、规费和税金组成。其中分部分项工程量清单项目费是由各清单项目的工程量乘以其综合单价后的汇总所得。因此综合单价的确定仍是整个工程造价计价的重要环节。

2. 综合单价的计算

关键的是计算出完成该清单项目全部内容的费用，这就要求计价人要仔细分析清单项目的全部"工程内容"，以便逐一计价。对此可根据计价规范或地区计价指引，参照预算定额或企业定额来进行编制。

某地区编制的工程量清单计价指引样式如表 7-12 所示。

表 7-12　工程量清单计价指引：停车场管理系统（编码：030507）

项目编码	项目名称	项目特征	计量单位	计算规则	工程内容	对应的定额子目
030507016	车辆检测识别设备	① 名称 ② 类型	套	按设计图示数量计算	本体安装	5-6-135~5-6-137， 5-6-142~5-6-143
					单体调试	包含在本体安装内
030507016	出入口设备	① 名称 ② 类型	套	按设计图示数量计算	本体安装	5-6-138~5-6-141
					单体调试	包含在本体安装内
030507016	显示和信号设备	① 名称 ② 类别 ③ 规格	套	按设计图示数量计算	本体安装	5-6-131~5-6-134
					单体调试	包含在本体安装内
030507016	监控管理中心设备	名称	系统	按设计图示数量计算	安装	5-1-45
					软件安装	5-1-65~5-1-67
					系统联试	5-6-153~5-6-154
					系统试运行	5-6-161

对于综合单价的计算，若招标人要求提供综合单价分析表，则应根据计价规范采用综合单价分析表或计算表来进行。

7.4　建筑智能化工程计价案例

7.4.1　工程概况

杭州市市区某小区建筑智能化工程，根据施工图及系统图，解析本工程分为：入侵报警系统、视频安防监控系统、可视对讲系统、电子巡更系统、停车场出入口管理系统、人行闸机系统以及机房工程，值得一提的是，综合布线系统及计算机网络系统是伴随着各专业系统存在的。该小区的建筑智能化工程具有典型案例特点，在浙江省范围内也非常常见。

① 入侵报警系统。采用周界防范视频摄像与红外探测相结合的方式。在周界围墙采用摄像机监视所有非法接近，并结合红外探测器对非法翻越做出报警，消控中心（机房）设立报警主机及警号警灯对发生的报警信号做出及时提醒。

② 视频安防监控系统。采用光缆作为小区安防网络交换机的传输介质，优点在于突破了双绞线的距离限制。所有摄像机均为具有网络接口的全数字摄像机，所有视频信号通过计算机网络，将画面传送至消控中心（机房）存储于磁盘阵列中，并结合多路银盘录像机的功能将画面投送至 LCD 液晶拼接屏上进行观看。

③ 可视对讲系统。在小区管理中心设置可视对讲管理机，在小区单元门设立可视对讲门口机，在住户室内设立可视对讲室内机，可以方面的进行常住、临时人口的识别、出入，也可以通过管理人员授权给经住户许可的人员进出。

④ 电子巡更系统。对物业设立的安保人员（保洁人员）巡查路径，在必经地点设立巡更信息钮，经由相关人员使用手持设备对信息钮进行接触（或近距离非接触），以达到监测相关人员是否完成自己工作的目的。

⑤ 停车场出入口管理系统。对在册登记的常驻车辆进行车牌识别，自动开启关闭车辆道闸，达到车辆进出管理的目的。

⑥ 人行闸机系统。对在册登记的常住人口进行身份识别，自动开启关闭人行闸机，达到人员进出管理的目的。

⑦ 机房工程。本案例中的机房工程，仅涉及 UPS 不间断电源及防雷接地。UPS 不间断电源是对消控中心（机房）内的计算机网络设备及安防报警主机设备提供全天 24 小时不间断供电的目的，以确保在电力设施突发的情况，智能化系统还能完备运行。防雷接地则确保了计算机网络设备及安防报警主机设备不受恶劣天气对电气系统的影响。

⑧ 编制要求。以《清单计价规范》、2013 版《通用安装工程计算规范》、2018 版《浙江省计价规则》、2018 版《浙江安装定额》及《关于增值税调整后我省建设工程计价依据增值税税率及有关计价调整的通知》（浙建建发〔2019〕92 号）为计价依据。由于建筑智能化工程的特殊性，仅小部分主要材料价格为当地市场信息价，大部分材料设备要采用市场询价的方式获得。

⑨ 按招标控制价要求计价，企业管理费、利润等费率按一般计税法中值确定。施工技术措施费考虑脚手架搭拆费，组织措施费仅计取安全文明施工费。

7.4.2　工程量计算

1. 工程量的计算

依据定额工程量计算规则，结合建筑智能化工程的特点，工程量是通过对系统图及平面图进行点位计算获得的，表7-13所示的点位统计表就是一个示例。

表7-13　点位统计表

序号	楼　　层	全彩网络摄像机	门禁读卡器	磁力锁	门口机	室内机	人员通道	道闸
1	机动车库层	3	3	3				1
2	非机动车库夹层	3	3	3				
3	电梯						1	
4	一层	3	3	3	3	6		
5	二层					6		
6	三层					6		
7	四层					6		
8	五层					6		
9	六层					6		

2. 工程量的汇总

点位统计表，仅代表了相应的位置，设立了怎样的功能，而不同的功能是由系统图来决定有多少种材料设备来组成的。所以建筑智能化工程的定额工程量计算，要具备一定的建筑智能化系统知识，才能将工程量进行汇总计算，分别列出清单工程量和定额工程量。

注意：在本案例中，考虑到简化的目的，大部分点位计算均为1，详见二维码"建筑智能化工程计价案例工程量汇总表"。

7.4.3　清单计价

应用国标清单计价法，采用广达计价造价计控软件编制，具体详见二维码"建筑智能化工程计价案例国标清单计价编制"。

表格

建筑智能化工程计价案例工程量汇总表

表格

建筑智能化工程计价案例国标清单计价编制

思考与练习

一、单选题

1. 综合布线系统中，双绞线"对"表示（　　　）。

A. 一个信息点   B. 两根以一定角度缠绕的线

C. 一根线   D. 其他

2. 综合布线系统中，光纤的"芯"表示（　　）。

A. 一根单独的光纤   B. 一个护套内的所有光纤

C. 2 根光纤   D. 其他

3. 双绞线型号为 UTP，表示这个是（　　）。

A. 带护套电缆   B. 接地电缆

C. 非屏蔽电缆   D. 屏蔽电缆

4. 非屏蔽六类双绞线缆敷设，应考虑的增加系数为（　　）。

A. 0.5   B. 1.0

C. 1.2   D. 2.0

5. 屏蔽五类双绞线缆敷设，应考虑的增加系数为（　　）。

A. 0.2   B. 0.3

C. 1.2   D. 1.0

6. 智能化安装预算中，成套供应的摄像机至少还应考虑（　　）安装费？

A. 电源   B. 支架

C. 立杆   D. 线缆连接

7. 智能化安装预算中，室内暗敷管道应套用（　　）定额？

A. 装饰   B. 电气

C. 智能化   D. 其他专用

8. 智能化安装预算中，如出现有线电视接收天线安装应套用（　　）定额？

A. 装饰   B. 电气

C. 智能化   D. 其他专用

9. 一个综合布线信息点的安装，定额工程量计算通常包含（　　）。

A. 模块和面板   B. 底盒、模块和面板

C. 配线架、模块和面板   D. 以上均可以

10. 家居报警器安装应执行定额（　　）。

A. 5-6-8   B. 5-6-143

C. 5-6-86   D. 5-8-1

二、多选题

1. 双绞线的种类有（　　）。

A. 四对非屏蔽双绞线   B. 四对屏蔽双绞线

C. 4 芯护套线缆   D. 4 芯单模光纤

E. 四对双屏蔽双绞线

2. 建筑智能化工程预算定额可适用于（　　）建筑类型。

A. 智能大厦   B. 智能小区

C. 智能电厂   D. 智能工厂

E. 广播电视台

3. 带云台室外立杆安装摄像机由（　　）定额组成。

A. 云台　　　　　　　　　　　　B. 摄像机护罩

C. 立杆基础　　　　　　　　　　D. 摄像机立杆

E. 摄像机

4. 光纤的连接方法有（　　　）。

A. 冷接法　　　　　　　　　　　B. 熔接法

C. 插接法　　　　　　　　　　　D. 磨接法

E. 焊接法

5. 下列哪些不能参照建筑智能化安装定额（　　　）。

A. 电源线、控制电缆　　　　　　B. 电线槽、桥架

C. 电线管、接线盒、电缆保护管　D. 配电箱

E. 防雷接地系统（不包含信号防雷）

答案

参考文献

［1］中华人民共和国住房和城乡建设部，国家质量监督检验检疫总局. 建设工程
　　工程量清单计价规范：GB 50500—2013［S］. 北京：中国计划出版社，2013.
［2］中华人民共和国住房和城乡建设部，国家质量监督检验检疫总局. 通用安装
　　工程工程量计算规范：GB 50856—2013［S］. 北京：中国计划出版社，2013.
［3］浙江省建设工程造价管理总站. 浙江省通用安装工程预算定额（2018 版）
　　［S］. 北京：中国计划出版社，2018.
［4］浙江省建设工程造价管理总站. 浙江省建设工程计价规则（2018 版）［S］. 北
　　京：中国计划出版社，2018.
［5］吴心伦，黎诚. 安装工程计量与计价［M］. 重庆：重庆大学出版社，2014.
［6］刘钦. 建筑安装工程预算［M］. 北京：机械工业出版社，2007.
［7］张宝军，崔建祝，高喜玲. 建筑设备工程计价与应用［M］. 北京：中国建筑
　　工业出版社，2007.
［8］苗月季. 建设工程计量与计价实务（安装工程）［M］. 北京：中国计划出版
　　社，2019.

郑重声明

高等教育出版社依法对本书享有专有出版权。任何未经许可的复制、销售行为均违反《中华人民共和国著作权法》，其行为人将承担相应的民事责任和行政责任；构成犯罪的，将被依法追究刑事责任。为了维护市场秩序，保护读者的合法权益，避免读者误用盗版书造成不良后果，我社将配合行政执法部门和司法机关对违法犯罪的单位和个人进行严厉打击。社会各界人士如发现上述侵权行为，希望及时举报，我社将奖励举报有功人员。

反盗版举报电话　　(010)58581999　58582371
反盗版举报邮箱　　dd@hep.com.cn
通信地址　　北京市西城区德外大街 4 号　高等教育出版社法律事务部
邮政编码　　100120

读者意见反馈

为收集对教材的意见建议，进一步完善教材编写并做好服务工作，读者可将对本教材的意见建议通过如下渠道反馈至我社。

咨询电话　　400-810-0598
反馈邮箱　　gjdzfwb@pub.hep.cn
通信地址　　北京市朝阳区惠新东街 4 号富盛大厦 1 座
　　　　　　高等教育出版社总编辑办公室
邮政编码　　100029